全国计算机技术与软件专业技术资格（水平）考试指定用书

系统架构设计师

2016至2020年试题分析与解答

计算机技术与软件专业技术资格考试研究部　主编

U0367244

清华大学出版社
北京

内 容 简 介

系统架构设计师考试是计算机技术与软件专业技术资格（水平）考试的高级职称考试，是历年各级考试报名中的热点之一。本书汇集了从 2016 年至 2020 年的所有试题和权威的解析，参加考试的考生，认真研读本书的内容后，将会更加了解考题的思路，对提升自己考试通过率的信心会有极大的帮助。

图书在版编目（CIP）数据

系统架构设计师 2016 至 2020 年试题分析与解答 / 计算机技术与软件专业技术资格考试研究部主编.—北京：清华大学出版社，2021.12（2025.4重印）

全国计算机技术与软件专业技术资格（水平）考试指定用书

ISBN 978-7-302-58963-1

Ⅰ.①系…　Ⅱ.①计…　Ⅲ.①计算机系统－资格考试－题解　Ⅳ.①TP303-44

中国版本图书馆 CIP 数据核字(2021)第 174577 号

责任编辑：杨如林
封面设计：杨玉兰
责任校对：胡伟民
责任印制：刘海龙

出版发行：清华大学出版社
   网   址：https://www.tup.com.cn, https://www.wqxuetang.com
   地   址：北京清华大学学研大厦 A 座   邮   编：100084
   社 总 机：010-83470000   邮   购：010-62786544
   投稿与读者服务：010-62776969，c-service@tup.tsinghua.edu.cn
   质量反馈：010-62772015，zhiliang@tup.tsinghua.edu.cn
印 装 者：三河市龙大印装有限公司
经 销：全国新华书店
开 本：185mm×230mm 印 张：14.25 防伪页：1 字 数：355 千字
版 次：2021 年 12 月第 1 版   印 次：2025 年 4 月第 9 次印刷
定 价：56.00 元

产品编号：093777-01

前　言

　　根据国家有关的政策性文件，全国计算机技术与软件专业技术资格（水平）考试（以下简称"计算机软件考试"）已经成为计算机软件、计算机网络、计算机应用、信息系统、信息服务领域高级工程师、工程师、助理工程师（技术员）国家职称资格考试。而且，根据信息技术人才年轻化的特点和要求，报考这种资格考试不限学历与资历条件，以不拘一格选拔人才。现在，软件设计师、程序员、网络工程师、数据库系统工程师、系统分析师、系统架构设计师和信息系统项目管理师等资格的考试标准已经实现了中国与日本互认，程序员和软件设计师等资格的考试标准已经实现了中国和韩国互认。

　　计算机软件考试规模发展很快，至今累计报考人数超过 600 万人。

　　计算机软件考试已经成为我国著名的 IT 考试品牌，其证书的含金量之高已得到社会的公认。计算机软件考试的有关信息见网站 www.ruankao.org.cn 中的资格考试栏目。

　　对考生来说，学习历年试题分析与解答是理解考试大纲的最有效、最具体的途径。

　　为帮助考生复习备考，计算机技术与软件专业技术资格考试研究部组织编写了系统架构设计师 2016 至 2020 年的试题分析与解答（本考试安排在每年的下半年），以便于考生测试自己的水平，发现自己的弱点，更有针对性、更系统地学习。

　　计算机软件考试的试题质量高，包括了职业岗位所需的各个方面的知识和技术，不但包括技术知识，还包括法律法规、标准、专业英语、管理等方面的知识；不但注重广度，而且还有一定的深度；不但要求考生具有扎实的基础知识，还要具有丰富的实践经验。

　　这些试题中，包含了一些富有创意的试题，一些与实践结合得很好的试题，一些富有启发性的试题，具有较高的社会引用率，对学校教师、培训指导者、研究工作者都是很有帮助的。

　　由于编者水平有限，时间仓促，书中难免有错误和疏漏之处，诚恳地期望各位专家和读者批评指正，对此，我们将深表感激。

编者

2021 年 9 月

目　录

第1章 2016下半年系统架构设计师 上午试题分析与解答

试题（1）

在嵌入式系统的存储部件中，存取速度最快的是___（1）___。

（1）A．内存　　　　　B．寄存器组　　　　C．Flash　　　　D．Cache

试题（1）分析

本题考查计算机系统基础知识。

计算机系统中的存储部件通常组织成层次结构，越接近CPU的存储部件访问速度越快。寄存器组是CPU中的暂存器件，访问速度是最快的。目前也通常把Cache（分为多级）集成在CPU中。

参考答案

（1）B

试题（2）

实时操作系统（RTOS）内核与应用程序之间的接口称为___（2）___。

（2）A．I/O接口　　　B．PCI　　　　　　C．API　　　　　D．GUI

试题（2）分析

本题考查嵌入式系统基础知识。

PCI（Peripheral Component Interconnect，外设部件互连）总线标准是一种局部并行总线标准，常用来表示个人计算机中使用最为广泛的接口，几乎所有的主板产品上都带有这种插槽。

GUI（Graphical User Interface，图形用户界面）常用来表示采用图形方式显示的计算机操作用户界面。

API（Application Programming Interface，应用程序编程接口）是一些预先定义的函数，目的是提供应用程序与开发人员基于某软件或硬件得以访问一组例程的能力，开发人员无须访问源码（或理解内部工作机制的细节）。

参考答案

（2）C

试题（3）

嵌入式处理器是嵌入式系统的核心部件，一般可分为嵌入式微处理器（MPU）、微控制器（MCU）、数字信号处理器（DSP）和片上系统（SOC）。以下叙述中，错误的是___（3）___。

（3）A．MPU在安全性和可靠性等方面进行增强，适用于运算量较大的智能系统

　　　B．MCU典型代表是单片机，体积小从而使功耗和成本下降

　　　C．DSP处理器对系统结构和指令进行了特殊设计，适合数字信号处理

　　　D. SOC 是一个有专用目标的集成电路，其中包括完整系统并有嵌入式软件的全部内容

试题（3）分析

　　本题考查嵌入式系统处理器知识。

　　嵌入式微处理器（MPU）是嵌入式系统硬件层的核心，大多工作在为特定用户群设计的系统中，它将通用 CPU 中许多由板卡完成的任务集成在芯片内部，从而有利于嵌入式系统在设计时趋于小型化，同时还具有很高的效率和可靠性。

　　嵌入式微控制器（Embedded Microcontroller Unit，EMCU）的典型代表是单片机，单片机从诞生之日起，就被称为嵌入式微控制器。它体积小，结构紧凑，作为一个部件安装在所控制的装置中，主要执行信号控制的功能。

　　数字信号处理器（Digital Signal Processor，DSP）由大规模或超大规模集成电路芯片组成，是用来完成某种信号处理任务的处理器。它是为适应高速实时信号处理任务的需要而逐渐发展起来的。随着集成电路技术和数字信号处理算法的发展，数字信号处理器的实现方法也在不断变化，处理能力不断提高。

　　片上系统（System on a Chip）指的是在单个芯片上集成一个完整的系统，一般包括中央处理器（CPU）、存储器，以及外围电路等。SOC 是与其他技术并行发展的，如绝缘硅（SOI），它可以提供增强的时钟频率，从而降低微芯片的功耗。

参考答案

　　（3）A

试题（4）

　　某指令流水线由 5 段组成，各段所需要的时间如下图所示。

　　连续输入 100 条指令时的吞吐率为 ___(4)___ 。

　　（4）A. $\dfrac{100}{800\Delta t}$　　　　B. $\dfrac{100}{495\Delta t}$　　　　C. $\dfrac{100}{305\Delta t}$　　　　D. $\dfrac{100}{300\Delta t}$

试题（4）分析

　　本题考查计算机系统基础知识。

　　指令流水线的吞吐率定义为：吞吐率 TP=指令数/执行时间。

　　该流水线开始运行后，第二条指令的第一段与第一条指令的第二段就开始重叠执行。流水线的建立时间为第一条指令的执行时间，此后每 3Δt 就执行完一条指令，因此执行 100 条指令的时间为 305Δt，即 8Δt+99×3Δt。

参考答案

　　（4）C

试题（5）、（6）

　　某计算机系统输入/输出采用双缓冲工作方式，其工作过程如下图所示，假设磁盘块与

缓冲区大小相同，每个盘块读入缓冲区的时间 T 为 10μs，缓冲区送用户区的时间 M 为 6μs，系统对每个磁盘块数据的处理时间 C 为 2μs。若用户需要将大小为 10 个磁盘块的 Doc1 文件逐块从磁盘读入缓冲区，并送用户区进行处理，那么采用双缓冲需要花费的时间为 __（5）__ μs，比使用单缓冲节约了 __（6）__ μs 时间。

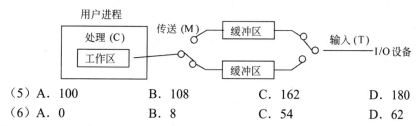

（5）A. 100　　　　　B. 108　　　　　C. 162　　　　　D. 180

（6）A. 0　　　　　　B. 8　　　　　　C. 54　　　　　　D. 62

试题（5）、（6）分析

　　双缓冲的工作特点是可以实现对缓冲区中数据的输入 T 和提取 M 与 CPU 的计算 C 三者并行工作。双缓冲的基本工作过程是在设备输入时，先将数据输入到缓冲区 1，装满后便转向缓冲区 2。所以双缓冲进一步加快了 I/O 的速度，提高了设备的利用率。

　　在双缓冲时，系统处理一块数据的时间可以粗略地认为是 Max(C, T)。如果 C<T，可使块设备连续输入；如果 C>T，则可使系统不必等待设备输入。本题每一块数据的处理时间为 10μs，采用双缓冲需要花费的时间为 10×10+6+2=108μs。

　　采用单缓冲的工作过程如图（a）所示。当第一块数据送入用户工作区后，缓冲区是空闲的，可以传送第二块数据。这样第一块数据的处理 C1 与第二块数据的输入 T2 是可以并行的，以此类推，如图（b）所示。

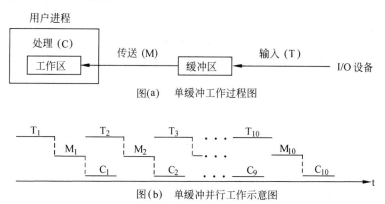

图(a)　单缓冲工作过程图

图(b)　单缓冲并行工作示意图

　　系统对每一块数据的处理时间为：Max(C, T)+M。因为，当 T>C 时，处理时间为 M+T；当 T<C 时，处理时间为 M+C。本题每一块数据的处理时间为 10+6=16μs，Doc1 文件的处理时间为 16×10+2=162μs，比使用单缓冲节约了 162−108=54μs 时间。

参考答案

　　（5）B　（6）C

试题（7）、（8）

某文件系统文件存储采用文件索引节点法。假设文件索引节点中有 8 个地址项 iaddr[0]～iaddr[7]，每个地址项大小为 4 字节，其中地址项 iaddr[0]～iaddr[5]为直接地址索引，iaddr[6]是一级间接地址索引，iaddr[7]是二级间接地址索引，磁盘索引块和磁盘数据块大小均为 4KB。该文件系统可表示的单个文件最大长度是 __(7)__ KB。若要访问 iclsClient.dll 文件的逻辑块号分别为 6、520 和 1030，则系统应分别采用 __(8)__。

（7）A．1030　　　　　B．65 796　　　　C．1 049 606　　　D．4 198 424

（8）A．直接地址索引、一级间接地址索引和二级间接地址索引

　　　B．直接地址索引、二级间接地址索引和二级间接地址索引

　　　C．一级间接地址索引、一级间接地址索引和二级间接地址索引

　　　D．一级间接地址索引、二级间接地址索引和二级间接地址索引

试题（7）、（8）分析

本题考查操作系统文件管理方面的基础知识。

根据题意，磁盘索引块为 4KB，每个地址项大小为 4B，故每个磁盘索引块可存放 4096/4=1024 个物理块地址。又因为文件索引节点中有 8 个地址项，其中 iaddr[0]、iaddr[1]、iaddr[2]、iaddr[3]、iaddr[4]、iaddr[5] 这 6 个地址项为直接地址索引，分别存放逻辑块号为 0～5 的物理块地址；iaddr[6]是一级间接地址索引，这意味着 iaddr[6]地址项指出的物理块中存放逻辑块号为 6～1029 的物理块号；iaddr[7]是二级间接地址索引，该地址项指出的物理块存放了 1024 个间接索引表的地址，这 1024 个间接索引表存放逻辑块号为 1030～1 049 605 的物理块号。

因为单个文件的逻辑块号为 0～1 049 605，共 1 049 606 个物理块，而磁盘数据块大小为 4KB 字节，所以单个文件最大长度是 4 198 424KB。

若要访问文件的逻辑块号分别为 6、520 和 1030，分别对应系统管理的一级间接地址索引、一级间接地址索引和二级间接地址索引范围。

参考答案

（7）D　　（8）C

试题（9）

给定关系模式 R（A，B，C，D，E）、S（D，E，F，G）和 $\pi_{1,2,4,6}(R \bowtie S)$，经过自然连接和投影运算后的属性列数分别为 __(9)__。

（9）A．9 和 4　　　　B．7 和 4　　　　C．9 和 7　　　　D．7 和 7

试题（9）分析

自然连接 R ▷◁ S 是指 R 与 S 关系中相同属性列名经过等值连接运算后，再去掉右边重复的属性列名 S.D、S.E，所以经 R ▷◁ S 运算后的属性列名为：R.A、R.B、R.C、R.D、R.E、S.F 和 S.G，共有 7 个属性列。经过投影运算后的属性列名为：R.A、R.B、R.D、S.F，共有 4 个属性列。

参考答案

（9）B

试题（10）、（11）

给定关系 $R(A_1, A_2, A_3, A_4)$ 上的函数依赖集 $F = \{A_1 \rightarrow A_2 A_5, A_2 \rightarrow A_3 A_4, A_3 \rightarrow A_2\}$，R 的候选关键字为　(10)　。函数依赖　(11)　$\in F^+$。

(10) A. A_1　　　　　　B. $A_1 A_2$　　C. $A_1 A_3$　　D. $A_1 A_2 A_3$

(11) A. $A_5 \rightarrow A_1 A_2$　　B. $A_4 \rightarrow A_1 A_2$　　C. $A_3 \rightarrow A_2 A_4$　　D. $A_2 \rightarrow A_1 A_5$

试题（10）、（11）分析

本题考查关系数据库理论方面的基础知识。

根据题意，$F = \{A_1 \rightarrow A_2 A_5, A_2 \rightarrow A_3 A_4, A_3 \rightarrow A_2\}$，不难得出属性 A_1 决定全属性，所以 A_1 为候选关键字。

由于 $A_2 \rightarrow A_3 A_4$（已知），可以得出 $A_2 \rightarrow A_3$，$A_2 \rightarrow A_4$（分解率）；又因为 $A_3 \rightarrow A_2$（已知），$A_2 \rightarrow A_4$，可以得出 $A_3 \rightarrow A_4$（传递率），$A_3 \rightarrow A_2 A_4$（合并率）。

参考答案

（10）A　　（11）C

试题（12）

假设某证券公司的股票交易系统中有正在运行的事务，此时，若要转储该交易系统数据库中的全部数据，则应采用　(12)　方式。

(12) A. 静态全局转储　　　　　　B. 动态全局转储
　　　C. 静态增量转储　　　　　　D. 动态增量转储

试题（12）分析

本题考查数据库技术方面的知识。

数据的转储分为静态转储和动态转储、海量转储和增量转储。

① 静态转储和动态转储。静态转储是指在转储期间不允许对数据库进行任何存取、修改操作；动态转储是在转储期间允许对数据库进行存取、修改操作，故转储和用户事务可并发执行。

② 海量转储和增量转储。海量转储是指每次转储全部数据；增量转储是指每次只转储上次转储后更新过的数据。

综上所述，假设系统中有运行的事务，若要转储全部数据库应采用动态全局转储方式。

参考答案

（12）B

试题（13）

IETF 定义的区分服务（DiffServ）模型要求每个 IP 分组都要根据 IPv4 协议头中的　(13)　字段加上一个 DS 码点，然后内部路由器根据 DS 码点的值对分组进行调度和转发。

(13) A. 数据报生存期　　　　　　B. 服务类型
　　　C. 段偏置值　　　　　　　　D. 源地址

试题（13）分析

区分服务要求每个 IP 分组都要根据 IPv4 协议头中的服务类型（在 IPv6 中是通信类型）字段加上一个 DS 码点，然后内部路由器根据 DS 码点的值对分组进行调度和转发。

参考答案

（13）B

试题（14）

在 IPv6 无状态自动配置过程中，主机将其　（14）　附加在地址前缀 1111 1110 10 之后，产生一个链路本地地址。

（14）A．IPv4 地址　　　　　　　　　　B．MAC 地址

　　　C．主机名　　　　　　　　　　　　D．随机产生的字符串

试题（14）分析

在 IPv6 无状态自动配置过程中，主机将其 MAC 地址附加在地址前缀 1111 1110 10 之后，产生一个链路本地地址。

参考答案

（14）B

试题（15）

如果管理距离为 15，则　（15）　。

（15）A．这是一条静态路由　　　　　　B．这是一台直连设备

　　　C．该路由信息比较可靠　　　　　D．该路由代价较小

试题（15）分析

各种路由来源的管理距离如下表所示。

路 由 来 源	管 理 距 离	路 由 来 源	管 理 距 离
直连路由	0	IS-IS	115
静态路由	1	RIP	120
EIGRP 汇总路由	5	EGP	140
外部 BGP	20	ODR（按需路由）	160
内部 EIGRP	90	外部 EIGRP	170
IGRP	100	内部 BGP	200
OSPF	110	未知	255

可以看出，管理距离为 15，既不是直连路由，也不是静态路由，而且这个路由的管理距离小于外部 BGP 的管理距离，所以该路由信息比较可靠。

参考答案

（15）C

试题（16）、（17）

把应用程序中应用最频繁的那部分核心程序作为评价计算机性能的标准程序，称为　（16）　程序。　（17）　不是对 Web 服务器进行性能评估的主要指标。

（16）A．仿真测试　　　B．核心测试　　　C．基准测试　　　D．标准测试

（17）A．丢包率　　　　B．最大并发连接数　　　C．响应延迟　　　D．吞吐量

试题（16）、（17）分析

大多数情况下，为测试新系统的性能，用户必须依靠评价程序来评价机器的性能。把应用程序用得最多、最频繁的那部分核心程序作为评价计算机性能的标准程序，称为基准测试程序（benchmark）。真实的程序、核心程序、小型基准程序和合成基准程序，其评测的准确程度依次递减。

Web 服务器性能指标主要有请求响应时间、事务响应时间、并发用户数、吞吐量、资源利用率、每秒钟系统能够处理的交易或者事务的数量等。

参考答案

（16）C　　（17）A

试题（18）、（19）

电子政务是对现有的政府形态的一种改造，利用信息技术和其他相关技术，将其管理和服务职能进行集成，在网络上实现政府组织结构和工作流程优化重组。与电子政务相关的行为主体有三个，即政府、___（18）___及居民。国家和地方人口信息的采集、处理和利用，属于___（19）___的电子政务活动。

（18）A. 部门　　　　　B. 企（事）业单位　　C. 管理机构　　D. 行政机关
（19）A. 政府对政府　　B. 政府对居民　　　　C. 居民对居民　　D. 居民对政府

试题（18）、（19）分析

电子政务是对现有的政府形态的一种改造，利用信息技术和其他相关技术，将其管理和服务职能进行集成，在网络上实现政府组织结构和工作流程优化重组，超越时间、空间与部门分隔的制约，实现公务、政务、商务、事务的一体化管理与运行。与电子政务相关的行为主体有三个，即政府、企（事）业单位及居民。国家和地方人口信息的采集、处理和利用，属于政府对政府的电子政务活动。

参考答案

（18）B　　（19）A

试题（20）、（21）

ERP（Enterprise Resource Planning）是建立在信息技术的基础上，利用现代企业的先进管理思想，对企业的物流、资金流和___（20）___流进行全面集成管理的管理信息系统，为企业提供决策、计划、控制与经营业绩评估的全方位和系统化的管理平台。在 ERP 系统中，___（21）___管理模块主要是对企业物料的进、出、存进行管理。

（20）A. 产品　　　　B. 人力资源　　　　C. 信息　　　　D. 加工
（21）A. 库存　　　　B. 物料　　　　　　C. 采购　　　　D. 销售

试题（20）、（21）分析

ERP 是建立在信息技术的基础上，利用现代企业的先进管理思想，对企业的物流资源、资金流资源和信息流资源进行全面集成管理的管理信息系统，为企业提供决策、计划、控制与经营业绩评估的全方位和系统化的管理平台。在 ERP 系统中，库存管理（Inventory Management）模块主要是对企业物料的进、出、存进行管理。

参考答案

（20）C　　（21）A

试题（22）

项目的成本管理中，　（22）　将总的成本估算分配到各项活动和工作包上，来建立一个成本的基线。

（22）A．成本估算　　　B．成本预算　　　C．成本跟踪　　　D．成本控制

试题（22）分析

本题考查项目成本管理的基础知识。

在项目的成本管理中，成本预算将总的成本估算分配到各项活动和工作包上，来建立一个成本的基线。

参考答案

（22）B

试题（23）

　（23）　是关于项目开发管理正确的说法。

（23）A．需求文档、设计文档属于项目管理和机构支撑过程域产生的文档

　　　 B．配置管理是指一个产品在其生命周期各个阶段所产生的各种形式和各种版本的文档、计算机程序、部件及数据的集合

　　　 C．项目时间管理中的过程包括活动定义、活动排序、活动的资源估算、活动历时估算、制订进度计划以及进度控制

　　　 D．操作员指南属于系统文档

试题（23）分析

本题考查项目开发管理的基础知识。

项目时间管理包括使项目按时完成所必需的管理过程。项目时间管理中的过程包括活动定义、活动排序、活动的资源估算、活动历时估算、制订进度计划以及进度控制。

参考答案

（23）C

试题（24）

　（24）　在软件开发机构中被广泛用来指导软件过程改进。

（24）A．能力成熟度模型（Capacity Maturity Model）

　　　 B．关键过程领域（Key Process Areas）

　　　 C．需求跟踪能力链（Traceability Link）

　　　 D．工作分解结构（Work Breakdown Structure）

试题（24）分析

本题考查软件过程的基础知识。

能力成熟度模型（Capability Maturity Model，CMM）描述了软件发展的演进过程，从毫无章法、不成熟的软件开发阶段到成熟的软件开发阶段的过程。以 CMM 的架构而言，它涵盖了规划、软件工程、管理、软件开发及维护等技巧，若能确实遵守规定的关键技巧，可协

助提升软件部门的软件设计能力，达到成本、时程、功能与品质的目标。CMM 在软件开发机构中被广泛用来指导软件过程改进。

参考答案

（24）A

试题（25）

　　__（25）__ 是关于需求管理正确的说法。

（25）A．为达到过程能力成熟度模型第二级，组织机构必须具有 3 个关键过程域

　　　　B．需求的稳定性不属于需求属性

　　　　C．需求变更的管理过程遵循变更分析和成本计算、问题分析和变更描述、变更实现的顺序

　　　　D．变更控制委员会对项目中任何基线工作产品的变更都可以做出决定

试题（25）分析

本题考查软件需求管理的基础知识。

在软件项目需求变更中，变更控制委员会负责决定哪些已建议需求变更或新产品特性付诸应用，决定在哪些版本中纠正哪些错误。广义上，变更控制委员会对项目中任何基线工作产品的变更都可以做出决定。

参考答案

（25）D

试题（26）

　　螺旋模型在 __（26）__ 的基础上扩展而成。

（26）A．瀑布模型　　　　　　　　　B．原型模型

　　　　C．快速模型　　　　　　　　　D．面向对象模型

试题（26）分析

本题考查软件开发方法的基础知识。

螺旋模型是一种演化软件开发过程模型，它在快速模型的基础上扩展而成。螺旋模型最大的特点在于引入了其他模型不具备的风险分析，使软件在无法排除重大风险时有机会停止，以减小损失。同时，在每个迭代阶段构建原型是螺旋模型用以减小风险的途径。螺旋模型更适合大型的、昂贵的、系统级的软件应用。

参考答案

（26）C

试题（27）、（28）

　　__（27）__ 适用于程序开发人员在地域上分布很广的开发团队。__（28）__ 中，编程开发人员分成首席程序员和"类"程序员。

（27）A．水晶系列（Crystal）开发方法

　　　　B．开放式源码（Open Source）开发方法

　　　　C．SCRUM 开发方法

　　　　D．功用驱动开发方法（FDD）

（28）A．自适应软件开发（ASD）

　　　B．极限编程（XP）开发方法

　　　C．开放统一过程开发方法（OpenUP）

　　　D．功用驱动开发方法（FDD）

试题（27）、（28）分析

　　本题考查软件开发方法的基础知识。

　　开放式源码指的是开放源码界所用的一种运作方式。开放式源码项目有一个特别之处，就是程序开发人员在地域上分布很广。这使得它和其他敏捷方法不同，因为一般的敏捷方法都强调项目组成员在同一地点工作。

　　功用驱动开发方法（Feature Driven Development，FDD）致力于短时的迭代阶段和可见可用的功能。在 FDD 中，编程开发人员分成首席程序员和"类"程序员（Class Owner）两类。

参考答案

　　（27）B　　（28）D

试题（29）、（30）

　　在软件系统工具中，版本控制工具属于　（29）　，软件评价工具属于　（30）　。

（29）A．软件开发工具　　　　　　　　B．软件维护工具

　　　C．编码与排错工具　　　　　　　D．软件管理和软件支持工具

（30）A．逆向工程工具　　　　　　　　B．开发信息库工具

　　　C．编码与排错工具　　　　　　　D．软件管理和软件支持工具

试题（29）、（30）分析

　　本题考查软件开发过程管理和工具的基础知识。

　　版本控制工具属于软件维护工具，软件评价工具属于软件管理与软件支持工具。

参考答案

　　（29）B　　（30）D

试题（31）～（33）

　　面向对象的分析模型主要由　（31）　、用例与用例图、领域概念模型构成；设计模型则包含以包图表示的软件体系结构图、以交互图表示的　（32）　、完整精确的类图、针对复杂对象的状态图和描述流程化处理过程的　（33）　等。

（31）A．业务活动图　　　　　　　　　B．顶层架构图

　　　C．数据流模型　　　　　　　　　D．实体联系图

（32）A．功能分解图　　　　　　　　　B．时序关系图

　　　C．用例实现图　　　　　　　　　D．软件部署图

（33）A．序列图　　　　　　　　　　　B．协作图

　　　C．流程图　　　　　　　　　　　D．活动图

试题（31）～（33）分析

　　本题考查面向对象建模的基础知识。

　　面向对象设计的基本任务，是把面向对象分析模型转换为面向对象设计模型。面向对象

的分析模型主要由顶层架构图、用例与用例图、领域概念模型构成。设计模型则包含以包图表示的软件体系结构图、以交互图表示的用例实现图、完整精确的类图、针对复杂对象的状态图和描述流程化处理过程的活动图等。

参考答案

（31）B　（32）C　（33）D

试题（34）

软件重用是指在两次或多次不同的软件开发过程中重复使用相同或相似软件元素的过程。软件元素包括__（34）__、测试用例和领域知识等。

（34）A. 项目范围定义、需求分析文档、设计文档

　　　B. 需求分析文档、设计文档、程序代码

　　　C. 设计文档、程序代码、界面原型

　　　D. 程序代码、界面原型、数据表结构

试题（34）分析

本题考查软件重用的基础知识。

软件重用是指在两次或多次不同的软件开发过程中重复使用相同或相似软件元素的过程。软件元素包括程序代码、测试用例、设计文档、设计过程、需求分析文档，甚至领域知识。通常，可重用的元素也称作软构件，可重用的软构件越大，重用的粒度越大。使用软件重用技术可以减少软件开发活动中大量的重复性工作，这样就能提高软件生产率，降低开发成本，缩短开发周期。同时，由于软构件大都经过严格的质量认证，并在实际运行环境中得到校验，因此，重用软构件有助于改善软件质量。此外，大量使用软构件，软件的灵活性和标准化程度也可得到提高。

参考答案

（34）B

试题（35）

面向构件的编程（Component Oriented Programming，COP）关注于如何支持建立面向构件的解决方案。面向构件的编程所需要的基本支持包括__（35）__。

（35）A. 继承性、构件管理和绑定、构件标识、访问控制

　　　B. 封装性、信息隐藏、独立部署、模块安全性

　　　C. 多态性、模块封装性、后期绑定和装载、安全性

　　　D. 构件抽象、可替代性、类型安全性、事务管理

试题（35）分析

本题考查构件开发的基础知识。

面向构件的编程（Component Oriented Programming，COP）关注于如何支持建立面向构件的解决方案。基于一般 OOP 风格，面向构件的编程需要下列基本的支持：多态性（可替代性）、模块封装性（高层次信息的隐藏）、后期的绑定和装载（部署独立性）和安全性（类型和模块安全性）。面向构件的编程仍然缺乏完善的方法学支持。现有的方法学只关注于单个构件本身，并没有充分考虑由于构件的复杂交互而带来的诸多困难，其中的一些问题可以

在编程语言和编程方法的层次上进行解决。

参考答案

（35）C

试题（36）、（37）

CORBA 构件模型中，___(36)___ 的作用是在底层传输平台与接收调用并返回结果的对象实现之间进行协调，___(37)___ 是最终完成客户请求的服务对象实现。

（36）A．伺服对象激活器　　　　　B．适配器激活器

　　　C．伺服对象定位器　　　　　D．可移植对象适配器 POA

（37）A．CORBA 对象　　　　　　B．分布式对象标识

　　　C．伺服对象 Servant　　　　D．活动对象映射表

试题（36）、（37）分析

本题考查软件构件的基础知识。

CORBA 构件模型中，对象适配器的主要作用是在底层传输平台与接收调用并返回结果的对象实现之间进行协调，目前采用的对象适配器规范是 POA（可移植对象适配器），它替代了传统的 BOA（基本对象适配器）。Servant（伺服对象）是最终完成客户请求的服务对象实现，伺服对象管理器（伺服对象激活器和伺服对象定位器）用来提供 CORBA 服务端的对象查找服务，活动对象映射表用来保存已注册的 CORBA 对象标识和伺服对象之间的映射关系。

参考答案

（36）D　　（37）C

试题（38）

关于构件的描述，正确的是___(38)___。

（38）A．构件包含了一组需要同时部署的原子构件

　　　B．构件可以单独部署，原子构件不能被单独部署

　　　C．一个原子构件可以同时在多个构件家族中共享

　　　D．一个模块可以看作带有单独资源的原子构件

试题（38）分析

本题考查软件构件的基础知识。

软件构件是部署、版本控制和替换的基本单位。构件是一组通常需要同时部署的原子构件。原子构件通常成组地部署，但是它也能够被单独部署。构件与原子构件的区别在于，大多数原子构件永远都不会被单独部署，尽管它们可以被单独部署。大多数原子构件都属于一个构件家族，一次部署往往涉及整个家族。一个模块是不带单独资源的原子构件。

参考答案

（38）A

试题（39）、（40）

面向服务系统构建过程中，___(39)___ 用于实现 Web 服务的远程调用，___(40)___ 用来将分散的、功能单一的 Web 服务组织成一个复杂的有机应用。

　　（39）A．UDDI（Universal Description, Discovery and Integration）

　　　　　B．WSDL（Web Service Description Language）

　　　　　C．SOAP（Simple Object Access Protocol）

　　　　　D．BPEL（Business Process Execution Language）

　　（40）A．UDDI（Universal Description, Discovery and Integration）

　　　　　B．WSDL（Web Service Description Language）

　　　　　C．SOAP（Simple Object Access Protocol）

　　　　　D．BPEL（Business Process Execution Language）

试题（39）、（40）分析

　　本题考查面向服务系统构建的基础知识。

　　基于 Web Services 实现的面向服务系统中，服务提供者、服务使用者和服务注册器之间的远程交互通过 SOAP（简单对象访问协议）消息实现，服务内容描述通过 WSDL（Web 服务描述语言）标准实现，服务注册信息通过 UDDI（服务统一描述、发现和集成）框架实现，通过 BPEL/BPEL4WS（业务过程执行语言）将分散的、功能单一的 Web 服务组织成一个复杂的有机应用。

参考答案

　　（39）C　　（40）D

试题（41）

　　基于 JavaEE 平台的基础功能服务构建应用系统时，　（41）　可用来集成遗产系统。

　　（41）A．JDBC、JCA 和 Java IDL　　　　B．JDBC、JCA 和 JMS

　　　　　C．JDBC、JMS 和 Java IDL　　　　D．JCA、JMS 和 Java IDL

试题（41）分析

　　本题考查 JavaEE 系统构建的基础知识。

　　在构建应用系统时，需要与不同时期采用不同技术开发的既有系统进行集成。JavaEE（J2EE）平台提供了对于不同类型遗产系统的集成支持。对于关系型数据库系统可以采用 JDBC（Java 数据库连接）进行连接，对于非 Java 应用系统可以采用 JCA（Java 连接器架构）连接，对于基于 CORBA 的应用系统可以采用 Java IDL（Java 接口定义语言）实现集成。

参考答案

　　（41）A

试题（42）、（43）

　　软件集成测试将已通过单元测试的模块集成在一起，主要测试模块之间的协作性。从组装策略而言，可以分为　（42）　。集成测试计划通常是在　（43）　阶段完成，集成测试一般采用黑盒测试方法。

　　（42）A．批量式组装和增量式组装　　　B．自顶向下和自底向上组装

　　　　　C．一次性组装和增量式组装　　　D．整体性组装和混合式组装

　　（43）A．软件方案建议　　　　　　　　B．软件概要设计

　　　　　C．软件详细设计　　　　　　　　D．软件模块集成

试题（42）、（43）分析

本题考查软件测试的基础知识。

软件集成测试也称为组装测试、联合测试（对于子系统而言，则称为部件测试）。它将已通过单元测试的模块集成在一起，主要测试模块之间的协作性。从组装策略而言，可以分为一次性组装和增量式组装（包括自顶向下、自底向上及混合式）两种。集成测试计划通常是在软件概要设计阶段完成的，集成测试一般采用黑盒测试方法。

参考答案

（42）C　（43）B

试题（44）

　　　（44）　架构风格可以概括为通过连接件绑定在一起按照一组规则运作的并行构件。

（44 ）A. C2　　　　　B. 黑板系统　　　　C. 规则系统　　　　D. 虚拟机

试题（44）分析

本题考查软件体系架构风格的基础知识。

C2 体系架构风格可以概括为：通过连接件绑定在一起的按照一组规则运作的并行构件网络。C2 风格中的系统组织规则如下：

① 系统中的构件和连接件都有一个顶部和一个底部；

② 构件的顶部应连接到某连接件的底部，构件的底部则应连接到某连接件的顶部，而构件与构件之间的直接连接是不允许的；

③ 一个连接件可以和任意数目的其他构件和连接件连接；

④ 当两个连接件进行直接连接时，必须由其中一个的底部到另一个的顶部。

参考答案

（44）A

试题（45）、（46）

　　　DSSA 是在一个特定应用领域中为一组应用提供组织结构参考的软件体系结构，参与DSSA 的人员可以划分为四种角色，包括领域专家、领域设计人员、领域实现人员和　（45）　，其基本活动包括领域分析、领域设计和　（46）　。

（45）A. 领域测试人员　　　　　　　B. 领域顾问
　　　 C. 领域分析师　　　　　　　　D. 领域经理

（46）A. 领域建模　　B. 架构设计　　C. 领域实现　　D. 领域评估

试题（45）、（46）分析

本题考查软件体系结构中特定领域体系结构的基础知识。

DSSA 是在一个特定应用领域中为一组应用提供组织结构参考的软件体系结构，参与DSSA 的人员可以划分为 4 种角色，包括领域专家、领域设计人员、领域实现人员和领域分析师，其基本活动包括领域分析、领域设计和领域实现。

参考答案

（45）C　　（46）C

试题（47）

　　__(47)__ 不属于可修改性考虑的内容。

（47）A．可维护性　　　B．可扩展性　　　C．结构重构　　　D．可变性

试题（47）分析

　　本题考查软件体系结构质量属性的基础知识。

　　可修改性是指能够快速地以较高的性能价格比对系统进行变更的能力，包括可维护性、可扩展性、结构重组、可移植性四个方面。

参考答案

　　（47）D

试题（48）

　　某公司拟为某种新型可编程机器人开发相应的编译器。该编译过程包括词法分析、语法分析、语义分析和代码生成四个阶段，每个阶段产生的结果作为下一个阶段的输入，且需独立存储。针对上述描述，该集成开发环境应采用 __(48)__ 架构风格最为合适。

（48）A．管道-过滤器　　　　　　　B．数据仓储

　　　　C．主程序-子程序　　　　　D．解释器

试题（48）分析

　　本题考查软件体系架构风格的基础知识。

　　在管道-过滤器风格的软件体系架构中，每个构件都有一组输入和输出，构件读输入的数据流，经过内部处理，然后产生输出数据流。这个过程通常通过对输入流的变换及增量计算来完成，所以在输入被完全消费之前，输出便产生了。因此，这里的构件被称为过滤器，这种风格的连接件就像是数据流传输的管道，将一个过滤器的输出传到另一个过滤器的输入。此风格特别重要的过滤器必须是独立的实体，它不能与其他的过滤器共享数据，而且一个过滤器不知道它上游和下游的标识。一个管道-过滤器网络输出的正确性并不依赖于过滤器进行增量计算过程的顺序。一个典型的管道-过滤器体系结构的例子是以 UNIX shell 编写的程序。UNIX 既提供一种符号，以连接各组成部分（UNIX 的进程），又提供某种进程运行时机制以实现管道。另一个著名的例子是传统的编译器。传统的编译器一直被认为是一种管道系统，在该系统中，一个阶段（包括词法分析、语法分析、语义分析和代码生成）的输出是另一个阶段的输入。

　　因此，本题中的编译器应采用管道-过滤器体系架构风格最为合适。

参考答案

　　（48）A

试题（49）、（50）

　　软件架构风格是描述某一特定应用领域中系统组织方式的惯用模式。一个体系结构定义了一个词汇表和一组 __(49)__ 。架构风格反映领域中众多系统所共有的结构和 __(50)__ 。

（49）A．约束　　　B．连接件　　　C．拓扑结构　　　D．规则

（50）A．语义特征　　　B．功能需求　　　C．质量属性　　　D．业务规则

试题（49）、（50）分析

本题考查软件体系结构的基础知识。

软件架构风格是描述某一特定应用领域中系统组织方式的惯用模式。一个体系结构定义了一个词汇表和一组约束。架构风格反映领域中众多系统所共有的结构和语义特征。

参考答案

（49）A　　（50）A

试题（51）

某公司拟开发一个扫地机器人。机器人的控制者首先定义清洁流程和流程中任务之间的关系，机器人接受任务后，需要响应外界环境中触发的一些突发事件，根据自身状态进行动态调整，最终自动完成任务。针对上述需求，该机器人应该采用 __(51)__ 架构风格最为合适。

（51）A．面向对象　　　　　　　　　B．主程序-子程序
　　　 C．规则系统　　　　　　　　　D．管道-过滤器

试题（51）分析

本题考查软件体系架构风格的基础知识。

规则系统体系架构风格是一个使用模式匹配搜索来寻找规则并在正确的时候应用正确的逻辑知识的虚拟机，其支持把频繁变化的业务逻辑抽取出来，形成独立的规则库。这些规则可独立于软件系统而存在，可被随时更新。它提供了一种将专家解决问题的知识与技巧进行编码的手段，将知识表示为"条件-行为"的规则，当满足条件时，触发相应的行为，而不是将这些规则直接写在程序源代码中，规则一般用类似于自然语言的形式书写，无法被系统直接执行，故而需要提供解释规则执行的"解释器"。

因此，本题中的扫地机器人系统适用于规则系统体系架构风格。

参考答案

（51）C

试题（52）

某企业内部现有的主要业务功能已封装成为 Web 服务。为了拓展业务范围，需要将现有的业务功能进行多种组合，形成新的业务功能。针对业务灵活组合这一要求，采用 __(52)__ 架构风格最为合适。

（52）A．规则系统　　 B．面向对象　　 C．黑板　　 D．解释器

试题（52）分析

本题考查软件体系架构风格的基础知识。

解释器是一个用来执行其他程序的程序。解释器可针对不同的硬件平台实现一个虚拟机，将高抽象层次的程序翻译为低抽象层次所能理解的指令，以消除在程序语言与硬件之间存在的语义差异。作为一种体系架构风格，解释器已经被广泛应用在从系统软件到应用软件的各个层面，包括各类语言环境、Internet 浏览器、数据分析与转换等，如 LISP、Prolog、JavaScript、VBScript、HTML、MATLAB、数据库系统（SQL 解释器）、各种通信协议等。

因此，本题目针对业务灵活组合这一要求，采用解释器体系架构风格最为合适。

参考答案

（52）D

试题（53）

某公司拟开发一个语音搜索系统，其语音搜索系统的主要工作过程包括分割原始语音信号、识别音素、产生候选词、判定语法片断、提供搜索关键词等，每个过程都需要进行基于先验知识的条件判断并进行相应的识别动作。针对该系统的特点，采用　（53）　架构风格最为合适。

（53）A．分层系统　　　B．面向对象　　　C．黑板　　　D．隐式调用

试题（53）分析

本题考查软件架构风格的基础知识。

黑板体系架构风格主要由三部分组成。知识源：知识源中包含独立的、与应用程序相关的知识，知识源之间不直接进行通信，它们之间的交互只通过黑板来完成；黑板数据结构：黑板数据是按照与应用程序相关的层次来组织解决问题的数据，知识源通过不断地改变黑板数据来解决问题；控制：控制完全由黑板的状态驱动，黑板状态的改变决定使用的特定知识。黑板风格的传统应用是信号处理领域，如语音和模式识别。

因此，该公司拟开发的语音识别系统应采用黑板体系架构风格最为合适。

参考答案

（53）C

试题（54）～（57）

设计模式基于面向对象技术，是人们在长期的开发实践中良好经验的结晶，提供了一个简单、统一的描述方法，使得人们可以复用这些软件设计方法、过程管理经验。按照设计模式的目的进行划分，现有的设计模式可以分为创建型、　（54）　和行为型三种类型。其中　（55）　属于创建型模式，　（56）　属于行为型模式。　（57）　模式可以将一个复杂的组件分成功能性抽象和内部实现两个独立的但又相关的继承层次结构，从而可以实现接口与实现分离。

（54）A．合成型　　　B．组合型　　　C．结构型　　　D．聚合型

（55）A．Adaptor　　B．Facade　　　C．Command　　D．Singleton

（56）A．Decorator　B．Composite　　C．Memento　　D．Builder

（57）A．Prototype　B．Flyweight　　C．Adapter　　D．Bridge

试题（54）～（57）分析

设计模式基于面向对象技术，是人们在长期的开发实践中良好经验的结晶，提供了一个简单、统一的描述方法，使得人们可以复用这些软件设计方法、过程管理经验。按照设计模式的目的进行划分，现有的设计模式可以分为创建型、结构型和行为型三种模式。其中创建型模式主要包括 Abstract Factory、Builder、Factory Method、Prototype、Singleton 等，结构型模式主要包括 Adaptor、Bridge、Composite、Decorator、Façade、Flyweight 和 Proxy，行为型模式主要包括 Chain of Responsibility、Command、Interpreter、Iterator、Mediator、Memento、Observer、State、Strategy、Template Method、Visitor 等。Bridge 模式可以将一个复杂的组件分成功能性抽象和内部实现两个独立的但又相关的继承层次结构，改变组件的这两个层次结构很简单，以至于它们可以互相独立地变化，采用 Bridge 模式可以将接口与实现分离，提高

可扩展性，并对客户端隐藏了实现的细节。

参考答案

（54）C   （55）D   （56）C   （57）D

试题（58）～（63）

某公司欲开发一个智能机器人系统，在架构设计阶段，公司的架构师识别出 3 个核心质量属性场景。其中"机器人系统主电源断电后，能够在 10 秒内自动启动备用电源并进行切换，恢复正常运行"主要与 __（58）__ 质量属性相关，通常可采用 __（59）__ 架构策略实现该属性；"机器人在正常运动过程中如果发现前方 2 米内有人或者障碍物，应在 1 秒内停止并在 2 秒内选择一条新的运行路径"主要与 __（60）__ 质量属性相关，通常可采用 __（61）__ 架构策略实现该属性；"对机器人的远程控制命令应该进行加密，从而能够抵挡恶意的入侵破坏行为，并对攻击进行报警和记录"主要与 __（62）__ 质量属性相关，通常可采用 __（63）__ 架构策略实现该属性。

（58）A．可用性   B．性能   C．易用性   D．可修改性
（59）A．抽象接口   B．信息隐藏   C．主动冗余   D．记录/回放
（60）A．可测试性   B．易用性   C．互操作性   D．性能
（61）A．资源调度   B．操作串行化 C．心跳   D．内置监控器
（62）A．可用性   B．安全性   C．可测试性   D．可修改性
（63）A．内置监控器   B．追踪审计   C．记录/回放   D．维护现有接口

试题（58）～（63）分析

本题主要考查考生对质量属性的理解和质量属性实现策略的掌握。对于题干描述，"机器人系统主电源断电后，能够在 10 秒内自动启动备用电源并进行切换，恢复正常运行"主要与可用性质量属性相关，通常可采用心跳、Ping/Echo、主动冗余、被动冗余、选举等架构策略实现该属性；"机器人在正常运动过程中如果发现前方 2 米内有人或者障碍物，应在 1 秒内停止并在 2 秒内选择一条新的运行路径"主要与性能这一质量属性相关，实现该属性的常见架构策略包括增加计算资源、减少计算开销、引入并发机制、采用资源调度等；"对机器人的远程控制命令应该进行加密，从而能够抵挡恶意的入侵破坏行为，并对攻击进行报警和记录"主要与安全性质量属性相关，通常可采用入侵检测、用户认证、用户授权、追踪审计等架构策略实现该属性。

参考答案

（58）A   （59）C   （60）D   （61）A   （62）B   （63）B

试题（64）

DES 加密算法的密钥长度为 56 位，三重 DES 的密钥长度为 __（64）__ 位。

（64）A．168   B．128   C．112   D．56

试题（64）分析

本题考查 DES 加密算法方面的基础知识。

DES 加密算法使用 56 位的密钥以及附加的 8 位奇偶校验位（每组的第 8 位作为奇偶校验位），产生最大 64 位的分组大小。这是一个迭代的分组密码，将加密的文本块分成两半。

使用子密钥对其中一半应用循环功能，然后将输出与另一半进行"异或"运算；接着交换这两半，这一过程会继续下去，但最后一个循环不交换。DES 使用 16 轮循环，使用异或、置换、代换、移位操作四种基本运算。三重 DES 所使用的加密密钥长度为 112 位。

参考答案

（64） C

试题（65）

下列攻击方式中，流量分析属于　(65)　方式。

（65） A. 被动攻击 　　 B. 主动攻击 　　 C. 物理攻击 　　 D. 分发攻击

试题（65）分析

本题考查网络攻击的基础知识。

网络攻击有主动攻击和被动攻击两类。其中主动攻击是指通过一系列的方法，主动地向被攻击对象实施破坏的一种攻击方式，例如重放攻击、IP 地址欺骗、拒绝服务攻击等均属于攻击者主动向攻击对象发起破坏性攻击的方式。流量分析攻击是通过持续检测现有网络中的流量变化或者变化趋势，而得到相应信息的一种被动攻击方式。

参考答案

（65） A

试题（66）

软件著作权保护的对象不包括　(66)　。

（66） A. 源程序 　　 B. 目标程序 　　 C. 用户手册 　　 D. 处理过程

试题（66）分析

本题考查知识产权的基础知识。

软件著作权保护的对象是指著作权法保护的计算机软件，包括计算机程序及其有关文档。计算机程序是指为了得到某种结果而可以由计算机等具有信息处理能力的装置执行的代码化指令序列，或可被自动转换成代码化指令序列的符号化指令序列或符号化语句序列，通常包括源程序和目标程序。软件文档是指用自然语言或者形式化语言所编写的文字资料和图表，以用来描述程序的内容、组成、设计、功能、开发情况、测试结果及使用方法等，如程序设计说明书、流程图、数据流图、用户手册等。

《中华人民共和国著作权法》只保护作品的表达，不保护作品的思想、原理、概念、方法、公式、算法等，对计算机软件来说，只有程序的作品性能得到《中华人民共和国著作权法》的保护，而体现其功能性的程序构思、程序技巧等不受著作权保护。《计算机软件保护条例》第六条规定："本条例对软件著作权的保护不延及开发软件所用的思想、处理过程、操作方法或者数学概念等。"

参考答案

（66） D

试题（67）

M 公司购买了 N 画家创作的一幅美术作品原件。M 公司未经 N 画家的许可，擅自将这幅美术作品作为商标注册，并大量复制用于该公司的产品上。M 公司的行为侵犯了 N

画家的　__（67）__ 。

　　（67）A．著作权　　　　　B．发表权　　　　　C．商标权　　　　　D．展览权

试题（67）分析

　　本题考查知识产权的基础知识。

　　著作权是指作者及其他著作权人对其创作（或继受）的文学艺术和科学作品依法享有的权利，即著作权权利人所享有的法律赋予的各项著作权及相关权的总和。著作权包括著作人身权和著作财产权两部分。著作人身权是指作者基于作品的创作活动而产生的与其人身紧密相连的权利，包括发表权、署名权、修改权和保护作品完整权。著作财产权是指作者许可他人使用、全部或部分转让其作品而获得报酬的权利，主要包括复制权、发行权、出租权、改编权、翻译权、汇编权、展览权、信息网络传播权，以及应当由著作权人享有的其他权利。未经著作权人许可，复制、发行、出租、改编、翻译、汇编、通过信息网络向公众传播等行为，均属侵犯著作权行为。

　　发表即首次公之于众。发表权是作者依法决定作品是否公之于众和以何种方式公之于众的权利，包括决定作品何时、何地、以何种方式公之于众。作品创作完成以后是否发表、以何种方式发表，不仅关系作品的命运，而且与作品的其他利益相关联。只有将作品发表，财产权利才能行使。除了财产权利之外，发表还决定着作品是否能被合理使用、外国作品在我国受著作权保护、法人作品的保护期起算等。发表权有两个特点：一是发表权是一次性权利，即作品的首次公之于众即为发表。对处于公知状态的作品，作者不再享有发表权。以后再次使用作品与发表权无关，而是行使作品的使用权。二是发表权难以孤立地行使，须借助一定的作品使用方式。如书籍出版、剧本上演、绘画展出等，既是作品的发表，同时也是作品的使用，第一次出版、第一次上演等都属于行使发表权。在一些情况下，作者虽未将软件公之于众，但可推定作者同意发表其作品。如作者将其未发表的作品许可他人使用的，意味着作者同意发表其作品，且认为作者已经行使发表权。一般情况下，不可能授权他人使用的同时，自己却保留发表权。又如作者将其未发表的作品原件所有权转让给他人后，意味着作品发表权与著作财产权的一起行使，即作者的发表权也已行使完毕，已随着财产权转移。

　　商标权是指商标所有人将其使用的商标，依照法律的注册条件、原则和程序，向商标局提出注册申请，商标局经过审核，准予注册而取得的商标专用权。在我国，商标注册是确定商标专用权的法律依据，只有经过注册的商标，才受到法律保护。画家未将自己创作的美术作品作为商标注册，所以不享有商标权。申请注册的商标不能与他人合法利益相冲突，即不能损害公民或法人在先的著作权、外观设计专利权、商号权、姓名权、肖像权等。

　　展览权是指将作品原件或复制件公开陈列的权利，即公开陈列美术作品、摄影作品的原件或者复制件的权利。展览权的客体限于艺术类作品，可以是已经发表的作品，也可以是尚未发表的作品。绘画、书法、雕塑等美术作品的原件可以买卖、赠与。然而，获得一件美术作品并不意味着获得该作品的著作权。《中华人民共和国著作权法》规定："美术等作品原件所有权的转移，不视为作品著作权的转移，但美术作品原件的展览权由原件所有人享有。"这就是说作品物转移的事实并不引起作品著作权的转移，受让人只是取得物的所有权和作品原件的展览权，作品的著作权仍然由作者等著作权人享有。画家将美术作品原件卖与 M 公司

后，这幅美术作品的著作权仍属于画家。这是因为画家将美术作品原件卖与 M 公司只是其美术作品原件的物权转移，并不是其著作权转移，即美术作品原件的转移不等于美术作品著作权的转移。

参考答案

（67）A

试题（68）

M 软件公司的软件产品注册商标为 N，为确保公司在市场竞争中占据优势，对员工进行了保密约束。此情形下，　（68）　的说法是错误的。

（68）A．公司享有商业秘密权　　　　B．公司享有软件著作权
　　　 C．公司享有专利权　　　　　　D．公司享有商标权

试题（68）分析

本题考查知识产权的基础知识。

关于软件著作权的取得，《计算机软件保护条例》规定："软件著作权自软件开发完成之日起产生。"即软件著作权自软件开发完成之日起自动产生，不论整体还是局部，只要具备了软件的属性即产生软件著作权，既不要求履行任何形式的登记或注册手续，也无须在复制件上加注著作权标记，也不论其是否已经发表，都依法享有软件著作权。软件开发经常是一项系统工程，一个软件可能会有很多模块，而每个模块能够独立完成某项功能。自该模块开发完成后就产生了著作权。

商业秘密权是商业秘密的合法控制人采取保密措施，依法对其经营信息和技术信息享有的专有使用权。一项商业秘密受到法律保护的依据，必须具备构成商业秘密的三个条件，即不为公众所知悉、具有实用性、采取了保密措施。该软件公司组织开发的应用软件具有商业秘密的特征，即包含着他人不能知道的技术秘密；具有实用性，能为软件公司带来经济效益；对职工进行了保密约束，在客观上已经采取相应的保密措施。

软件商业秘密通常可以分为软件技术秘密和软件经营秘密。软件技术秘密指凭借专有知识、经验或技能产生的，在实际中尤其是软件中适用的技术情报、数据或知识等，主要包括程序、设计方法、技术方案、功能规划、开发情况、测试结果及使用方法的文字资料和图表等，且未获得知识产权法的保护。软件经营秘密指具有软件秘密性质的经营管理方法以及与经营管理方法密切相关的信息和情报，其中包括管理方法、经营方法、产销策略、客户情报（客户名单、客户需求），以及对软件市场的分析、预测报告和未来的发展规划、招投标中的标底及标书内容等。

商标权、专利权不能自动取得，申请人必须履行《中华人民共和国商标法》《中华人民共和国专利法》规定的申请手续，向国家行政部门提交必要的申请文件，申请获准后即可取得相应权利。获准注册的商标通常称为注册商标，表明具有商标权。

参考答案

（68）C

试题（69）

某公司有 4 百万元资金用于甲、乙、丙三厂追加投资。各厂获得不同投资款后的效益见

下表。适当分配投资（以百万元为单位）可以获得的最大的总效益为 __(69)__ 百万元。

工　厂	投资和效益/百万元				
	0	1	2	3	4
甲	3.8	4.1	4.8	6.0	6.6
乙	4.0	4.2	5.0	6.0	6.6
丙	4.8	6.4	6.8	7.8	7.8

(69) A. 15.1　　　　B. 15.6　　　　　　C. 16.4　　　　　D. 16.9

试题（69）分析

本题考查应用数学的基础知识。

投资分配可以有以下几种：

① 4 百万元全部投给一个厂，其他两厂没有投资。

最大效益=max{6.6+4.0+4.8, 6.6+3.8+4.8, 7.8+3.8+4.0}=15.6 百万元。

② 3 百万元投给一个厂，1 百万元投给另一个厂，第三个厂没有投资。

最大效益=max{6.0+6.4+4.0, 6.0+6.4+3.8, 7.8+4.1+4.0}=16.4 百万元。

③ 给两个厂各投 2 百万元，第三个厂没有投资。

最大效益=max{4.8+5.0+4.8, 4.8+6.8+4.0, 5.0+6.8+3.8}=15.6 百万元。

④ 给一个厂投 2 百万元，给其他两个厂各投 1 百万元。

最大效益=max{4.8+4.2+6.4, 5.0+4.1+6.4, 6.8+4.1+4.2}=15.5 百万元。

综上，给甲厂投 3 百万元，给丙厂投 1 百万元，能获得最大效益 16.4 百万元。

参考答案

(69) C

试题（70）

以下关于数学建模的叙述中，不正确的是 __(70)__ 。

(70) A. 数学模型是对现实世界的一种简化的抽象的描述

　　　B. 数学建模时需要在简单性和准确性之间求得平衡

　　　C. 数学模型应该用统一的、普适的标准对其进行评价

　　　D. 数学建模需要从失败和用户的反馈中学习和改进

试题（70）分析

本题考查应用数学的基础知识。

解决多数实际问题的关键是建立数学模型（包括数学方程、数学公式、图形描述、符号表示等）。数学建模是对现实世界的一种近似的、简化的、易于求解的抽象描述。数学模型常需要忽略某些次要因素，以便易于近似求解。过于简单的模型可能准确性不足，为提高准确性，若建立过于复杂的模型，求解的难度就会增加。在简单性和准确性之间求得平衡是数学建模的一条原则。对同一问题可以建立多种数学模型。数学模型也常带有一些可变的参数。选用哪个模型，或选择什么样的参数，更能近似地解决实际问题，符合实际要求，这需要反复多次试验，根据求解失败的教训或用户的反馈意见逐步对模型进行修正或改进，不断完善

模型，并求得使用户满意、符合实际情况的结果。对一般的问题，并没有统一的、普适的模型评价标准，没有最好，只有更好，实践是检验真理的唯一标准。

参考答案

（70）C

试题（71）～（75）

The objective of ___(71)___ is to determine what parts of the application software will be assigned to what hardware. The major software components of the system being developed have to be identified and then allocated to the various hardware components on which the system will operate. All software systems can be divided into four basic functions. The first is___(72)___. Most information systems require data to be stored and retrieved, whether a small file, such as a memo produced by a word processor, or a large database, such as one that stores an organization's accounting records. The second function is the___(73)___, the processing required to access data, which often means database queries in Structured Query Language. The third function is the ___(74)___, which is the logic documented in the DFDs, use cases, and functional requirements. The fourth function is the presentation logic, the display of information to the user and the acceptance of the user's commands. The three primary hardware components of a system are ___(75)___.

（71）A．architecture design　　　　　B．modular design
　　　C．physical design　　　　　　　D．distribution design

（72）A．data access components　　　B．database management system
　　　C．data storage　　　　　　　　D．data entities

（73）A．data persistence　　　　　　B．data access objects
　　　C．database connection　　　　　D．data access logic

（74）A．system requirements　　　　B．system architecture
　　　C．application logic　　　　　　D．application program

（75）A．computers, cables and network　　B．clients, servers and network
　　　C．CPUs, memories and I/O devices　D．CPUs, hard disks and I/O devices

参考译文

架构设计的目标是确定应用软件的哪些部分将被分配到何种硬件。识别出正在开发系统的主要软件构件并分配到系统将要运行的硬件构件。所有软件系统可分为四项基本功能：第一项功能是数据存储。大多数信息系统需要数据进行存储并检索，无论是一个小文件，比如一个字处理器产生的一个备忘录，还是一个大型数据库，比如存储一个企业会计记录的数据库。第二项功能是数据访问逻辑，处理过程需要访问数据，这通常是指用 SQL 进行数据库查询。第三项功能是应用程序逻辑，这些逻辑通过数据流图、用例和功能需求来记录。第四项功能是表示逻辑，给用户显示信息并接收用户命令。一个系统的三类主要硬件构件是客户机、服务器和网络。

参考答案

　　（71）A　　（72）C　　（73）D　　（74）C　　（75）B

第 2 章　2016 下半年系统架构设计师

下午试题 I 分析与解答

试题一（共 25 分）

阅读以下关于软件架构设计的叙述，在答题纸上回答问题 1 至问题 3。

【说明】

某软件公司为某品牌手机厂商开发一套手机应用程序集成开发环境，以提高开发手机应用程序的质量和效率。在项目之初，公司的系统分析师对该集成开发环境的需求进行了调研和分析，具体描述如下：

a．需要同时支持该厂商自行定义的应用编程语言的编辑、界面可视化设计、编译、调试等模块，这些模块产生的模型或数据格式差异较大，集成环境应提供数据集成能力。集成开发环境还要支持以适配方式集成公司现有的应用模拟器工具。

b．经过调研，手机应用开发人员更倾向于使用 Windows 系统，因此集成开发环境的界面需要与 Windows 平台上的主流开发工具的界面风格保持一致。

c．支持相关开发数据在云端存储，需要保证在云端存储数据的机密性和完整性。

d．支持用户通过配置界面依据自己的喜好修改界面风格，包括颜色、布局、代码高亮方式等，配置完成后无须重启环境。

e．支持不同模型的自动转换。在初始需求中定义的机器性能条件下，对于一个包含 50 个对象的设计模型，将其转换为相应代码框架时所消耗时间不超过 5 秒。

f．能够连续运行的时间不小于 240 小时，意外退出后能够在 10 秒之内自动重启。

g．集成开发环境具有模块化结构，支持以模块为单位进行调试、测试与发布。

h．支持应用开发过程中的代码调试功能：开发人员可以设置断点，启动调试，编辑器可以自动卷屏并命中断点，能通过变量监视器查看当前变量取值。

在对需求进行分析后，公司的架构师小张查阅了相关的资料，认为该集成开发环境应该采用管道-过滤器（Pipe-Filter）的架构风格，公司的资深架构师王工在仔细分析后，认为应该采用数据仓储（Data Repository）的架构风格。公司经过评审，最终采用了王工的方案。

【问题 1】（10 分）

识别软件架构质量属性是进行架构设计的重要步骤。请分析题干中的需求描述，填写表 1-1 中（1）～（5）处的空白。

表 1-1　质量属性识别表

质量属性名称	需求描述编号
可用性	（1）
（2）	e
可修改性	（3）
可测试性	（4）
安全性	c
易用性	（5）

【问题 2】（7 分）

请在阅读题干需求描述的基础上，从交互方式、数据结构、控制结构和扩展方法四个方面对两种架构风格进行比较，填写表 1-2 中（1）～（4）处的空白。

表 1-2　两种架构的比较

比较因素	管道–过滤器风格	数据仓储风格
交互方式	顺序结构或有限的循环结构	（1）
数据结构	（2）	文件或模型
控制结构	（3）	业务功能驱动
扩展方法	接口适配	（4）

【问题 3】（8 分）

在确定采用数据仓储架构风格后，王工给出了集成开发环境的架构图。请填写图 1-1 中（1）～（4）处的空白，完成该集成开发环境的架构图。

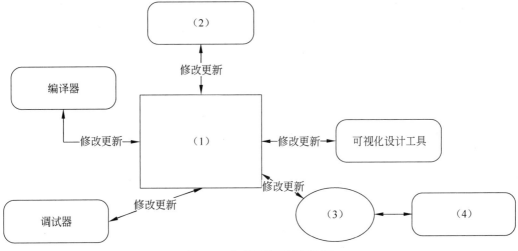

图 1-1　集成开发环境架构图

试题一分析

本题主要考查考生对于软件质量属性的理解、掌握和应用。在解答该问题时，需认真阅读题干中给出的场景与需求描述，分析该需求描述了何种质量属性，根据质量属性描述对其归类，并需要理解架构风险、敏感点和权衡点这些概念。

【问题 1】

识别软件架构质量属性是进行架构设计的重要步骤。根据相关质量属性的定义和含义，其中"支持不同模型的自动转换。在初始需求中定义的机器性能条件下，对于一个包含 50 个对象的设计模型，将其转换为相应代码框架时所消耗时间不超过 5 秒"，这描述的是系统的性能属性。"能够连续运行的时间不小于 240 小时，意外退出后能够在 10 秒之内自动重启"描述的则是系统的可用性。"支持用户通过配置界面依据自己的喜好修改界面风格，包括颜色、布局、代码高亮方式等，配置完成后无须重启环境"描述的是系统的可修改性。"集成开发环境具有模块化结构，支持以模块为单位进行调试、测试与发布"描述的是系统的可测试性。"经过调研，手机应用开发人员更倾向于使用 Windows 系统，因此集成开发环境的界面需要与 Windows 平台上的主流开发工具的界面风格保持一致"描述的是系统的易用性。

【问题 2】

对不同的架构设计决策是架构师必须具有的基本能力，根据题干要求：

（1）从交互方式方面看，管道-过滤器风格具有顺序结构或有限的循环结构；采用数据仓储风格时，工具之间无直接交互，通过数据仓储间接交互。

（2）从数据结构方面看，管道-过滤器风格具有数据驱动的特征，数据到来后就进行计算；数据仓储风格以文件或模型为主要数据结构。

（3）从控制结构方面看，管道-过滤器风格具有顺序结构或有限的循环结构；数据仓储风格则以业务功能驱动。

（4）从扩展方法方面看，管道-过滤器风格主要采用适配器方式实现扩展性；数据仓储风格中，每个工具需要与数据仓储进行数据适配。

【问题 3】

本题主要考查数据仓储风格的实际设计与应用。结合风格定义，从图中可以看出，位于核心位置的组件（1）应该是数据库/模型。根据题干描述，可以直接接入数据库的组件（2）应该是代码编辑工具。（3）和（4）对应题干描述"……集成环境应提供数据集成能力。集成开发环境还要支持以适配方式集成公司现有的应用模拟器工具"，因此（3）和（4）应该分别填入数据格式转换器和模拟器。

参考答案

【问题 1】

（1）f　　（2）性能　　（3）d　　（4）g　　（5）b

【问题 2】

（1）工具之间无直接交互，通过数据仓储间接交互

（2）流式数据

（3）数据驱动

（4）与数据仓储进行数据适配

【问题 3】

（1）模型/数据库

（2）代码编辑工具

（3）数据格式转换器

（4）模拟器

注意：从试题二至试题五中，选择两题解答。

试题二（共 25 分）

阅读以下关于软件系统建模的叙述，在答题纸上回答问题 1 至问题 3。

【说明】

某软件公司计划开发一套教学管理系统，用于为高校提供教学管理服务。该教学管理系统基本的需求包括：

（1）系统用户必须成功登录到系统后才能使用系统的各项功能服务；

（2）管理员（Registrar）使用该系统管理学校（University）、系（Department）、教师（Lecturer）、学生（Student）和课程（Course）等教学基础信息；

（3）学生使用系统选择并注册课程，必须通过所选课程的考试才能获得学分；如果考试不及格，必须参加补考，通过后才能获得课程学分；

（4）教师使用该系统选择所要教的课程，并从系统获得选择该课程的学生名单；

（5）管理员使用系统生成课程课表，维护系统所需的有关课程、学生和教师的信息；

（6）每个月到了月底系统会通过打印机打印学生的考勤信息。

项目组经过分析和讨论，决定采用面向对象开发技术对系统各项需求建模。

【问题 1】（7 分）

用例建模用来描述待开发系统的功能需求，主要元素是用例和参与者。请根据题目所述需求，说明教学服务系统中有哪些参与者。

【问题 2】（7 分）

用例是对系统行为的动态描述，用例获取是需求分析阶段的主要任务之一。请指出在面向对象系统建模中，用例之间的关系有哪几种类型？对题目所述教学服务系统的需求建模时，"登录系统"用例与"注册课程"用例之间、"参加考试"用例与"参加补考"用例之间的关系分别属于哪种类型？

【问题 3】（11 分）

类图主要用来描述系统的静态结构，是组件图和配置图的基础。请指出在面向对象系统建模中，类之间的关系有哪几种类型？对题目所述教学服务系统的需求建模时，类 University 与类 Student 之间、类 University 和类 Department 之间、类 Student 和类 Course 之间的关系分别属于哪种类型？

试题二分析

本题考查面向对象系统建模的相关知识。

此类题目要求考生能够理解面向对象系统建模的基本概念和方法，并在应用系统开发中结合系统需求，利用面向对象建模技术构建系统的需求模型、分析模型和设计模型。UML是面向对象系统的标准建模语言，是一种定义良好、易于表达、功能强大的建模语言。UML在支持面向对象分析与设计的基础上，能够支持从需求分析开始的软件开发全过程。在 UML建模过程中，通过建立系统用例模型和静态模型，搭建系统体系结构。用例模型属于系统的高级视图，按照面向对象的原则将系统要实现的行为划分为用例，并基于用例按照交互关系和时间产生顺序图；在用例模型的基础上抽象出系统的类，明确各模块之间的关系，按照合适的粒度构建系统类图。对于复杂的交互过程，需要补充状态图、活动图和协作图等系统模型，对系统内部处理细节进行建模。该题目针对教学管理系统需求，主要考查考生对于用例图和类图进行系统建模的掌握情况。

【问题 1】

本题考查考生对用例建模中"参与者"元素的理解。参与者是为了完成一个事件而与系统交互的实体，参与者可以表示与系统接口的任何事物和任何人。这可以包括人（不仅仅是最终用户）、外部系统和其他组织，参与者位于建模的系统的外部。在识别参与者时，要注意参与者是与系统交互的所有事物，该角色的承担者除了人之外，还可以是其他系统和硬件设备，甚至是系统时钟。按照题目中给出的系统需求说明，从需求（3）、（4）、（5）中可以得到由人承担的参与者包括学生、教师、管理员；从需求（6）可以得到的参与者是时间（系统时钟）和打印机。

【问题 2】

本题考查考生对用例及其用例之间关系的理解。用例是系统中执行的一系列动作，这些动作生成特定参与者可见的价值结果。用例表示系统所提供的服务，它定义了系统是如何被参与者所使用的，描述了参与者为了使用系统所提供的某一个完整功能而与系统之间发生的交互过程。用例之间的关系主要有泛化（Generalization）、包含（Include）和扩展（Extend）。

（1）当可以从两个或多个用例中提取公共行为时，可以使用包含关系来表示。

（2）如果一个用例混合了两种或两种以上不同场景，即根据情况可能发生多种分支，则可以将这个用例分为一个基本用例和一个或多个扩展用例。

（3）当多个用例共同拥有一个类似的结构和行为的时候，可以将它们的共性抽象成父用例，其他的用例作为泛化关系中的子用例。

在题目要求中，用例"登录系统"是用例"注册课程"和其他用例执行的公共行为，两者是包含（Include）关系。用例"参加补考"是用例"参加考试"的一种分支和特殊场景，两者之间的关系是扩展（Extend）关系。

【问题 3】

本题考查考生对类图及类之间关系的理解。类图主要用来描述系统的静态结构，是组件图和配置图的基础。每个用例对应一个类图，描述参与这个用例实现的所有概念类，而用例的实现主要通过交互图来表示。当确定类之后，要识别类与类之间的关系，主要包括关联（Association）、聚集（Aggregation）、组合（Composition）、泛化（Generalization）和依赖（Dependence）。

（1）关联提供了类之间的结构关系，将多个类的实例连接在一起。

（2）依赖关系表示一个类的变化可能会影响另一个类。

（3）泛化关系描述了一般事物与该事物中的特殊种类之间的关系。

（4）聚集关系表示类之间整体与部分的关系，其含义是部分可能同时属于多个整体，两者生命周期可以不相同。

（5）组合关系表示类之间的整体与部分关系，部分只能属于一个整体，两者具有相同的生存周期。

在题目要求中，类 University 与类 Student 之间的关系是整体与部分关系，而且具有不同的生存周期，所以是聚集（Aggregation）关系。类 University 和类 Department 之间的关系是整体与部分的关系，两者具有相同的生存周期，所以是组合（Composition）关系。类 Student 和类 Course 之间为连接关系，所以属于关联（Association）关系。

参考答案

【问题 1】

参与者：学生、教师、管理员、时间、打印机。

【问题 2】

用例之间的关系：泛化（Generalization）、包含（Include）和扩展（Extend）。

用例"登录系统"与用例"注册课程"之间的关系是包含（Include）关系；用例"参加考试"与用例"参加补考"之间的关系是扩展（Extend）关系。

【问题 3】

类之间的关系：关联（Association）、聚集（Aggregation）、组合（Composition）、泛化（Generalization）、依赖（Dependence）。

类 University 与类 Student 之间的关系是聚集（Aggregation）关系；类 University 和类 Department 之间的关系是组合（Composition）关系；类 Student 和类 Course 之间的关系是关联（Association）关系。

试题三（共 25 分）

阅读以下关于嵌入式实时系统设计的描述，回答问题 1 至问题 3。

【说明】

嵌入式系统是当前航空、航天、船舶及工业、医疗等领域的核心技术，嵌入式系统可包括实时系统与非实时系统两种。某宇航公司长期从事航空航天飞行器电子设备的研制工作，随着业务的扩大，需要大量大学毕业生补充到科研生产部门。按照公司规定，大学毕业生必须进行相关基础知识培训，为此，公司经理安排王工对他们进行了长达一个月的培训。

【问题 1】（7 分）

王工在培训中指出：嵌入式系统主要负责对设备的各种传感器进行管理与控制。而航空航天飞行器的电子设备由于对时间具有很强的敏感性，通常由嵌入式实时系统进行管控，请用 300 字以内文字说明什么是实时系统，实时系统有哪些主要特性。

【问题 2】（8 分）

实时系统根据应用场景、时间特征以及工作方式的不同，存在多种实时特性，大致有三种分类方法，即时间类别、时间需求和工作方式结构。根据自己所掌握的"实时性"知识，将图 3-1 给出的实时特性按三种分类方式，填写图 3-1 中（1）～（8）处空白。

备选答案：时限的危害程度；时间角色；弱；时间响应；固定；时限/反应时间；时间明确；输入/输出激励；时间触发；强；周期/零星/非周期；事件触发。

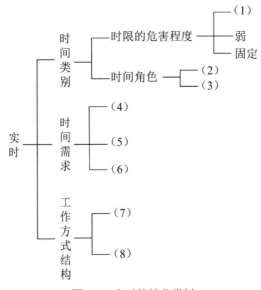

图 3-1 实时特性分类树

【问题 3】（10 分）

可靠性是实时系统的关键特性之一，区分软件的错误（Error）、缺陷（Defect）、故障（Fault）和失效（Failure）概念是软件可靠性设计工作的基础。请简要说明错误、缺陷、故障和失效的定义；并在图 3-2 中标出错误、缺陷和失效出现阶段，说明缺陷、故障和失效的表现形式，填写图 3-2 中（1）～（6）处的空白。

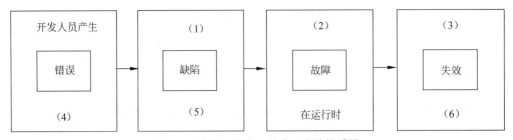

图 3-2 错误、缺陷、故障和失效关系图

试题三分析

本题考查嵌入式实时系统的基本概念和主要特征，在掌握基本概念的基础上，针对安全关键系统的可靠性需求，区分错误、缺陷、故障和失效的含义以及所处的场景。

此类题目要求考生根据自己已掌握的有关嵌入式系统的知识，认真阅读题目对实时性问题的描述，经过分析、分类和概括等方法，从中分析出题干或备选答案给出的术语间的差异，正确回答问题1到问题3所涉及的各类技术要点。

【问题1】

嵌入式系统是深埋于专用设备或系统中，对设备或系统的各类传感器进行管理与控制的系统，根据专用设备或系统的应用领域的不同，通常分为实时系统和非实时系统。比如大的可以是飞机、飞船、舰艇、机床等，小的可以是家用电器、手机、电子门锁等。一般来讲，设备运行对于时间特性具备一定敏感性的系统可称为"实时系统"。因此，实时系统是"指计算的正确性不仅取决于程序的逻辑正确性，也取决于结果产生的时间，如果系统的时间约束条件得不到满足，系统将会出错"（牛津计算机字典），或者"指能及时响应外部事件的请求，在规定的时间内完成对该事件的处理，并控制所有实时任务协调一致运行的系统"。上述两个定义均说明了任务正确的运行不仅与运算结果有关，而且也与运行时限有关。

实时系统的主要特征一般体现在以下八个方面：

（1）时间敏感性：任何实时系统对响应时间是极其关注的，要保证在所有条件下适当的时间产生适当的输出，在设计和实现方面是相当困难的。

（2）并发性：实时系统一般由处理器和一些公共外部相互作用的设备组成，这种结构隐含着天然的并行特征。

（3）数值计算：一般实时系统均采用了控制技术实现信息反馈与控制，因此处理器必须支持高速度、高精度和向量、浮点计算能力。

（4）复杂性：实时系统的核心是对外部真实事件的响应，而系统必须迎合这些外部事件的组合，这样就带来设计上的复杂性。因此，实时系统要使用语言或环境将这些复杂性分解为可有效管理的较小规模的组件、抽象数据结构、类和对象等。

（5）效能：实时系统是时间攸关的系统，其执行效率与其他系统相比尤为重要，有些情况，为了提高系统效能，往往要用低级程序设计语言（即汇编语言）控制和操作硬件接口或中断。因此，系统需要应答时间往往在毫秒或纳秒级，适当采用低级语言设计是非常必要的。

（6）可靠性和安全性：一般实时系统都是应用于生死攸关系统的（如飞机、高铁等），一个系统的失效可能引起上亿元的经济损失，有些失效是不能挽回的。因此，实时系统的可靠性至关重要。在军事领域，必须在设计和执行系统时考虑系统失效的控制算法，尽可能地减少人为操作错误所引起的失效，预防外部非法入侵而带来的关键数据泄漏和系统失效。

（7）预测性：实时系统是一种确定性要求极高的系统，要求对系统每时刻的运行的行为、状态和结果都是可预计的。尤其是在系统发生错误后，其可能影响的系统失效也是可预测到的，并设计了系统失效后的处理方法，如备份、手工操作等。

（8）交互作用：实时系统的本质是对外部事件的处理，必然带来了交互作用，并且系统还应根据外部事件的不同因素，自动适应环境的变化，因此，实时系统的智能化、自适应化是交互作用的主要体现。

【问题2】

实时系统是一种时间敏感性的系统，根据不同的应用环境和条件的不同，其时间敏感性要求各有差异，因此实时系统还可根据时间类别、时间需求和工作方式的不同，分类出不同的实时系统。比如按时间类别的时限要求程度不同，一般将具备毫秒级或纳秒级时限要求的系统称为"强实时系统",而将具备秒级以上的时限要求的系统称为"弱实时系统"。本问题给出了多个备选答案,主要考查考生在理解了时间类别、时间需求和工作方式三种场景分类的含义的基础上,将备选答案分门别类地归纳到不同类型中。

"时间类别"主要是以用户对时间敏感程度的高低划分,可归纳为"时限的危害程度"和"时间角色"两类。其中"时限的危害程度"可分为"强实时""弱实时""固定实时"三种;而"时间角色"可分为"时间明确"和"时间响应"两种。

"时间需求"主要是以系统对时间响应需求的紧迫程度划分,可归纳为"时限/反应时间""输入/输出激励""周期/零星/非周期"三种。

"工作方式"主要是以系统对时间工作方式的触发条件划分,可归纳为"时间触发"和"事件触发"两类。

【问题 3】

系统可靠性是嵌入式实时系统的关键特性之一,安全攸关系统的设计必须关注系统的可靠性设计,要提高系统的健壮性必然要清楚错误(Error)、缺陷(Defect)、故障(Fault)和失效(Failure)的基本概念和存在的环境与场景。

软件错误(Error)是指开发人员在开发过程中出现的失误、疏忽和错误而导致的设计缺陷;软件缺陷(Defect)是指代码中能引起一个或一个以上失效的错误编码,包括步骤、过程、数据定义等方面;软件故障(Fault)是指软件在运行过程中出现的一种不希望或不可接受的内部状态,通常是由于软件缺陷在运行时引起并产生的错误状态;软件失效(Failure)是指程序的运行偏离了需求,是动态运行的结果,软件执行遇到软件中的缺陷时可能会导致软件的失效。

基于上述定义,考生就不难回答图 3-2 所空缺的内容。

"错误"是"开发人员""在开发过程中"产生的;

"缺陷"是"在产品中"固有"存在"的;

"故障"是系统"在运行时"所"引起"的;

"失效"是系统"在运行时"由"用户经历"感觉到的。

参考答案

【问题 1】

1. 实时系统

实时系统是指计算的正确性不仅取决于程度的逻辑正确性,也取决于结果产生的时间,如果系统的时间约束条件得不到满足,系统将会出错。

或:

实时系统是指能及时响应外部事件的请求,在规定的时间内完成对该事件的处理,并控制所有实时任务协调一致运行的系统。

2. 实时系统的主要特性

(1) 时间敏感性

(2) 并发性

(3) 数值计算

  （4）复杂性

  （5）效能

  （6）可靠性

  （7）安全性

  （8）预测性

  （9）交互作用

【问题 2】

  （1）强

  （2）时间明确

  （3）时间响应

  （4）时限/反应时间

  （5）输入/输出激励

  （6）周期/零星/非周期

  （7）时间触发

  （8）事件触发

  注：（2）、（3）可互换，（4）、（5）、（6）可互换，（7）、（8）可互换。

【问题 3】

  错误、缺陷、故障和失效的定义：

  （1）错误（Error）：是指开发人员在开发过程中出现的失误、疏忽和错误。

  （2）软件缺陷（Defect）：是指代码中能引起一个或一个以上失效的错误的编码（步骤、过程、数据定义等）。

  （3）软件故障（Fault）：是指软件在运行过程中出现的一种不希望或不可接受的内部状态，通常是由于软件缺陷在运行时引起并产生的错误状态。

  （4）软件失效（Failure）：是指程序的运行偏离了需求，是动态运行的结果，软件执行遇到软件中的缺陷时可能会导致软件的失效。

  错误、缺陷、故障和失效关系图填空：

  （1）存在

  （2）引起

  （3）用户经历

  （4）在开发过程中

  （5）在产品中

  （6）在运行时

试题四（共 25 分）

  阅读以下关于应用服务器的叙述，在答题纸上回答问题 1 至问题 3。

【说明】

  某电子产品制造公司，几年前开发建设了企业网站系统，实现了企业宣传、产品介绍、客服以及售后服务等基本功能。该网站技术上采用了 Web 服务器、动态脚本语言 PHP。随着市场销售渠道变化以及企业业务的急剧拓展，该公司急需建立完善的电子商务平台。

公司张工建议对原有网站系统进行扩展，增加新的功能（包括订单系统、支付系统、库存管理等），这样有利于降低成本、快速上线；而王工则认为原有网站系统在技术上存在先天不足，不能满足企业业务的快速发展，尤其是企业业务将服务全球，需要提供 24 小时不间断服务，系统在大负荷和长时间运行下的稳定性至关重要。建议采用应用服务器的 Web 开发方法，例如 J2EE，为该企业重新开发新的电子商务平台。

【问题 1】（7 分）

王工认为原有网站在技术上存在先天不足，不能满足企业业务的快速发展，根据你的理解，请用 300 字以内的文字说明原系统存在哪几个方面的不足。

【问题 2】（8 分）

请简要说明应用服务器的概念，并重点说明应用服务器如何来保障系统在大负荷和长时间运行下的稳定性以及可扩展性。

【问题 3】（10 分）

J2EE 平台采用了多层分布式应用程序模型，实现不同逻辑功能的应用程序被封装到不同的构件中，处于不同层次的构件可被分别部署到不同的机器中。请填写图 4-1 中（1）～（5）处的空白，完成 J2EE 的 N 层体系结构。

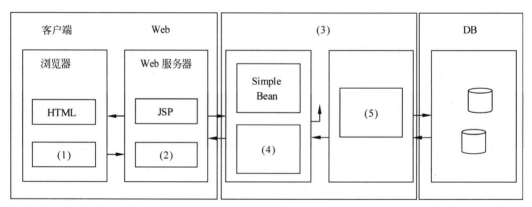

图 4-1　J2EE 的 N 层体系结构示意图

试题四分析

本题考查 Web 应用开发的知识及应用，主要是 Web 服务器端的架构知识，属于比较基础的题目。

【问题 1】

本问题考查 Web 服务端的脚本开发知识。原有的 Web 服务器扩展接口的方式过于底层，对开发者的素质要求很高，往往需要懂得底层编程方法，了解 HTTP，调试也很困难。因此开发者使用一些脚本语言来进行 Web 开发，包括 ASP、PHP 等。其实质是在 Web 服务器端放入一个通用的脚本语言解释器，负责解释各种不同的脚本语言文件，其最大的优点是简化了开发流程，降低了对程序开发人员的要求。但是该方法也存在一些明显的缺点，主要包括：脚本语言嵌入在 HTML 文件中，使得 I/O、业务逻辑、数据处理等程序代码混杂在一起，使得开发、维护困难；系统采用 Web 服务器实现业务逻辑，系统的扩展性差，并发能力差，系统一旦繁忙，缺乏有效的手段进行扩充；系统缺乏有效的维护、管理工具。

【问题 2】

本问题考查应用服务器技术的基本概念。应用服务器技术是脚本语言开发技术之后出现的一种 Web 应用开发技术。应用服务器是指通过各种协议把商业逻辑暴露给客户端的程序。它提供了访问商业逻辑的途径以供客户端应用程序使用。应用服务器为实现 Web 应用程序和系统资源的访问机制提供了一种简单、可管理的方式。它是一个开发、部署、运行、管理和维护的平台，可以提供软件"集群"功能，让多个不同的异构服务器协同工作、相互备份，满足企业级应用所需要的可用性、高性能、可靠性和伸缩性。

应用服务器通过分布式体系来保障系统在大负荷和长时间运行下的稳定性以及可扩展性；当系统处理能力不够时，通过简单增加硬件来解决，提供水平可扩展性；动态调整不同主机间的负载可以最大限度地利用资源，提供单机稳定性；动态调整主机工作职能，当系统中某台机器出现故障时，它的工作可由其他机器承担，不会影响系统整体的运行，没有单点故障。

【问题 3】

本问题考查 J2EE 平台的基本架构。

典型的 J2EE 架构如下图所示。

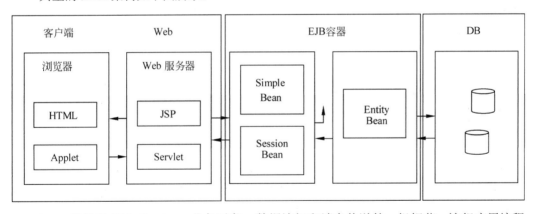

J2EE 是针对 Web Service、业务对象、数据访问和消息传送的一组规范。这组应用编程接口确定了 Web 应用与驻留它们的服务器之间的通信方式。J2EE 注重两件事：一是建立标准，使 Web 应用的部署与服务器无关；二是使服务器能控制构件的生命周期和其他资源，以便能够处理扩展、并发、事务处理管理和安全性问题。J2EE 规范定义了以下几种构件：应用客户端、EJB 构件、Servlets 和 JSP、Applet 构件。J2EE 采用的是多层分布式应用模型，意味着应用逻辑将根据功能分成几个部分，用户可以在相同或不同的服务器上安装不同应用构件组成 J2EE 应用。

参考答案

【问题 1】

原有基于 Web 服务器的脚本语言的解决方案，其实质是在 Web 服务器端放入一个通用的脚本语言解释器，负责脚本语言的解释执行。其存在的不足有：

1. 脚本语言嵌入在 HTML 文件中，使得 I/O、业务逻辑、数据处理等程序代码混杂在一起，使得开发、维护困难；

2. 系统采用 Web 服务器实现业务逻辑，系统的扩展性差，并发能力差，系统一旦繁忙，缺乏有效的手段进行扩充；

3. 系统缺乏有效的维护、管理工具。

【问题 2】

应用服务器是指通过各种协议把商业逻辑暴露给客户端的程序。它提供了访问商业逻辑的途径以供客户端应用程序使用。应用服务器为实现 Web 应用程序和系统资源的访问机制提供了一种简单、可管理的方式。它是一个开发、部署、运行、管理和维护的平台，可以提供软件"集群"功能，让多个不同的异构服务器协同工作、相互备份，满足企业级应用所需要的可用性、高性能、可靠性和伸缩性。

应用服务器通过分布式体系来保障系统在大负荷和长时间运行下的稳定性以及可扩展性：

（1）当系统处理能力不够时，通过简单增加硬件来解决，提供水平可扩展性；

（2）动态调整不同主机间的负载可以最大限度地利用资源，提供单机稳定性；

（3）动态调整主机工作职能，没有单点故障。

【问题 3】

（1）Applet

（2）Servlet

（3）EJB 容器

（4）Session Bean 或会话 Bean

（5）Entity Bean 或实体 Bean

试题五（共 25 分）

阅读以下关于 Scrum 敏捷开发过程的叙述，在答题纸上回答问题 1 至问题 3。

【说明】

Scrum 是一个增量的、迭代的敏捷软件开发过程。某软件公司计划开发一个基于 Web 的 Scrum 项目管理系统，用于支持项目团队采用 Scrum 敏捷开发方法进行软件开发，辅助主管智能决策。此项目管理系统提供的主要服务包括项目团队的管理、敏捷开发过程管理和工件的管理。

Scrum 敏捷开发中，项目团队由 Scrum 主管、产品负责人和开发团队人员三种不同的角色组成，其开发过程由若干个 Sprint（短的迭代周期，通常为 2～4 周）活动组成。

Product Backlog 是在 Scrum 过程初期产生的一个按照商业价值排序的需求列表，该列表条目的体现形式通常为用户故事。在每一个 Sprint 活动中，项目团队从 Product Backlog 中挑选最高优先级的用户故事进行开发。被挑选的用户故事在 Sprint 计划会议上经过细化分解为任务，同时初步估算每一个任务的预计完成时间，编写 Sprint Backlog。

在 Sprint 活动期间，项目团队每天早晨需举行每日站立会议，重新估算剩余任务的预计完成时间，更新 Sprint Backlog、Sprint 燃尽图和 Release 燃尽图。在每个 Sprint 活动结束时，项目团队召开评审会议和回顾会议，交付产品增量，总结 Sprint 期间的工作情况和问题。此时，如果 Product Backlog 中还有未完成的用户故事，则项目团队将开始筹备下一个 Sprint 活动迭代。

　　为完成 Scrum 项目管理系统，考虑到系统的智能决策需求，公司决定使用 MVC 架构模式开发该项目管理系统。具体来说，系统采用轻量级 J2EE 架构和 SSH 框架进行开发，使用 MySQL 数据库作为底层存储。

【问题 1】（10 分）

　　Scrum 项目管理软件需真实模拟 Scrum 敏捷开发流程，请根据你的理解完成图 5-1 给出的 Scrum 敏捷开发状态图，填写其中（1）～（5）的内容。

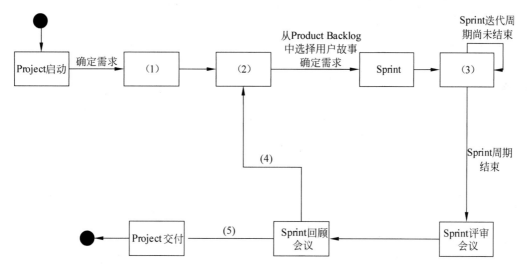

图 5-1　Scrum 敏捷开发状态图

【问题 2】（6 分）

　　根据题干描述，本系统采用 MVC 架构模式，请从备选答案 a～n 中分别选出属于 MVC 架构模型中的模型（Model）、视图（View）和控制器（Controler）的相关内容描述填入表 5-1 的空（1）～（3）处。

表 5-1　架构模式中包含的内容

架 构 模 式	包 含 内 容
模型（Model）	（1）
视图（View）	（2）
控制器（Controler）	（3）

备选答案：

a	Sprint 燃尽图	h	用户
b	Project	i	交付产品增量
c	Product Backlog	j	新建项目
d	用户故事	k	Task
e	估算任务预计完成时间	l	Sprint
f	Release 燃尽图	m	产品负责人
g	Sprint 回顾会议	n	Sprint Backlog

【问题 3】（9 分）

根据项目组给出的系统设计方案，将备选答案 a～l 的内容填写在图 5-2 中的空（1）～（9），完成系统架构图。

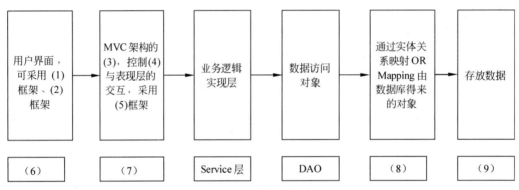

图 5-2　系统架构图

备选答案：

a	Struts 2	g	模型层
b	Hibernate 持久层	h	控制层
c	数据库服务（MySQL）	i	EJB
d	Sitemesh	j	Web 层
e	业务逻辑层	k	视图层
f	JQuery	l	PostgreSQL

试题五分析

本题考查 Web 系统架构设计的相关知识。此类题目要求考生认真阅读题目，根据实际系统的需求描述，进行 Web 系统架构的设计。

【问题 1】

本问题考查对 Web 系统的动态行为进行建模的相关知识。

状态图（Statechart Diagram）主要用于描述一个对象在其生存期间的动态行为，表现为一个对象所经历的状态序列，引起状态转移的事件（Event），以及因状态转移而伴随的动作

（Action）。一般可以用状态机对一个对象的生命周期建模，状态图用于显示状态机（State Machine Diagram），重点在于描述状态图的控制流。

因此，基于题目描述的 Scrum 敏捷开发流程，对该 Scrum 项目管理系统中动态行为进行建模，（1）（2）（3）对应的状态应为"制定 Product Backlog""Sprint 计划会议""每日站立会议"，（4）（5）对应的使状态发生改变的事件为"Product Backlog 中还有未完成的用户故事""已交付 Product Backlog 中的所有用户故事"。

【问题 2】

本问题考查 MVC 架构模式在 Web 系统设计中的应用。MVC 是一种目前广泛流行的软件体系结构，该架构模式的三个基本组件包括模型（Model）、视图（View）和控制器（Controller）。

模型（Model）用于封装与应用程序的业务逻辑相关的数据以及对数据的处理方法。Model 有对数据直接访问的权利，例如对数据库的访问。Model 不依赖 View 和 Controller，也就是说，Model 不关心它会被如何显示或是如何被操作。但是 Model 中数据的变化一般会通过一种刷新机制被公布。为了实现这种机制，那些用于监视此 Model 的 View 必须事先在此 Model 上注册，从而，View 可以了解在数据 Model 上发生的改变。视图（View）能够实现数据有目的的显示。在 View 中一般没有程序上的逻辑。为了实现 View 上的刷新功能，View 需要访问它监视的数据模型（Model），因此应该事先在被它监视的数据那里注册。控制器（Controller）起到不同层面间的组织作用，用于控制应用程序的流程，处理事件并做出响应。"事件"包括用户的行为和数据 Model 上的改变。

基于 MVC 架构模式的思想，Scrum 敏捷开发管理系统中各元素分别对应于 MVC 中的 Model、View、Controller，如下表所示。

架 构 模 式	包 含 内 容
模型（Model）	Project、Product Backlog、用户故事、用户、Task、Sprint、产品负责人、Sprint Backlog
视图（View）	Sprint 燃尽图、Release 燃尽图
控制器（Controler）	估算任务预计完成时间、新建项目

【问题 3】

本问题考查层次式的 Web 系统设计方案和各层的具体实现技术的相关知识。

根据题干中的描述，该项目管理系统基于 MVC 架构设计，采用轻量级 J2EE 架构和 SSH 框架进行开发，使用 MySQL 数据库作为底层存储。在图 5-2 给出的系统架构图的基础上，可以分析出该 Scrum 敏捷开发管理系统的层次系统架构包括 5 层，依次为视图层、Web 层、Service 层、DAO、Hibernate 持久层和基于 MySQL 实现的数据库服务。

在视图层中，Sitemesh 和 JQuery 是用户界面设计开发中的常用框架。Sitemesh 是一个 Web 页面布局、装饰以及与现有 Web 应用集成的框架，有助于在由大量页面构成的项目中创建一致的页面布局和外观、一致的导航条、一致的布局方案等。JQuery 是一个快速、简洁的 JavaScript 框架，它封装 JavaScript 常用的功能代码，提供一种简便的 JavaScript 设计模式，优化 HTML 文档操作、事件处理、动画设计和 Ajax 交互，JQuery 具有独特的链式语法和短小清晰的多功能接口，具有高效灵活的 CSS 选择器，并且可对 CSS 选择器进行扩展，拥有便捷的插件扩展机制和丰富的插件。

在 Web 层中，Strust2 框架有效地支持了 MVC 架构中控制业务逻辑与表现层中的交互。Struts2 是轻量级的 MVC 框架，在 Struts2 中，当 Web 容器收到请求（HttpServletRequest），它将请求传递给一个标准的过滤链，包括 ActionContextCleanUp 过滤器。经过 Other filters（Sitemesh 等），需要调用 FilterDispatcher 核心控制器，然后调用 ActionMapper 确定请求哪个 Action，ActionMapper 返回一个收集 Action 详细信息的 ActionMapping 对象。FilterDispatcher 将控制权委派给 ActionProxy，ActionProxy 调用配置管理器（ConfigurationManager），从配置文件中读取配置信息（struts.xml），然后创建 ActionInvocation 对象。ActionInvocation 在调用 Action 之前会依次调用所有配置拦截器（Interceptor N），一旦执行结果返回结果字符串，ActionInvocation 负责查找结果字符串对应的 Result，然后执行这个 Result，Result 会调用一些模板（JSP）来呈现页面。拦截器（Interceptor N）会再次被执行，顺序和 Action 执行之前相反。最后响应（HttpServletResponse）被返回给在 web.xml 中配置的那些过滤器和核心控制器（FilterDispatcher）。

参考答案

【问题 1】
（1）制定 Product Backlog
（2）Sprint 计划会议
（3）每日站立会议
（4）Product Backlog 中还有未完成的用户故事
（5）已交付 Product Backlog 中的所有用户故事

【问题 2】
（1）b, c, d, h, k, l, m, n
（2）a, f
（3）e, j
注：各空中的项没有次序要求。

【问题 3】
（1）d 或 f
（2）f 或 d
（3）h
（4）e
（5）a
（6）k
（7）j
（8）b
（9）c
注：（1）、（2）答案可互换，但不能重复选择。

第3章 2016下半年系统架构设计师 下午试题 II 写作要点

> 从下列的 4 道试题（试题一至试题四）中任选一道解答。请在答题纸上的指定位置处将所选择试题的题号框涂黑。若多涂或者未涂题号框，则对题号最小的一道试题进行评分。

试题一 论软件系统架构评估

对于软件系统，尤其是大规模的复杂软件系统来说，软件的系统架构对于确保最终系统的质量具有十分重要的意义，不恰当的系统架构将给项目开发带来高昂的代价和难以避免的灾难。对一个系统架构进行评估，是为了分析现有架构存在的潜在风险，检验设计中提出的质量需求，在系统被构建之前分析现有系统架构对于系统质量的影响，提出系统架构的改进方案。架构评估是软件开发过程中的重要环节。

请围绕"论软件系统架构评估"论题，依次从以下三个方面进行论述。

1. 概要叙述你所参与架构评估的软件系统，以及在评估过程中所担任的主要工作。

2. 分析软件系统架构评估中所普遍关注的质量属性有哪些？详细阐述每种质量属性的具体含义。

3. 详细说明你所参与的软件系统架构评估中，采用了哪种评估方法，具体实施过程和效果如何。

试题一写作要点

一、简要描述所参与架构评估的软件系统，并明确指出在评估过程中承担的主要工作。

二、分析软件系统架构评估中所普遍关注的质量属性，并详细阐述每种质量属性的具体含义。

系统架构评估中普遍关注的质量属性包括：

（1）性能。

性能是指系统的响应能力，即需要多长时间才能对某个事件做出响应，或者在某段时间内系统所能处理的事件个数。经常用单位时间内所处理事务的数量或系统完成某个事务处理所需的时间来对性能进行定量表示。

（2）可靠性。

可靠性是软件系统在应用或者系统错误面前，在意外或者错误使用的情况下维持软件系统的功能特性的基本能力。

（3）可用性。

可用性是系统能够正常运行的时间比例。经常用两次故障之间的时间长度或在出现故障时系统能够恢复正常的速度来表示。

（4）安全性。

安全性是指系统在向合法用户提供服务的同时能够阻止非授权用户使用的企图或拒绝服务的能力。

（5）可修改性。

可修改性是指能够快速地以较高的性能价格比对系统进行变更的能力，包括可维护性、可扩展性、结构重构、可移植性。

（6）功能性。

功能性是系统所能完成所期望的工作的能力。一项任务的完成需要系统中许多或大多数构件的相互协作。

（7）可变性。

可变性是指体系结构经扩充或变更而成为新体系结构的能力。

（8）互操作性。

互操作性是指作为系统组成部分的软件不是独立存在的，经常与其他系统或自身环境相互作用，如程序和用其他编程语言编写的软件系统的交互作用就是互操作性的问题。

三、针对实际参与的软件系统架构评估，说明所采用的评估方法，并描述其具体实施过程和效果。

现软件评估中的主要评估方法包括 SAAM（Scenarios-based Architecture Analysis Method，基于场景的架构分析方法）和 ATAM（Architecture Tradeoff Analysis Method，体系结构权衡分析方法）。可选择某种评估方法展开实际项目的系统评估。

试题二 论软件设计模式及其应用

软件设计模式（Software Design Pattern）是一套被反复使用的、多数人知晓的、经过分类编目的代码设计经验的总结。使用设计模式是为了重用代码以提高编码效率、增加代码的可理解性、保证代码的可靠性。软件设计模式是软件开发中的最佳实践之一，它经常被软件开发人员在面向对象软件开发过程中所采用。项目中合理地运用设计模式可以完美地解决很多问题，每种模式在实际应用中都有相应的原型与之相对，每种模式都描述了一个在软件开发中不断重复发生的问题，以及对应该原型问题的核心解决方案。

请围绕"论软件设计模式及其应用"论题，依次从以下三个方面进行论述。

1．概要叙述你参与分析和开发的软件系统，以及你在项目中所担任的主要工作。

2．说明常用的软件设计模式有哪几类？阐述每种类型特点及其所包含的设计模式。

3．详细说明你所参与的软件系统开发项目中，采用了哪些软件设计模式，具体实施效果如何。

试题二写作要点

一、简要描述所参与分析和开发的软件系统开发项目，并明确指出在其中承担的主要任务和开展的主要工作。

二、说明软件系统设计中常用的软件设计模式有哪几类，阐述每种类型的特点及其所包含的设计模式。

常用的软件设计模式主要包括：

（1）创建型模式。

该类模式是对对象实例化过程的抽象，它通过采用抽象类所定义的接口，封装了系统中对象如何创建、组合等信息。

所包括的模式：Abstract Factory（抽象工厂）、Builder（建造者）、Factory Method（工厂方法）、Prototype（原型）、Singleton（单例）。

（2）结构型模式。

该类模式主要用于如何组合已有的类和对象以获得更大的结构，一般借鉴封装、代理、继承等概念将一个或多个类或对象进行组合、封装，以提供统一的外部视图或新的功能。

所包括的模式：Adapter（适配器）、Bridge（桥接）、Composite（组合）、Decorator（装饰）、Façade（外观）、Flyweight（享元）、Proxy（代理）。

（3）行为型模式。

该类模式主要用于对象之间的职责及其提供的服务的分配，它不仅描述对象或类的模式，还描述它们之间的通信模式，特别是描述一组对等的对象怎样相互协作以完成其中任一对象都无法单独完成的任务。

所包括的模式：Chain of Responsibility（职责链）、Command（命令）、Interpreter（解释器）、Iterator（迭代器）、Mediator（中介者）、Memento（备忘录）、Observer（观察者）、State（状态）、Strategy（策略）、Template Method（模板方法）、Visitor（访问者）。

三、针对实际参与的软件系统开发项目，说明所采用的软件设计模式，并描述这些设计模式所产生的实际应用效果。

使用设计模式的作用主要表现在：（1）简化并加快设计；（2）方便开发人员之间的通信；（3）降低风险；（4）有助于转到面向对象技术。

试题三　论数据访问层设计技术及其应用

在信息系统的开发与建设中，分层设计是一种常见的架构设计方法，区分层次的目的是实现"高内聚低耦合"的思想。分层设计能有效简化系统复杂性，使设计结构清晰，便于提高复用能力和产品维护能力。一种常见的层次划分模型是将信息系统分为表现层、业务逻辑层和数据访问层。信息系统一般以数据为中心，数据访问层的设计是系统设计中的重要内容。数据访问层需要针对需求，提供对数据源读写的访问接口；在保障性能的前提下，数据访问层应具有良好的封装性、可移植性，以及数据库无关性。

请围绕"论数据访问层设计技术及其应用"论题，依次从以下三个方面进行论述。

1．概要叙述你参与管理和开发的与数据访问层设计有关的软件项目，以及你在其中所担任的主要工作。

2．详细论述常见的数据访问层设计技术及其所包含的主要内容。

3．结合你参与管理和开发的实际项目，具体说明采用了哪种数据访问层设计技术，并叙述具体实施过程以及应用效果。

试题三写作要点

一、简要叙述所参与管理和开发的软件项目，并明确指出在其中承担的主要任务和开展的主要工作。

二、常见的数据访问层设计技术有五种数据访问模式。

（1）在线访问：该模式是基本的数据访问模式，在软件系统中不存在专门的数据访问层，由业务程序直接读取数据，与后台数据源进行交互。

（2）Data Access Object：DAO 模式是标准 J2EE 设计模式之一，该模式将底层数据访问操作与高层业务逻辑分离开。具体的 DAO 类包含访问特定数据源数据的逻辑。

（3）Data Transfer Object：DTO 是经典 EJB 设计模式之一。DTO 本身是一组对象或数据的容器，它需要跨越不同进程或者网络的边界来传输数据。这类对象通常本身不包括具体的业务逻辑，对象内部仅进行一些诸如内部一致性检查和基本验证之类的活动。

（4）离线数据模型：是以数据为中心，数据从数据源获取后，将按照某种预定义的结构（如 IBM SDO 的 Data 图表结构或 ADO.NET 中的关系结构）存放在系统中，成为应用的中心。其特点是：①离线，数据操作独立于后台数据源；②与 XML 集成，数据可以方便地与 XML 格式文档相互转换。

（5）对象/关系映射（Object/Relation Mapping）：ORM 是一种工具、中间件或平台，它能够将应用程序中的数据转换成关系数据库中的记录；或者将关系数据库中的记录转换成应用程序中代码便于操作的对象，使得程序员在开发过程中仅仅面对一个对象的概念，降低了对程序员数据库知识的要求，简化了数据库相关的开发工作。

三、考生需结合自身参与项目的实际状况，指出其参与管理和开发的项目中所进行的具体的数据访问层设计，说明具体的设计过程、使用的方法和工具，并对实际应用效果进行分析。

试题四　论微服务架构及其应用

近年来，随着互联网行业的迅猛发展，公司或组织业务的不断扩张，需求的快速变化以及用户量的不断增加，传统的单块（Monolithic）软件架构面临着越来越多的挑战，已逐渐无法适应互联网时代对软件的要求。在这一背景下，微服务架构模式（Microservice Architecture Pattern）逐渐流行，它强调将单一业务功能开发成微服务的形式，每个微服务运行在一个进程中，采用 HTTP 等通用协议和轻量级 API 实现微服务之间的协作与通信。这些微服务可以使用不同的开发语言以及不同数据存储技术，能够通过自动化部署工具独立发布，并保持最低限制的集中式管理。

请围绕"论微服务架构及其应用"论题，依次从以下三个方面进行论述。

1. 概要叙述你参与管理和开发的、采用微服务架构的软件开发项目及在其中所担任的主要工作。

2. 与单块架构相比较，微服务架构有哪些特点？请列举至少四个特点并进行说明。

3. 结合你参与管理和开发的软件开发项目，描述该软件的架构，说明该架构是如何采用微服务架构模式的，并说明在采用微服务架构后，在软件开发过程中遇到的实际问题和解决方案。

试题四写作要点

一、叙述你参与管理和开发的、采用微服务架构的软件开发项目，并明确指出在其中承担的主要任务和开展的主要工作。

二、与单块架构相比,微服务架构具有如下特点:

(1)通过服务实现组件化。单个微服务实现简单,能够聚焦一个指定的业务功能或业务需求。

(2)功能明确,易于理解。微服务能够被一个开发人员理解、修改和维护,这样小团队能够更关注自己的工作成果,并降低沟通成本。

(3)围绕业务功能构建开发团队。采用微服务架构,可以围绕业务功能构建开发团队,这样更符合企业的分工与组织结构,便于管理。

(4)支持多种开发语言与多种平台。不同的微服务能使用不同的语言开发,运行在不同的操作系统平台上,通过标准的协议和数据格式进行交互与协作。

(5)离散化数据管理。在微服务架构中,无法创建或维护统一的数据模型或结构,全局数据模型将在不同的系统之间有所区别,需要进行数据模型的离散化管理。

(6)基础设施自动化。微服务强调以灵活的方式集成自动部署,通过持续集成工具实现基础设施自动化。

三、考生需结合自身参与软件开发项目的实际状况,描述该软件的架构,并明确说明软件架构为什么属于微服务架构,具有微服务架构的哪些特征。并结合项目开发实际,说明采用微服务架构模式后对软件开发过程的影响以及遇到的问题,包括服务的定义与划分、服务之间的协作关系、服务部署、服务管理等。

第4章　2017下半年系统架构设计师

上午试题分析与解答

试题（1）、（2）

某计算机系统采用 5 级流水线结构执行指令，设每条指令的执行由取指令（$2\Delta t$）、分析指令（$1\Delta t$）、取操作数（$3\Delta t$）、运算（$1\Delta t$）和写回结果（$2\Delta t$）组成，并分别用 5 个子部件完成，该流水线的最大吞吐率为　(1)　；若连续向流水线输入 10 条指令，则该流水线的加速比为　(2)　。

(1) A. $\dfrac{1}{9\Delta t}$ 　　　 B. $\dfrac{1}{3\Delta t}$ 　　　 C. $\dfrac{1}{2\Delta t}$ 　　　 D. $\dfrac{1}{1\Delta t}$

(2) A. $1:10$ 　　　 B. $2:1$ 　　　 C. $5:2$ 　　　 D. $3:1$

试题（1）、（2）分析

本题考查计算机体系结构的相关知识。

流水线的吞吐率是指单位时间内流水线完成的任务数或输出的结果数量，其最大吞吐率为"瓶颈"段所需时间的倒数。题中所示流水线的"瓶颈"为取操作数段。

流水线的加速比是指完成同样一批任务，不使用流水线（即顺序执行所有指令）所需时间与使用流水线（指令的子任务并行处理）所需时间之比。

题目中执行 1 条指令的时间为 $2\Delta t + 1\Delta t + 3\Delta t + 1\Delta t + 2\Delta t = 9\Delta t$，因此顺序执行 10 条指令所需时间为 $90\Delta t$。若采用流水线，则所需时间为 $9\Delta t + (10-1)\times 3\Delta t = 36\Delta t$，因此加速比为 $90:36$，即 $5:2$。

参考答案

(1) B　　(2) C

试题（3）

DMA（直接存储器访问）工作方式是在　(3)　之间建立起直接的数据通路。

(3) A. CPU 与外设　　B. CPU 与主存　　C. 主存与外设　　D. 外设与外设

试题（3）分析

本题考查计算机系统的基础知识。

DMA 方式是一种不经过CPU而直接在外设与内存间进行的数据交换控制方式。在 DMA 模式下，CPU 只需向 DMA 控制器下达指令，让 DMA 控制器来处理数据的传送，数据传送完之后再把信息反馈给 CPU 即可。

参考答案

(3) C

试题（4）

RISC（精简指令系统计算机）的特点不包括　__(4)__　。

（4）A．指令长度固定，指令种类尽量少

　　　B．寻址方式尽量丰富，指令功能尽可能强

　　　C．增加寄存器数目，以减少访存次数

　　　D．用硬布线电路实现指令解码，以尽快完成指令译码

试题（4）分析

本题考查计算机系统的基础知识。

RISC 的特点是指令格式少，寻址方式少且简单。

参考答案

（4）B

试题（5）

以下关于 RTOS（实时操作系统）的叙述中，不正确的是　__(5)__　。

（5）A．RTOS 不能针对硬件变化进行结构与功能上的配置及裁剪

　　　B．RTOS 可以根据应用环境的要求对内核进行裁剪和重配

　　　C．RTOS 的首要任务是调度一切可利用的资源来完成实时控制任务

　　　D．RTOS 实质上就是一个计算机资源管理程序，需要及时响应实时事件和中断

试题（5）分析

本题考查实时操作系统（RTOS）方面的基础知识。

实时操作系统是指当外界事件或数据产生时，能够接受并以足够快的速度予以处理，其处理的结果又能在规定的时间之内来控制生产过程或对处理系统做出快速响应，并控制所有实时任务协调一致运行的操作系统。因而，提供及时响应和高可靠性是其主要特点。实时操作系统有硬实时和软实时之分，硬实时要求在规定的时间内必须完成操作，这是在操作系统设计时保证的；软实时则只要按照任务的优先级，尽可能快地完成操作即可。

实时操作系统不仅要及时响应实时事件中断，同时也要及时调度运行实时任务。但是，处理机调度并不能随心所欲地进行，因为涉及两个进程之间的切换，只能在确保"安全切换"的时间点上进行，实时调度机制包括两个方面，一是在调度策略和算法上保证优先调度实时任务；二是建立更多"安全切换"时间点，保证及时调度实时任务。

事实上，实时操作系统如同操作系统一样，就是一个后台的支撑程序，能针对硬件变化进行结构与功能上的配置、裁剪等。其关注的重点在于任务完成的时间是否能够满足要求。

参考答案

（5）A

试题（6）

前趋图（Precedence Graph）是一个有向无环图，记为：→={(P$_i$, P$_j$)|P$_i$ must complete before P$_j$ may start}。假设系统中进程 P={P$_1$, P$_2$, P$_3$, P$_4$, P$_5$, P$_6$, P$_7$, P$_8$}，且进程的前趋图如下：

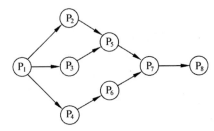

那么，该前驱图可记为 __（6）__ 。

（6）A. →={(P₂, P₁), (P₃, P₁), (P₄, P₁), (P₆, P₄), (P₇, P₅), (P₇, P₆), (P₈, P₇) }

　　　B. →={(P₁, P₂), (P₁, P₃), (P₁, P₄), (P₂, P₅), (P₅, P₇), (P₆, P₇), (P₇, P₈) }

　　　C. →={(P₁, P₂), (P₁, P₃), (P₁, P₄), (P₂, P₅), (P₃, P₅), (P₄, P₆), (P₅, P₇),
　　　　　(P₆, P₇), (P₇, P₈) }

　　　D. →={(P₂, P₁), (P₃, P₁), (P₄, P₁), (P₅, P₂), (P₅, P₃), (P₆, P₄), (P₇, P₅),
　　　　　(P₇, P₆), (P₈, P₇) }

试题（6）分析

本题考查操作系统的基本概念。

前趋图（Precedence Graph）是一个有向无环图，记为 DAG(Directed Acyclic Graph)，用于描述进程之间执行的前后关系。图中的每个结点可用于描述一个程序段或进程，乃至一条语句；结点间的有向边则用于表示两个结点之间存在的偏序（Partial Order，亦称偏序关系）或前趋关系（Precedence Relation）"→"。

对于试题所示的前趋图，存在下述前趋关系：

$P_1 \rightarrow P_2$，$P_1 \rightarrow P_3$，$P_1 \rightarrow P_4$，$P_2 \rightarrow P_5$，$P_3 \rightarrow P_5$，$P_4 \rightarrow P_6$，$P_5 \rightarrow P_7$，$P_6 \rightarrow P_7$，$P_7 \rightarrow P_8$

可记为： $P=\{P_1, P_2, P_3, P_4, P_5, P_6, P_7, P_8 \}$

→={(P₁, P₂), (P₁, P₃), (P₁, P₄), (P₂, P₅), (P₃, P₅), (P₄, P₆), (P₅, P₇), (P₆, P₇),
　(P₇, P₈) }

注意：在前趋图中，没有前趋的结点称为初始结点（Initial Node），没有后继的结点称为终止结点（Final Node）。

参考答案

（6）C

试题（7）、（8）

在磁盘上存储数据的排列方式会影响 I/O 服务的总时间。假设每磁道划分成 10 个物理块，每块存放 1 个逻辑记录。逻辑记录 R1，R2，…，R10 存放在同一个磁道上，记录的安排顺序如下表所示：

物理块	1	2	3	4	5	6	7	8	9	10
逻辑记录	R1	R2	R3	R4	R5	R6	R7	R8	R9	R10

假定磁盘的旋转速度为 30ms/周，磁头当前处在 R1 的开始处。若系统顺序处理这些记录，使用单缓冲区，每个记录处理时间为 6ms，则处理这 10 个记录的最长时间为 __（7）__ ；

若对信息存储进行优化分布后，处理 10 个记录的最少时间为　(8)　。

(7) A. 189ms　　　　B. 208ms　　　　C. 289ms　　　　D. 306ms

(8) A. 60ms　　　　B. 90ms　　　　C. 109ms　　　　D. 180ms

试题（7）、（8）分析

系统读记录的时间为 30/10=3ms，对于第一种情况，系统读出并处理记录 R1 之后，将转到记录 R4 的开始处，所以为了读出记录 R2，磁盘必须再转一圈，需要 3ms（读记录）加 30ms（转一圈）的时间。这样，处理 10 个记录的总时间应为处理前 9 个记录（即 R1，R2，…，R9）的时间再加上读出并处理记录 R10 的时间：9×33ms+ 9ms=306ms。

对于第二种情况，若对信息进行优化分布，如下表所示，当读出记录 R1 并处理结束后，磁头刚好转至 R2 记录的开始处，立即就可以读出并处理，因此处理 10 个记录的总时间为：10×(3ms(读记录)+6ms(处理记录))=10×9ms=90ms。

物理块	1	2	3	4	5	6	7	8	9	10
逻辑记录	R1	R8	R5	R2	R9	R6	R3	R10	R7	R4

参考答案

(7) D　　(8) B

试题（9）、（10）

给定关系模式 R(U，F)，其中：属性集 U ={$A_1, A_2, A_3, A_4, A_5, A_6$}，函数依赖集 F={ $A_1 \to A_2$, $A_1 \to A_3$, $A_3 \to A_4$, $A_1 A_5 \to A_6$}。关系模式 R 的候选码为　(9)　，由于 R 存在非主属性对码的部分函数依赖，所以 R 属于　(10)　。

(9) A. $A_1 A_3$　　　　B. $A_1 A_4$　　　　C. $A_1 A_5$　　　　D. $A_1 A_6$

(10) A. 1NF　　　　B. 2NF　　　　C. 3NF　　　　D. BCNF

试题（9）、（10）分析

本题考查关系模式和关系规范化方面的基础知识。

显然 $A_1 A_5$ 为关系模式 R 的码，因为 $A_1 A_5$ 为仅出现在函数依赖集 F 左部的属性，所以 $A_1 A_5$ 必为 R 的任一候选码的成员。又因为 $A_1 A_5$ 的闭包等于 U，则 $A_1 A_5$ 必为 R 的唯一候选码。

根据题意，对于非主属性 A_2、A_3 和 A_4，是部分函数依赖于码 $A_1 A_5$，所以 R 属于 1NF。

参考答案

(9) C　　(10) A

试题（11）

给定元组演算表达式 $R^* = \{t \mid (\exists u)(R(t) \wedge S(u) \wedge t[3] < u[2])\}$，若关系 R、S 如下图所示，则　(11)　。

A	B	C
1	2	3
4	5	6
7	8	9
10	11	12

R

A	B	C
3	7	11
4	5	6
5	9	13
6	10	14

S

（11）A．　$R^* = \{(3,7,11),(5,9,13),(6,10,14)\}$
　　　B．　$R^* = \{(3,7,11),(4,5,6),(5,9,13),(6,10,14)\}$
　　　C．　$R^* = \{(1,2,3),(4,5,6),(7,8,9)\}$
　　　D．　$R^* = \{(1,2,3),(4,5,6),(7,8,9),(10,11,12)\}$

试题（11）分析

本题考查关系代数的基础知识。

$R^* = \{t \mid (\exists u)(R(t) \wedge S(u) \wedge t[3] < u[2])\}$ 的含义为：新生成的关系 R^* 中的元组来自关系 R，但该元组的第三个分量值必须小于关系 S 中某个元组的第二个分量值。显然，查询结果只有 R 关系的第一个、第二个和第三个元组满足条件。

参考答案

（11）C

试题（12）

分布式数据库两阶段提交协议中的两个阶段是指　（12）　。

（12）A．加锁阶段、解锁阶段　　　　　　　B．获取阶段、运行阶段
　　　C．表决阶段、执行阶段　　　　　　　D．扩展阶段、收缩阶段

试题（12）分析

本题考查分布式数据库的基础知识。

加锁阶段和解锁阶段也称为扩展阶段和收缩阶段，是传统集中式数据库的两阶段提交协议。获取阶段和运行阶段是与开发数据库应用过程相关的阶段。表决阶段和执行阶段是分布式数据库的两阶段提交协议。

参考答案

（12）C

试题（13）

下面可提供安全电子邮件服务的是　（13）　。

（13）A．RSA　　　　　B．SSL　　　　　C．SET　　　　　D．S/MIME

试题（13）分析

本题考查网络安全、安全电子邮件方面的知识。

RSA 加密算法是一种非对称加密算法，在公开密钥加密和电子商务中该算法被广泛使用。

SSL（Secure Sockets Layer，安全套接层）及其继任者 TLS（Transport Layer Security，传输层安全）是为网络通信提供安全及数据完整性的一种安全协议。TLS 与 SSL 在传输层对网络连接进行加密。

SET（Secure Electronic Transaction，安全电子交易）协议主要应用于 B2C 模式中，保障支付信息的安全性。SET 协议本身比较复杂，设计比较严格，安全性高，它能保证信息传输的机密性、真实性、完整性和不可否认性。

电子邮件由一个邮件头部和一个可选的邮件主体组成，其中邮件头部含有邮件的发送方和接收方的有关信息。对于邮件主体来说，IETF 在 RFC 2045～RFC 2049 中定义的 MIME 规

定，邮件主体除了 ASCII 字符类型之外，还可以包含各种数据类型。用户可以使用 MIME 增加非文本对象，比如把图像、音频、格式化的文本或微软的 Word 文件加到邮件主体中。

S/MIME 在安全方面的功能又进行了扩展，它可以把 MIME 实体（比如数字签名和加密信息等）封装成安全对象。RFC 2634 定义了增强的安全服务，例如具有接收方确认签收的功能，这样就可以确保接收者不能否认已经收到的邮件。

参考答案

（13）D

试题（14）

网络逻辑结构设计的内容不包括　（14）　。

（14）A．逻辑网络设计图

　　　 B．IP 地址方案

　　　 C．具体的软硬件、广域网连接和基本服务

　　　 D．用户培训计划

试题（14）分析

本题考查逻辑网络设计的基础知识。

网络生命周期中，一般将迭代周期划分为五个阶段，即需求规范、通信规范、逻辑网络设计、物理网络设计和实施阶段。

对于用户需求中描述的网络行为、性能等要求，逻辑设计要根据网络用户的分类、分布选择特定的技术，形成特定的网络结构，该网络结构大致描述了设备的互联及分布，但是不对具体的物理位置和运行环境进行确定。逻辑设计过程主要包括四个方面，即确定逻辑设计目标、网络服务评价、技术选项评价、进行技术决策。

逻辑网络设计阶段主要完成网络的逻辑拓扑结构、网络编址、设备命名、交换及路由协议的选择、安全规划、网络管理等设计工作，并且根据这些设计产生对设备厂商、服务供应商的选择策略。

参考答案

（14）D

试题（15）

某企业通过一台路由器上联总部，下联 4 个分支机构，设计人员分配给下级机构一个连续的地址空间，采用一个子网或者超网段表示。这样做的主要作用是　（15）　。

（15）A．层次化路由选择　　　　　　B．易于管理和性能优化

　　　 C．基于故障排查　　　　　　　D．使用较少的资源

试题（15）分析

本题考查网络地址设计的基础知识。

层次化编址是一种对地址进行结构化设计的模型，使用地址的左半部号码可以体现大块的网络或者节点群，而右半部号码可以体现单个网络或节点。层次化编址的主要优点在于可以实现层次化的路由选择，有利于在网络互联路由设备之间发现网络拓扑。

设计人员在进行地址分配时，为了配合实现层次化的路由器，必须遵守一条简单的规则：

如果网络中存在分支管理，而且一台路由器负责连接上级和下级机构，则分配给这些下级机构的网段应该属于一个连续的地址空间，并且这些连续的地址空间可以用一个子网或者超网段表示。

如题所示，若每个分支结构分配一个 C 类地址段，整个企业申请的地址空间为 202.103.64.0～202.103.79.255（202.103.64.0/20），则这 4 个分支机构应该分配连续的 C 类地址，例如 202.103.64.0/24～202.103.67.0/24，则这 4 个 C 类地址可以用 202.103.64.0/22 超网表示。

参考答案

（15）A

试题（16）、（17）

对计算机评价的主要性能指标有时钟频率、　__(16)__　、运算精度和内存容量等。对数据库管理系统评价的主要性能指标有　__(17)__　、数据库所允许的索引数量和最大并发事务处理能力等。

(16) A．丢包率　　　　　　　　　B．端口吞吐量
　　　C．可移植性　　　　　　　D．数据处理速率

(17) A．MIPS　　　　　　　　　B．支持协议和标准
　　　C．最大连接数　　　　　　D．时延抖动

试题（16）、（17）分析

本题考查计算机评价方面的基本概念。

对计算机评价的主要性能指标有时钟频率、数据处理速率、运算精度和内存容量等。其中，时钟频率是指计算机 CPU 在单位时间内输出的脉冲数，它在很大程度上决定了计算机的运行速度，单位为 MHz（或 GHz）。数据处理速率是一个综合性的指标，单位为 MIPS（百万条指令/秒）。影响运算速度的因素主要是时钟频率和存取周期，字长和存储容量也有影响。内存容量是指内存储器中能存储的信息总字节数，常以 8 个二进制位(bit)作为一字节（Byte）。对数据库管理系统评价的主要性能指标有最大连接数、数据库所允许的索引数量和最大并发事务处理能力等。

参考答案

（16）D　　（17）C

试题（18）、（19）

用于管理信息系统规划的方法有很多，其中　__(18)__　将整个过程看成是一个"信息集合"，并将组织的战略目标转变为管理信息系统的战略目标。__(19)__　通过自上而下地识别企业目标、企业过程和数据，然后对数据进行分析，自下而上地设计信息系统。

(18) A．关键成功因素法　　　　　B．战略目标集转化法
　　　C．征费法　　　　　　　　D．零线预算法

(19) A．企业信息分析与集成法　　B．投资回收法
　　　C．企业系统规划法　　　　D．阶石法

试题（18）、（19）分析

本题考查管理信息系统规划方面的基本概念。

用于管理信息系统规划的方法有很多，其中战略目标集转换法将整个过程看成是一个"信息集合"，并将组织的战略目标转变为管理信息系统的战略目标。企业系统规划法通过自上而下地识别企业目标、企业过程和数据，然后对数据进行分析，自下而上地设计信息系统。

参考答案

（18）B　　（19）C

试题（20）、（21）

组织信息化需求通常包含三个层次，其中 ___(20)___ 需求的目标是提升组织的竞争能力，为组织的可持续发展提供支持环境。 ___(21)___ 需求包含实现信息化战略目标的需求、运营策略的需求和人才培养的需求等三个方面。技术需求主要强调在信息层技术层面上对系统的完善、升级、集成和整合提出的需求。

（20）A．战略　　　　B．发展　　　　C．人事　　　　D．财务

（21）A．规划　　　　B．运作　　　　C．营销　　　　D．管理

试题（20）、（21）分析

本题考查组织信息化方面的基本概念。

组织信息化需求通常包含三个层次，其中战略需求的目标是提升组织的竞争能力，为组织的可持续发展提供支持环境。运作需求包含实现信息化战略目标的需求、运营策略的需求和人才培养的需求等三个方面。技术需求主要强调在信息层技术层面上对系统的完善、升级、集成和整合提出的需求。

参考答案

（20）A　　（21）B

试题（22）

项目范围管理中，范围定义的输入包括 ___(22)___ 。

（22）A．项目章程、项目范围管理计划、产品范围说明书和变更申请

　　　B．项目范围描述、产品范围说明书、生产项目计划和组织过程资产

　　　C．项目章程、项目范围管理计划、组织过程资产和批准的变更申请

　　　D．生产项目计划、项目可交付物说明、信息系统要求说明和项目度量标准

试题（22）分析

本题考查项目范围管理的基础知识。

项目范围管理包括为成功完成项目所需要的一系列过程，以确保项目包含且仅包含项目所必须完成的工作。范围管理首先要定义和控制在项目内包括什么、不包括什么。通常包括制订一个项目范围管理计划，以规定如何定义、检验、控制范围，以及如何创建与定义工作分解结构（WBS）；创建工作分解结构（WBS），编制一个详细的项目范围说明书作为将来项目决策的基础；将项目的主要可交付成果和项目工作细分为更小、更易于管理的部分；其次是进行范围确认，正式接受已完成的项目范围；最后还需要考虑控制项目范围的变更。

项目范围定义的输入主要包括项目章程、项目范围管理计划、组织过程资产和批准的变更申请。

参考答案

（22）C

试题（23）

项目配置管理中，产品配置是指一个产品在其生命周期各个阶段所产生的各种形式和各种版本的文档、计算机程序、部件及数据的集合。该集合中的每一个元素称为该产品配置中的一个配置项，___（23）___ 不属于产品组成部分工作成果的配置项。

（23）A. 需求文档　　　　　　　　B. 设计文档

　　　　C. 工作计划　　　　　　　　D. 源代码

试题（23）分析

本题考查产品配置的基础知识。

产品配置是指一个产品在其生命周期各个阶段所产生的各种形式和各种版本的文档、计算机程序、部件及数据的集合。该集合中的每一个元素成为产品配置的一个配置项，配置项主要分为两大类：一类属于产品组成部分的工作成果；另一类属于项目管理和机构支撑过程域产生的文档。每个配置项的主要属性有名称、标识符、状态、版本、作者、日期等。配置项是一个独立存在的信息项，可以把它看成一个元素。单独的一个元素发挥不了什么作用，需要将各元素进行不同的组合，这个组合称为配置。配置是一个产品在生存期各个阶段的配置项的集合，具有完整的意义。

参考答案

（23）C

试题（24）

以下关于需求陈述的描述中，___（24）___ 是不正确的。

（24）A. 每一项需求都必须完整、准确地描述将要开发的功能

　　　　B. 需求必须能够在系统及其运行环境的能力和约束条件内实现

　　　　C. 每一项需求记录的功能都必须是用户的真正需要

　　　　D. 在良好的需求陈述中，所有需求都应被视为同等重要

试题（24）分析

本题考查软件需求的基础知识。

理想情况下，每一项用户、业务需求和功能需求都应具备下列性质：

① 完整性：每一项需求都必须完整地描述即将交付使用的功能。

② 正确性：每一项需求都必须正确地描述将要开发的功能。

③ 可行性：需求必须能够在系统及其运行环境的已知能力和约束条件内实现。

④ 必要性：每一项需求记录的功能都必须是用户的真正需要。

⑤ 无歧义：每一项需求声明对所有读者应该只有一种一致的解释。

⑥ 可验证性：如果某项需求不可验证，那么判定其实现的正确与否就成了主观臆断。

参考答案

（24）D

试题（25）

一个好的变更控制过程，给项目风险承担者提供了正式的建议变更机制。如下图所示的需求变更管理过程中，①②③处对应的内容应分别是 __（25）__ 。

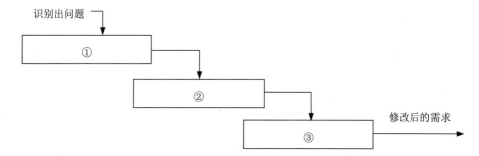

(25) A. 问题分析与变更描述、变更分析与成本计算、变更实现
　　　 B. 变更描述与成本计算、变更分析、变更实现
　　　 C. 问题分析与变更分析、成本计算、变更实现
　　　 D. 变更描述、变更分析与变更实现、成本计算

试题（25）分析

本题考查变更控制的基础知识。

一个大型软件系统的需求总是有变化的。对许多项目来说，系统软件总需要不断完善，一些需求的变更是合理且不可避免的，毫无控制的变更是项目陷入混乱、不能按进度完成，或者软件质量无法保证的主要原因之一。一个好的变更控制过程，给项目风险承担者提供了正式的建议需求变更机制，可以通过变更控制过程来跟踪已建议变更的状态，确保已建议的变更不会丢失或疏忽。需求变更管理过程如下图所示：

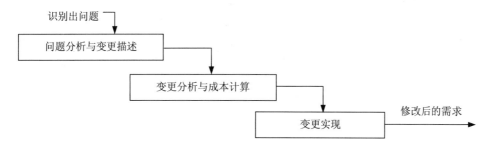

① 问题分析与变更描述。这是识别和分析需求问题或者一份明确的变更提议，以检查它的有效性，从而产生一个更明确的需求变更提议。

② 变更分析和成本计算。使用可追溯性信息和系统需求的一般知识，对需求变更提议进行影响分析和评估。变更成本计算应该包括对需求文档的修改、系统修改的设计和实现的成本。一旦分析完成并且确认，应该进行是否执行这一变更的决策。

③ 变更实现。这要求需求文档和系统设计以及实现都要同时修改。如果先对系统的程

序做变更，然后再修改需求文档，这几乎不可避免地会出现需求文档和程序的不一致。

参考答案

（25）A

试题（26）、（27）

软件过程是制作软件产品的一组活动以及结果，这些活动主要由软件人员来完成，主要包括 ___（26）___。软件过程模型是软件开发实际过程的抽象与概括，它应该包括构成软件过程的各种活动。软件过程有各种各样的模型，其中，___（27）___ 的活动之间存在因果关系，前一阶段工作的结果是后一阶段工作的输入描述。

（26）A．软件描述、软件开发和软件测试

    B．软件开发、软件有效性验证和软件测试

    C．软件描述、软件设计、软件实现和软件测试

    D．软件描述、软件开发、软件有效性验证和软件进化

（27）A．瀑布模型   B．原型模型   C．螺旋模型   D．基于构件的模型

试题（26）、（27）分析

本题考查软件过程的相关知识。

软件工程中系统化的方法有时候也叫软件过程。所有软件过程都包含下表所示的四项基本活动。

基 本 活 动	描 述
软件描述	客户和工程师定义所要生产的软件以及对其操作的一些约束
软件开发	软件得以设计和编程实现
软件有效性验证	软件经过检查以保证它就是客户所需要的
软件进化	软件随不同的客户和变化的市场需求而进行修改

瀑布模型是经典的软件开发模型，瀑布模型是最早使用的软件生存周期模型之一，其特点是因果关系紧密相连，前一个阶段工作的结果是后一个阶段工作的输入。或者说，每个阶段都是建立在前一个阶段的正确结果之上，前一个阶段的错误和疏漏会隐蔽地带入后一个阶段。这种错误有时甚至可能是灾难性的，因此每个阶段工作完成后，都要进行审查和确认。其活动之间存在因果关系，前一阶段工作的结果是后一阶段工作的输入描述。

参考答案

（26）D   （27）A

试题（28）

以下关于敏捷方法的叙述中，___（28）___ 是不正确的。

（28）A．敏捷型方法的思考角度是"面向开发过程"的

    B．极限编程是著名的敏捷开发方法

    C．敏捷型方法是"适应性"而非"预设性"

    D．敏捷开发方法是迭代增量式的开发方法

试题（28）分析

本题考查敏捷方法的相关概念。

敏捷方法是从 20 世纪 90 年代开始逐渐引起广泛关注的一些新型软件开发方法，以应对快速变化的需求。敏捷方法的核心思想主要有以下三点：

① 敏捷方法是"适应性"而非"预设性"的。传统方法试图对一个软件开发项目在很长的时间跨度内做出详细的计划，然后依计划进行开发。这类方法在计划制订完成后拒绝变化。而敏捷方法则欢迎变化，其实它的目的就是成为适应变化的过程，甚至能允许改变自身来适应变化。

② 敏捷方法是以人为本，而不是以过程为本。传统方法以过程为本，强调进行严格的过程控制和管理。而敏捷方法以人为本，强调充分发挥人的特性，不去限制它，并且软件开发在无过程控制和过于严格烦琐的过程控制之间取得一种平衡，以保证软件的质量。

③ 迭代增量式的开发过程。敏捷方法以原型开发思想为基础，采用迭代增量式开发，发行版本小型化。

与 RUP 相比，敏捷方法的周期可能更短。敏捷方法在几周或者几个月的时间内完成相对较小的功能，强调的是能尽早将尽量小的可用的功能交付使用，并在整个项目周期中持续改善和增强，更加强调团队中的高度协作。相对而言，敏捷方法主要适合于以下场合：

① 项目团队的人数不能太多，适合于规模较小的项目。

② 项目经常发生变更。敏捷方法适用于需求萌动并且快速改变的情况，如果系统有比较高的关键性、可靠性、安全性方面的要求，则可能不完全适合。

③ 高风险项目的实施。

④ 从组织结构的角度看，组织结构的文化、人员、沟通性决定了敏捷方法是否适用。

参考答案

（28）A

试题（29）

软件系统工具的种类繁多，通常可以按照软件过程活动将软件工具分为　（29）　。

（29）A．需求分析工具、设计工具和软件实现工具

　　　　B．软件开发工具、软件维护工具、软件管理工具和软件支持工具

　　　　C．需求分析工具、设计工具、编码与排错工具和测试工具

　　　　D．设计规范工具、编码工具和验证工具

试题（29）分析

本题考查软件系统工具的基础知识。

软件系统工具的种类繁多，通常可以按照软件过程活动将软件工具分为软件开发工具、软件维护工具、软件管理和软件支持工具。

软件开发工具对应软件开发过程的各种活动，软件开发工具有需求分析工具、设计工具、编码与排错工具、测试工具等。软件维护工具辅助软件维护过程中的活动，辅助维护人员对软件代码及其文档进行各种维护活动。软件管理和软件支持工具用来辅助管理人员和软件支持人员的管理活动和支持活动，以确保软件高质高效地完成。

参考答案

（29）B

试题（30）

UNIX 的源代码控制工具（Source Code Control System，SCCS）是软件项目开发中常用的___(30)___。

(30) A．源代码静态分析工具　　　　　　B．文档分析工具

　　　C．版本控制工具　　　　　　　　　D．再工程工具

试题（30）分析

本题考查软件工具的基础知识。

源代码控制系统（SCCS）是 UNIX 系统开发项目中使用的针对源代码和文档文件的更改控制的工具。

参考答案

（30）C

试题（31）

结构化程序设计采用自顶向下、逐步求精及模块化的程序设计方法，通过___(31)___三种基本的控制结构可以构造出任何单入口单出口的程序。

(31) A．顺序、选择和嵌套　　　　　　　B．顺序、分支和循环

　　　C．分支、并发和循环　　　　　　　D．跳转、选择和并发

试题（31）分析

本题考查系统分析与设计的基础知识。

结构化程序设计采用自顶向下、逐步求精的设计方法和单入口单出口的控制构件。逐步求精的方法所开发的软件一般具有较清晰的层次；单入口单出口的控制构件使程序具有良好的结构特征，大大降低了程序的复杂性，增强了程序的可读性、可维护性和可验证性，从而提高软件的生产率。Bohm 和 Jacopini 证明了仅用顺序、分支和循环三种基本的控制构件即能构造任何单入口单出口程序，这个结论奠定了结构程序设计的理论基础。

参考答案

（31）B

试题（32）～（34）

面向对象的分析模型主要由顶层架构图、用例与用例图和___(32)___构成；设计模型则包含以___(33)___表示的软件体系结构图、以交互图表示的用例实现图、完整精确的类图、描述复杂对象的___(34)___和用以描述流程化处理过程的活动图等。

(32) A．数据流模型　　　　　　　　　　B．领域概念模型

　　　C．功能分解图　　　　　　　　　　D．功能需求模型

(33) A．模型视图控制器　　　　　　　　B．组件图

　　　C．包图　　　　　　　　　　　　　D．2 层、3 层或 N 层

(34) A．序列图　　　　　　　　　　　　B．协作图

　　　C．流程图　　　　　　　　　　　　D．状态图

试题（32）～（34）分析

本题考查面向对象分析与设计的基础知识。

面向对象设计的基本任务是把面向对象分析模型转换为面向对象设计模型。面向对象的分析模型主要由顶层架构图、用例与用例图和领域概念模型构成。设计模型则包含以包图表示的软件体系结构图、以交互图表示的用例实现图、完整精确的类图、描述复杂对象的状态图和用以描述流程化处理过程的活动图等。

参考答案

（32）B　　（33）C　　（34）D

试题（35）

软件构件是一个独立可部署的软件单元，与程序设计中的对象不同，构件　__（35）__。

（35）A．是一个实例单元，具有唯一的标志

　　　　B．可以利用容器管理自身对外的可见状态

　　　　C．利用工厂方法（如构造函数）来创建自己的实例

　　　　D．之间可以共享一个类元素

试题（35）分析

本题考查构件开发的基础知识。

软件构件是一个独立可部署的软件单元，一个构件不能有任何（外部的）可见状态，要求构件不能与自己的复制有所区别。目前许多系统中，构件被实现为大粒度的单元，系统中的构件只能有一个实例。与构件的特性不同，对象是一个实例单元，具有唯一的标志，可能具有状态，此状态外部可见，对象封装了自己的状态和行为。对象中专门用来返回其他新创建的对象的方法被称为工厂方法。

参考答案

（35）B

试题（36）

为了使一个接口的规范和实现该接口的构件得到广泛应用，需要实现接口的标准化。接口标准化是对　__（36）__　的标准化。

（36）A．保证接口唯一性的命名方案　　　　B．接口中消息模式、格式和协议

　　　　C．接口中所接收的数据格式　　　　　D．接口消息适用语境

试题（36）分析

本题考查构件开发的基础知识。

为了使一个接口的规范和实现该接口的构件得到广泛应用，需要有一个公共传媒来向大众进行宣传和推广。接口标准化是对消息的格式、模式和协议的标准化。它不将接口格式化为参数化操作的集合，而是关注输入输出的消息的标准化，它强调当机器在网络中互连时，标准的消息模式、格式和协议的重要性。

参考答案

（36）B

试题（37）、（38）

OMG 接口定义语言 IDL 文件包含了六种不同的元素，___(37)___ 是一个 IDL 文件最核心的内容，___(38)___ 将映射为 Java 语言中的包（Package）或 C++语言中的命名空间（Namespace）。

（37）A. 模块定义　　　　B. 消息结构　　　　C. 接口描述　　　　D. 值类型

（38）A. 模块定义　　　　B. 消息结构　　　　C. 接口描述　　　　D. 值类型

试题（37）、（38）分析

本题考查软件构件的基础知识。

CORBA 标准中，OMG 接口定义语言 IDL 文件包含了六种不同的元素，包括模块定义、类型定义、常量定义、异常、接口描述和值类型，其中，接口描述是一个 IDL 文件最核心的内容，模块定义将映射为 Java 语言中的包或 C++语言中的命名空间。

参考答案

（37）C　　　（38）A

试题（39）、（40）

应用系统构建中可以采用多种不同的技术，___(39)___ 可以将软件某种形式的描述转换为更高级的抽象表现形式，而利用这些获取的信息，___(40)___ 能够对现有系统进行修改或重构，从而产生系统的一个新版本。

（39）A. 逆向工程（Reverse Engineering）

　　　 B. 系统改进（System Improvement）

　　　 C. 设计恢复（Design Recovery）

　　　 D. 再工程（Re-engineering）

（40）A. 逆向工程（Reverse Engineering）

　　　 B. 系统改进（System Improvement）

　　　 C. 设计恢复（Design Recovery）

　　　 D. 再工程（Re-engineering）

试题（39）、（40）分析

本题考查软件开发方法的基础知识。

应用系统构建中可以采用多种不同的技术。逆向工程就是分析已有的程序，寻求比源代码更高级的抽象表现形式，在软件生命周期内将软件某种形式的描述转换成更为抽象形式的活动；重构是指在同一抽象级别上转换系统描述形式；设计恢复是指借助工具从已有程序中抽象出有关数据设计、总体结构设计和过程设计的信息；再工程是在逆向工程所获信息的基础上修改或重构已有的系统，产生系统的一个新版本。

参考答案

（39）A　　　（40）D

试题（41）

系统移植也是系统构建的一种实现方法，在移植工作中，___(41)___ 需要最终确定移植方法。

（41）A. 计划阶段　　　　B. 准备阶段　　　　C. 转换阶段　　　　D. 验证阶段

试题（41）分析

本题考查系统移植的基础知识。

系统移植工作大体上分为计划阶段、准备阶段、转换阶段、测试阶段和验证阶段。为了有效地进行系统移植，就要使系统移植工作标准化，配备软件工具实现自动化，还要简化各阶段的工作。计划阶段要进行现有系统的调查整理，探讨如何转换成新系统，决定移植方法，确立移植工作体制及移植日程；准备阶段要进行移植方面的研究，准备转换所需的资料；转换阶段是将程序设计和数据转换成新机器能根据需要工作的阶段；测试阶段是进行程序单元、工作单元的测试；验证阶段是测试完的程序使新系统工作，最后核实系统，准备正式运行的阶段。

参考答案

（41）A

试题（42）、（43）

软件确认测试也称为有效性测试，主要验证 __（42）__ 。确认测试计划通常是在需求分析阶段完成的。根据用户的参与程度不同，软件确认测试通常包括 __（43）__ 。

（42）A．系统中各个单元模块之间的协作性

　　　 B．软件与硬件在实际运行环境中能否有效集成

　　　 C．软件功能、性能及其他特性是否与用户需求一致

　　　 D．程序模块能否正确实现详细设计说明中的功能、性能和设计约束等要求

（43）A．黑盒测试和白盒测试

　　　 B．一次性组装测试和增量式组装测试

　　　 C．内部测试、Alpha、Beta 和验收测试

　　　 D．功能测试、性能测试、用户界面测试和安全性测试

试题（42）、（43）分析

本题考查软件测试的基础知识。

确认性测试也称为有效性测试，主要验证软件的功能、性能及其他特性是否与用户要求（需求）一致。确认测试计划通常是在需求分析阶段完成的。根据用户的参与程度，通常包括以下四种类型：内部确认测试（由软件开发组织内部按软件需求说明书进行测试）、Alpha测试（由用户在开发环境下进行测试）、Beta 测试（由用户在实际使用环境下进行测试）和验收测试（针对软件需求说明书，在交付前以用户为主进行的测试）。

参考答案

（42）C　　（43）C

试题（44）～（46）

在基于体系结构的软件设计方法中，采用 __（44）__ 来描述软件架构，采用 __（45）__ 来描述功能需求，采用 __（46）__ 来描述质量需求。

（44）A．类图和序列图　　　　　　　　　B．视角与视图

　　　 C．构件和类图　　　　　　　　　　D．构件与功能

（45）A．类图　　　 B．视角　　　 C．用例　　　 D．质量场景

（46）A．连接件　　 B．用例　　　 C．质量场景　 D．质量属性

试题（44）～（46）分析

本题考查软件体系架构的基础知识。

考虑体系结构时，重要的是从不同的视角来检查，促使软件设计师考虑体系结构的不同属性。用例是系统给予用户一个结果值的功能点，使用用例来捕获功能需求。在使用用例来捕获功能需求的同时，通过定义特定场景来捕获质量需求，并称这些场景为质量场景。

参考答案

（44）B　　（45）C　　（46）C

试题（47）

体系结构文档化有助于辅助系统分析人员和程序员去实现体系结构。体系结构文档化过程的主要输出包括___（47）___。

（47）A．体系结构规格说明、测试体系结构需求的质量设计说明书

　　　　B．质量属性说明书、体系结构描述

　　　　C．体系结构规格说明、软件功能需求说明

　　　　D．多视图体系结构模型、体系结构验证说明

试题（47）分析

本题考查体系结构文档化的基础知识。

要让系统分析员和程序员去实现体系结构，还必须得把体系结构进行文档化。文档是在系统演化的每一个阶段，系统设计与开发人员的通信媒介，是为验证体系结构设计和提炼或修改这些设计所执行预先分析的基础。

体系结构文档化过程的主要输出结果是体系结构规格说明和测试体系结构需求的质量设计说明书。

参考答案

（47）A

试题（48）～（50）

软件架构风格描述某一特定领域中的系统组织方式和惯用模式，反映了领域中众多系统所共有的___（48）___特征。对于语音识别、知识推理等问题复杂、解空间很大、求解过程不确定的这一类软件系统，通常会采用___（49）___架构风格。对于因数据输入某个构件，经过内部处理，产生数据输出的系统，通常会采用___（50）___架构风格。

（48）A．语法和语义　　　B．结构和语义　　　C．静态和动态　　　D．行为和约束

（49）A．管道–过滤器　　B．解释器　　　　　C．黑板　　　　　　D．过程控制

（50）A．事件驱动系统　　B．黑板　　　　　　C．管道–过滤器　　　D．分层系统

试题（48）～（50）分析

本题考查软件架构的基础知识。

软件架构风格描述某一特定领域中的系统组织方式和惯用模式，反映了领域中众多系统所共有的结构和语义两个方面的特征。对于语音识别、知识推理等问题复杂、解空间很大、求解过程不确定的这一类软件系统，通常会采用黑板架构风格，以知识为中心进行分析与推理。对于因数据而驱动，数据到达某个构件，经过内部处理，产生数据输出的系统通常采用

管道–过滤器架构风格。

参考答案

（48）B　　（49）C　　（50）C

试题（51）

某公司拟开发一个 VIP 管理系统，系统需要根据不同商场活动，不定期更新 VIP 会员的审核标准和 VIP 折扣标准。针对上述需求，采用　(51)　架构风格最为合适。

（51）A．规则系统　　　B．过程控制　　　C．分层　　　D．管道–过滤器

试题（51）分析

本题考查软件体系架构风格的基础知识。

常见的体系架构风格包括：

① 数据流风格：批处理和管道/过滤器。

② 调用/返回风格：主程序/子程序、层次结构、客户机/服务器、面向对象风格。

③ 独立部件风格：进程通信、事件驱动。

④ 虚拟机风格：解释器、基于规则的系统。

⑤ 数据共享风格：数据库系统、黑板系统。

基于规则的系统可以将系统分为不变部分和可变部分。可变部分按照规则的方式设计，可变部分的修改不影响不变部分的实现。因此，不定期更新的 VIP 会员审核标准和 VIP 折扣标准可设计成为规则系统中的可变部分。

参考答案

（51）A

试题（52）

某公司拟开发一个新闻系统，该系统可根据用户的注册兴趣，向用户推送其感兴趣的新闻内容，该系统应该采用　(52)　架构风格最为合适。

（52）A．事件驱动系统　　　　　　　B．主程序–子程序

　　　　C．黑板　　　　　　　　　　　D．管道–过滤器

试题（52）分析

本题考查软件体系架构风格的基础知识。

基于事件驱动系统风格的思想是构件不直接调用一个过程，而是触发或广播一个或多个事件。系统中的其他构件中的过程在一个或多个事件中注册，当一个事件被触发，系统自动调用在这个事件中注册的所有过程，这样，一个事件的触发就导致了另一模块中的过程的调用。因此，根据本题目中新闻系统的需求描述，该系统可根据用户的注册兴趣，向用户推送其感兴趣的新闻内容，该系统应该采用事件驱动系统架构风格最为合适。

参考答案

（52）A

试题（53）

系统中的构件和连接件都有一个顶部和一个底部，构件的顶部应连接到某连接件的底部，构件的底部则应连接到某连接件的顶部，构件和构件之间不允许直接连接，连接件直接

连接时，必须由其中一个的底部连接到另一个的顶部。上述构件和连接件的组织规则描述的是 （53） 架构风格。

（53）A．管道–过滤器　　　　　　B．分层系统
　　　　C．C2　　　　　　　　　　D．面向对象

试题（53）分析

本题考查软件体系架构风格的基础知识。

C2 体系架构风格可以概括为：通过连接件绑定在一起的按照一组规则运作的并行构件网络。C2 风格中的系统组织规则如下：①系统中的构件和连接件都有一个顶部和一个底部；②构件的顶部应连接到某连接件的底部，构件的底部则应连接到某连接件的顶部，而构件与构件之间的直接连接是不允许的；③一个连接件可以和任意数目的其他构件和连接件连接；④当两个连接件进行直接连接时，必须由其中一个的底部到另一个的顶部。

参考答案

（53）C

试题（54）～（57）

按照设计模式的目的进行划分，现有的设计模式可以分为三类。其中创建型模式通过采用抽象类所定义的接口，封装了系统中对象如何创建、组合等信息，其代表有 （54） 模式等； （55） 模式主要用于如何组合已有的类和对象以获得更大的结构，其代表有 Adapter 模式等； （56） 模式主要用于对象之间的职责及其提供服务的分配方式，其代表有 （57） 模式等。

（54）A．Decorator　　B．Flyweight　　C．Command　　D．Singleton
（55）A．合成型　　　　B．组合型　　　　C．结构型　　　　D．聚合型
（56）A．行为型　　　　B．交互型　　　　C．耦合型　　　　D．关联型
（57）A．Prototype　　B．Facade　　　　C．Proxy　　　　D．Visitor

试题（54）～（57）分析

本题考查设计模式的基础知识。

按照设计模式的目的进行划分，现有的设计模式可以分为创建型模式、结构型模式和行为型模式三类。

创建型模式通过采用抽象类所定义的接口，封装了系统中对象如何创建、组合等信息，其代表有工厂方法模式（Factory Method Pattern）、抽象工厂模式（Abstract Factory Pattern）、建造者模式（Builder Pattern）、原型模式（Prototype Pattern）、单例模式（Singleton Pattern）等。

结构型模式主要用于如何组合已有的类和对象以获得更大的结构，其代表有适配器模式（Adapter Pattern）、桥接模式（Bridge Pattern）、组合模式（Composite Pattern）、装饰者模式（Decorator Pattern）、外观模式（Facade Pattern）、享元模式（Flyweight Pattern）、代理模式（Proxy Pattern）等。

行为型模式主要用于对象之间的职责及其提供服务的分配方式，其代表有责任链模式（Chain of Responsibility Pattern）、命令模式（Command Pattern）、解释器模式（Interpreter

Pattern)、迭代器模式（Iterator Pattern）、中介者模式（Mediator Pattern）、备忘录模式（Memento Pattern)、观察者模式（Observer Pattern）、状态模式（State Pattern）、策略模式（Strategy Pattern）、模板方法模式（Template Method Pattern）、访问者模式（Visitor Pattern）等。

参考答案

（54）D　　（55）C　　（56）A　　（57）D

试题（58）～（63）

某公司欲开发一个在线交易网站，在架构设计阶段，公司的架构师识别出 3 个核心质量属性场景。其中"网站正常运行时，用户发起的交易请求应该在 3 秒内完成"主要与 　(58)　 质量属性相关，通常可采用 　(59)　 架构策略实现该属性；"在线交易主站宕机后，能够在 3 秒内自动切换至备用站点并恢复正常运行"主要与 　(60)　 质量属性相关，通常可采用 　(61)　 架构策略实现该属性；"系统应该具备一定的安全保护措施，从而能够抵挡恶意的入侵破坏行为，并对所有针对网站的攻击行为进行报警和记录"主要与 　(62)　 质量属性相关，通常可采用 　(63)　 架构策略实现该属性。

（58）A. 可用性　　　B. 性能　　　　C. 易用性　　　D. 可修改性

（59）A. 抽象接口　　B. 信息隐藏　　C. 主动冗余　　D. 资源调度

（60）A. 可测试性　　B. 易用性　　　C. 可用性　　　D. 互操作性

（61）A. 记录/回放　　　　　　　　　B. 操作串行化

　　　C. 心跳　　　　　　　　　　　D. 增加计算资源

（62）A. 可用性　　　　　　　　　　B. 安全性

　　　C. 可测试性　　　　　　　　　D. 可修改性

（63）A. 追踪审计　　　　　　　　　B. Ping/Echo

　　　C. 选举　　　　　　　　　　　D. 维护现有接口

试题（58）～（63）分析

本题考查软件架构策略方面的基础知识。

根据题干描述，"网站正常运行时，用户发起的交易请求应该在 3 秒内完成"主要与性能这一质量属性相关，通常可采用资源调度、增加可用资源、资源仲裁等架构策略实现该属性；"在线交易主站宕机后，能够在 3 秒内自动切换至备用站点并恢复正常运行"主要与可用性质量属性相关，通常可采用主动/被动冗余、心跳、检查点、选举等多种架构策略实现该属性；"系统应该具备一定的安全保护措施，从而能够抵挡恶意的入侵破坏行为，并对所有针对网站的攻击行为进行报警和记录"主要与安全性质量属性相关，通常可采用加密、认证、追踪审计等架构策略实现该属性。

参考答案

（58）B　　（59）D　　（60）C　　（61）C　　（62）B　　（63）A

试题（64）、（65）

在网络规划中，政府内外网之间应该部署网络安全防护设备。在下图中部署的设备 A 是 　(64)　 ，对设备 A 的作用描述错误的是 　(65)　 。

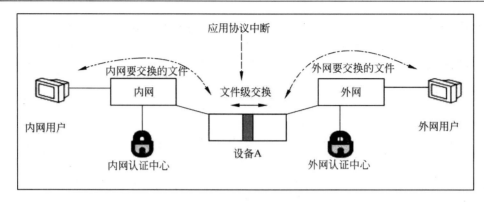

（64）A．IDS　　　　　B．防火墙　　　　　C．网闸　　　　　D．UTM

（65）A．双主机系统，即使外网被黑客攻击瘫痪也无法影响到内网

　　　B．可以防止外部主动攻击

　　　C．采用专用硬件控制技术保证内外网的实时连接

　　　D．设备对外网的任何响应都是对内网用户请求的应答

试题（64）、（65）分析

本题考查网闸方面的基础知识。

网闸是使用带有多种控制功能的固态开关读写介质连接两个独立主机系统的信息安全设备。由于物理隔离网闸所连接的两个独立主机系统之间，不存在通信的物理连接、逻辑连接、信息传输命令、信息传输协议，不存在依据协议的信息包转发，只有数据文件的无协议"摆渡"，且对固态存储介质只有"读"和"写"两个命令。所以，物理隔离网闸从物理上隔离、阻断了具有潜在攻击可能的一切连接，使"黑客"无法入侵、无法攻击、无法破坏，实现了真正的安全。

使用安全隔离网闸的意义如下所述：

（1）在用户的网络需要保证高强度的安全，同时又与其他不信任网络进行信息交换的情况下，如果采用物理隔离卡，用户必须使用开关在内外网之间来回切换，管理和使用起来都非常不方便。如果采用防火墙，由于防火墙自身的安全很难保证，所以防火墙也无法防止内部信息泄漏和外部病毒、黑客程序的渗入，安全性无法保证。在这种情况下，安全隔离网闸能够同时满足这两个要求，弥补了物理隔离卡和防火墙的不足，是最好的选择。

（2）对网络的隔离是通过网闸隔离硬件实现两个网络在链路层断开，但是为了交换数据，通过设计的隔离硬件在两个网络对应层次上进行切换，通过对硬件上的存储芯片的读写，完成数据的交换。

（3）安装了相应的应用模块之后，安全隔离网闸可以在保证安全的前提下，使用户可以浏览网页、收发电子邮件、在不同网络上的数据库之间交换数据，并可以在网络之间交换定制的文件。

参考答案

（64）C　　（65）C

试题（66）

王某买了一幅美术作品原件，则他享有该美术作品的　(66)　。

(66) A. 著作权　　　　B. 所有权　　　　C. 展览权　　　　D. 所有权与其展览权

试题（66）分析

本题考查知识产权的基础知识。

就美术作品而言，它涉及两类权利：一类是美术作品原件所有人对美术作品原件的所有权，即占有、使用、收益、处分美术作品原件的权利；另一类是美术作品的创作人对于美术作品的著作权。这是两类不同的权利，美术作品原件所有权的转移，不视为作品著作权的转移。

王某购买该美术作品原件后，他享有该美术作品的所有权与其展览权。

参考答案

(66) D

试题（67）

甲、乙软件公司同日就其财务软件产品分别申请"用友"和"用有"商标注册。两财务软件相似，且甲、乙第一次使用"用友"和"用有"商标时间均为 2015 年 7 月 12 日。此情形下，　(67)　能获准注册。

(67) A. "用友"　　　　　　　　　B. "用友"与"用有"都
　　　C. "用有"　　　　　　　　　D. 由甲、乙抽签结果确定谁

试题（66）分析

本题考查知识产权的相关知识。

依据《中华人民共和国商标法实施条例》第三十一条规定：两个或者两个以上的商标注册申请人，在同一种商品或者类似商品上，以相同或者近似的商标申请注册的，初步审定并公告申请在先的商标；同一天申请的，初步审定并公告使用在先的商标，驳回其他人的申请，不予公告。若均无使用证据或证据无效的，则采用抽签的方式决定谁的申请有效。

参考答案

(67) D

试题（68）

某人持有盗版软件，但不知道该软件是盗版的，该软件的提供者不能证明其提供的复制品有合法来源。此情况下，则该软件的　(68)　应承担法律责任。

(68) A. 持有者　　　　　　　　　B. 持有者和提供者均
　　　C. 提供者　　　　　　　　　D. 提供者和持有者均不

试题（68）分析

本题考查知识产权的相关知识。

盗版软件持有人和提供者都应承担法律责任。

参考答案

(68) B

试题（69）、（70）

某工程包括 A、B、C、D 四个作业，其衔接关系、正常进度下所需天数和所需直接费

用、赶工进度下所需的最少天数和每天需要增加的直接费用见下表。该工程的间接费用为每天5万元。据此，可以估算出完成该工程最少需要费用　(69)　万元，以此最低费用完成该工程需要　(70)　天。

作业	紧前作业	正常进度		赶工进度	
		所需天数	共需直接费用/万元	最少天数	每天需增加直接费用/万元
A	——	3	10	1	4
B	A	7	15	3	2
C	A	4	12	2	4
D	C	5	18	2	2

(69) A. 106　　　　　B. 108　　　　　C. 109　　　　　D. 115

(70) A. 7　　　　　B. 9　　　　　C. 10　　　　　D. 12

试题（69）、（70）分析

本题考查应用数学（运筹）的基础知识。

根据该工程各作业与紧前作业的衔接情况以及正常进度下所需的天数，可以绘制如下的进度计划网络图。

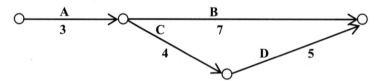

该工程的关键路径为A-C-D，正常进度的总工期为3+4+5=12天，总费用（包括12天的间接费用）为12×5+10+15+12+18=115万元。

作业A、B、C、D赶工时，每天赶工需要分别增加费用4万元、2万元、4万元、2万元。而缩短总工期可以节省间接费用。如果要缩短总工期，必须先缩短关键路径上的作业时间。关键路径上最省钱赶工的作业是D。

由于A-B路径需要10天，因此只能先尝试对作业D缩短2天，总工期就可以缩短2天，可以节省间接费用2×5=10万元，但赶工作业D增加了4万元，因此合计可以节省6万元。此时，总费用为109万元，总工程为10天，关键路径有两条：A-B和A-C-D。

然后尝试对作业B和作业D各缩短1天。关键路径不变。总工期减少1天，间接费用节省5万元，但赶工B和D各1天需要增加费用4万元，所以还能节省1万元。此时，总费用为108万元，总工期为9天。

再尝试对作业A缩短2天，节省间接费用10万元，但增加赶工费用8万元，还能节省2万元。此时，关键路径为A-B和A-C-D，总工期为1+6=7天，总费用为106万元。

现在，作业B还能缩短3天，作业C还能缩短2天。总工期只能再缩短2天。作业B和C每缩短1天，即总工期每减少1天，间接费用节省5万元，而作业B和C的赶工将增加费用6万元，并不合算。

所以，该工程最低费用的进度计划网络图如下。

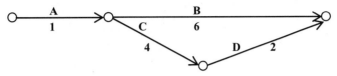

此时，总费用为 106 万元，总工期为 7 天。

参考答案

（69）A　　（70）A

试题（71）～（75）

The architecture design specifies the overall architecture and the placement of software and hardware that will be used. Architecture design is a very complex process that is often left to experienced architecture designers and consultants. The first step is to refine the 　(71)　 into more detailed requirements that are then employed to help select the architecture to be used and the software components to be placed on each device. In a 　(72)　, one also has to decide whether to use a two-tier, three-tier, or n-tier architecture. Then the requirements and the architecture design are used to develop the hardware and software specification. There are four primary types of nonfunctional requirements that can be important in designing the architecture. 　(73)　 specify the operating environment(s) in which the system must perform and how those may change over time. 　(74)　 focus on the nonfunctional requirements issues such as response time, capacity, and reliability. 　(75)　 are the abilities to protect the information system from disruption and data loss, whether caused by an intentional act. Cultural and political requirements are specific to the countries in which the system will be used.

（71）A. functional requirements　　　　　B. nonfunctional requirements

　　　　C. system constraint　　　　　　　D. system operational environment

（72）A. client–based architecture　　　　B. server–based architecture

　　　　C. network architecture　　　　　　D. client–server architecture

（73）A. Operational requirements　　　　B. Speed requirements

　　　　C. Access control requirements　　　D. Customization requirements

（74）A. Environment requirements　　　　B. Maintainability requirements

　　　　C. Performance requirements　　　　D. Virus control requirements

（75）A. Safety requirements　　　　　　　B. Security requirements

　　　　C. Data management requirements　　D. System requirements

参考译文

架构设计确定了整体架构及被使用的软件和硬件的布局。架构设计是一个非常复杂的过程，通常由经验丰富的架构设计师和顾问来完成。第一步是将非功能性需求细化为更详细的需求，然后用于帮助选择要使用的架构以及每个设备上部署的软件构件。在一个客户机-服务器架构中，还需要决定是使用两层、三层还是 N 层架构。然后，需求和架构设计被用来开发硬件和软件规格说明。在设计架构时主要有四类非功能需求比较重要：操作需求确定了系统执行所需的运行环境以及这些环境可能随时间发生哪些变化；性能需求主要关注如响应时间、容量和可靠性等非功能性需求问题；安全需求是保护信息系统免受无论是否是有意的行为而造成损毁和数据丢失的能力；文化和政治需求取决于系统将要被使用的国家。

参考答案

（71）B　（72）D　（73）A　（74）C　（75）B

第5章　2017下半年系统架构设计师
下午试题 I 分析与解答

试题一（共 25 分）

阅读以下关于软件架构评估的叙述，在答题纸上回答问题 1 和问题 2。

【说明】

某单位为了建设健全的公路桥梁养护管理档案，拟开发一套公路桥梁在线管理系统。在系统的需求分析与架构设计阶段，用户提出的需求、质量属性描述和架构特性如下：

(a) 系统用户分为高级管理员、数据管理员和数据维护员等三类；

(b) 系统应该具备完善的安全防护措施，能够对黑客的攻击行为进行检测与防御；

(c) 正常负载情况下，系统必须在 0.5 秒内对用户的查询请求进行响应；

(d) 对查询请求处理时间的要求将影响系统的数据传输协议和处理过程的设计；

(e) 系统的用户名不能为中文，要求必须以字母开头，长度不少于 5 个字符；

(f) 更改系统加密的级别将对安全性和性能产生影响；

(g) 网络失效后，系统需要在 10 秒内发现错误并启用备用系统；

(h) 查询过程中涉及的桥梁与公路的实时状态视频传输必须保证画面具有 1024×768 的分辨率，40 帧/秒的速率；

(i) 在系统升级时，必须保证在 10 人·月内可添加一个新的消息处理中间件；

(j) 系统主站点断电后，必须在 3 秒内将请求重定向到备用站点；

(k) 如果每秒钟用户查询请求的数量是 10 个，处理单个请求的时间为 30 毫秒，则系统应保证在 1 秒内完成用户的查询请求；

(l) 对桥梁信息数据库的所有操作都必须进行完整记录；

(m) 更改系统的 Web 界面接口必须在 4 人·周内完成；

(n) 如果"养护报告生成"业务逻辑的描述尚未达成共识，可能导致部分业务功能模块规则的矛盾，影响系统的可修改性；

(o) 系统必须提供远程调试接口，并支持系统的远程调试。

在对系统需求、质量属性描述和架构特性进行分析的基础上，系统的架构师给出了三个候选的架构设计方案，公司目前正在组织系统开发的相关人员对系统架构进行评估。

【问题1】（12 分）

在架构评估过程中，质量属性效用树（Utility Tree）是对系统质量属性进行识别和优先级排序的重要工具。请给出合适的质量属性，填入图 1-1 中（1）、（2）空白处；并选择题干描述的（a）～（o），填入（3）～（6）空白处，完成该系统的效用树。

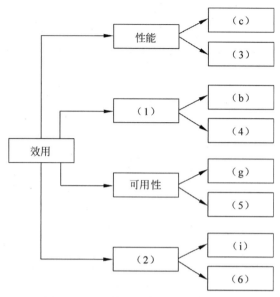

图 1-1   公路桥梁在线管理系统效用树

【问题 2】（13 分）

在架构评估过程中，需要正确识别系统的架构风险、敏感点和权衡点，并进行合理的架构决策。请用 300 字以内的文字给出系统架构风险、敏感点和权衡点的定义，并从题干（a）～（o）中分别选出 1 个对系统架构风险、敏感点和权衡点最为恰当的描述。

试题一分析

本题考查软件架构评估方面的知识与应用，主要包括质量属性效用树和架构分析两个部分。

此类题目要求考生认真阅读题目对系统需求的描述，经过分类、概括等方法，从中确定软件功能需求、软件质量属性、架构风险、架构敏感点、架构权衡点等内容，并采用效用树这一工具对架构进行评估。

【问题 1】

在架构评估过程中，质量属性效用树（Utility Tree）是对系统质量属性进行识别和优先级排序的重要工具。质量属性效用树主要关注性能、可用性、安全性和可修改性等四个用户最为关注的质量属性，考生需要对题干的需求进行分析，逐一找出这四个质量属性对应的描述，然后填入空白处即可。

经过对题干进行分析，可以看出：

（a）系统用户分为高级管理员、数据管理员和数据维护员等三类（系统功能需求）；

（b）系统应该具备完善的安全防护措施，能够对黑客的攻击行为进行检测与防御（描述安全性质量属性）；

（c）正常负载情况下，系统必须在 0.5 秒内对用户的查询请求进行响应（描述性能质量属性）；

（d）对查询请求处理时间的要求将影响系统的数据传输协议和处理过程的设计（一个质量属性会对多个设计决策造成影响，是敏感点）；

（e）系统的用户名不能为中文，要求必须以字母开头，长度不少于 5 个字符（系统功能需求）；

（f）更改系统加密的级别将对安全性和性能产生影响（一个质量属性会影响多个质量属性，是权衡点）；

（g）网络失效后，系统需要在 10 秒内发现错误并启用备用系统（描述可用性质量属性）；

（h）查询过程中涉及的桥梁与公路的实时状态视频传输必须保证画面具有 1024×768 的分辨率，40 帧/秒的速率（描述性能质量属性）；

（i）在系统升级时，必须保证在 10 人·月内可添加一个新的消息处理中间件（描述可修改性质量属性）；

（j）系统主站点断电后，必须在 3 秒内将请求重定向到备用站点（描述可用性质量属性）；

（k）如果每秒钟用户查询请求的数量是 10 个，处理单个请求的时间为 30 毫秒，则系统应保证在 1 秒内完成用户的查询请求（描述性能质量属性）；

（l）对桥梁信息数据库的所有操作都必须进行完整记录（描述安全质量属性）；

（m）更改系统的 Web 界面接口必须在 4 人·周内完成（描述可修改性质量属性）；

（n）如果"养护报告生成"业务逻辑的描述尚未达成共识，可能导致部分业务功能模块规则的矛盾，影响系统的可修改性（这是一个潜在的架构风险）；

（o）系统必须提供远程调试接口，并支持系统的远程调试（描述可测试性质量属性）。

【问题 2】

首先需要理解架构风险、敏感点和权衡点的概念，然后需要对题干的描述进行分析，选出对架构风险、敏感点和权衡点的描述。

系统架构风险是指架构设计中潜在的、存在问题的架构决策所带来的隐患。

敏感点是指为了实现某种特定的质量属性，一个或多个系统组件所具有的特性。

权衡点是指影响多个质量属性，并对多个质量属性来说都是敏感点的系统属性。

参考答案

【问题 1】

编号	答案
（1）	安全性
（2）	可修改性
（3）	（h）
（4）	（l）
（5）	（j）
（6）	（m）

【问题 2】

系统架构风险是指架构设计中潜在的、存在问题的架构决策所带来的隐患。

敏感点是指为了实现某种特定的质量属性，一个或多个系统组件所具有的特性。

权衡点是指影响多个质量属性，并对多个质量属性来说都是敏感点的系统属性。

题干描述中：

（n）描述的是系统架构风险；

（d）描述的是敏感点；

（f）描述的是权衡点。

注意：从试题二至试题五中，选择两题解答。

试题二（共 25 分）

阅读以下关于软件系统设计的叙述，在答题纸上回答问题 1 至问题 3。

【说明】

某软件企业受该省教育部门委托建设高校数字化教育教学资源共享平台，实现以众筹众创的方式组织省内普通高校联合开展教育教学资源内容建设，实现全省优质教学资源整合和共享。该资源共享平台的主要功能模块包括：

（1）统一身份认证模块：提供统一的认证入口，为平台其他核心业务模块提供用户管理、身份认证、权限分级和单点登录等功能；

（2）共享资源管理模块：提供教学资源申报流程服务，包括了资源申报、分类定制、资料上传、资源审核和资源发布等功能；

（3）共享资源展示模块：提供教育教学共享资源的展示服务，包括资源导航、视频点播、资源检索、分类展示、资源评价和推荐等功能；

（4）资源元模型管理模块：依据资源类型提供共享资源的描述属性、内容属性和展示属性，包括共享资源统一标准和规范、资源加工和在线编辑工具、数字水印和模板定制等功能；

（5）系统综合管理模块：提供系统管理和维护服务，包括系统配置、数据备份恢复、资源导入导出和统计分析等功能。

项目组经过分析和讨论，决定采用基于 Java EE 的 MVC 模式设计资源共享平台的软件架构，如图 2-1 所示。

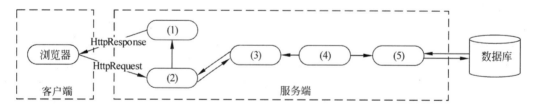

图 2-1 资源共享平台软件架构

【问题 1】（9 分）

MVC 架构中包含哪三种元素，它们的作用分别是什么？请根据图 2-1 所示架构将 Java EE 中 JSP、Servlet、Service、JavaBean、DAO 五种构件分别填入空（1）～（5）所示位置。

【问题 2】（6 分）

项目组架构师王工提出在图 2-1 所示架构设计中加入 EJB 构件，采用企业级 Java EE 架

构开发资源共享平台。请说明 EJB 构件中的 Bean（构件）分为哪三种类型，每种类型 Bean
的职责是什么。

【问题 3】（10 分）

如果采用王工提出的企业级 Java EE 架构，请说明下列（a）~（e）所给出的业务功能构
件中，有状态和无状态构件分别包括哪些。

（a）Identification Bean（身份认证构件）

（b）ResPublish Bean（资源发布构件）

（c）ResRetrieval Bean（资源检索构件）

（d）OnlineEdit Bean（在线编辑构件）

（e）Statistics Bean（统计分析构件）

试题二分析

本题考查软件系统架构设计的相关知识及应用。

此类题目要求考生能够理解软件系统架构设计模式，掌握常用系统架构设计的模型和方
法。MVC（模型-视图-控制器）设计模式是一种目前广泛流行的软件设计模式，已经成为 Java
EE 平台推荐的设计模式。MVC 用一种业务逻辑、数据、界面显示分离的方法组织代码，将
业务逻辑聚集到一个构件里面，在改进和个性化定制界面及用户交互的同时，不需要重新编
写业务逻辑。MVC 强制性地将一个应用的输入、处理和输出流程按照视图、控制器和模型
的方式进行分离，形成了控制器、模型和视图三个核心模块。该题目针对高校数字化教育教
学资源共享平台的系统需求，主要考查考生对于 MVC 设计模型和 Java EE 架构的掌握情况。

【问题 1】

本问题考查考生对 MVC 设计模式中各个元素的理解和掌握情况。

MVC 模式包含的三种元素是：模型、视图、控制器。模型负责提供操作数据对象；视
图负责提供用户操作界面；控制器负责按照输入指令和业务逻辑操作数据对象，并产生输出。
在图 2-1 中所设计 Java EE 软件架构中，与浏览器直接通过 HTTP 交互的是视图层构件，包
括 JSP 和 Servlet，而 Servlet 一般用来接收用户输入消息，执行业务逻辑操作后转发用户请求，
JSP 负责组织消息内容并为用户产生响应页面的 HTML 数据流。对于复杂业务逻辑需要交给
控制器构件来完成，Servlet 将请求消息转发给后端负责业务逻辑处理的 JavaBean 进行处理，
JavaBean 利用数据访问 Service 所返回的数据响应客户请求。一般对于持久化存储的数据，
Service 需要调用数据访问持久层的数据模型（DAO）来实现数据的获取和修改。

【问题 2】

本问题考查考生对 Java EE 软件架构的掌握情况。

Java EE 架构中的构件主要包括客户端构件和服务端构件，客户端构件包括 JSP、Servlet、
HTML 和客户端显示资源等，服务端构件主要是企业级 Java 构件 EJB。EJB 构件中的 Bean
按照其功能可以分为：（1）Session Bean（会话构件）负责处理客户与服务端交互的业务逻辑；
（2）Entity Bean（实体构件）表示数据库中存在的业务实体；（3）Message Driven Bean（消
息驱动构件）用于接收异步 JMS 消息。

【问题 3】

本问题考查考生对 Java EE 架构中会话构件（Session Bean）的掌握情况。

会话构件负责维护客户端与服务端的交互状态，按照是否跨方法调用保存客户端与服务端的交互状态可以分为有状态（Stateful）会话构件和无状态（Stateless）会话构件。有状态会话构件在交互过程中需要保存客户端与服务端交互的中间状态数据，一般在实现类中有自身的属性用于存储中间状态数据；无状态会话构件则不需要保存客户端与服务端的交互状态数据，客户端每次发起的请求相互独立，不会对服务端状态产生影响，因此服务端类不需要保存中间状态数据。身份认证构件完成初次身份认证后需要在服务端记录客户端的身份信息，在线编辑构件需要在操作过程中记录前一次编辑的操作结果，所以两者需要设计为有状态会话构件。资源发布、资源检索和统计分析构件对客户端多次请求均保持一致处理过程和结果，所以应设计为无状态会话构件。

参考答案

【问题 1】

MVC 架构包含的三种元素是：模型、视图、控制器。模型负责提供操作数据对象；视图负责提供用户操作界面；控制器负责按照输入指令和业务逻辑操作数据对象，并产生输出。

（1）JSP；（2）Servlet；（3）JavaBean；（4）Service；（5）DAO。

【问题 2】

EJB 构件中的 Bean 分为：（1）Session Bean（会话构件）负责处理客户与服务端交互的业务逻辑；（2）Entity Bean（实体构件）表示数据库中存在的业务实体；（3）Message Driven Bean（消息驱动构件）用于接收异步 JMS 消息。

【问题 3】

（1）有状态构件：（a）、（d）　（2）无状态构件：（b）、（c）、（e）

试题三（共 25 分）

阅读以下关于机器人操作系统架构的描述，回答问题 1 至问题 3。

【说明】

随着人工智能技术的发展，工业机器人已成为当前工业界的热点研究对象。某宇航设备公司为了扩大业务范围，决策层研究决定准备开展工业机器人研制新业务。公司将论证工作交给了软件架构师王工，王工经过分析和调研，从机器人市场现状、领域需求、组成及关键技术和风险分析等方面开展了综合论证。论证报告指出：首先，为了保障本公司机器人研制的持续性，应根据领域需求选择一种适应的设计架构；其次，为了规避风险，公司的研制工作不能从零开始，应该采用国际开源社区所提供机器人操作系统（Robot Operating System，ROS）作为机器人开发的基本平台。

在讨论会上，架构师李工提出不同意见，他认为公司针对宇航领域已开发了某款嵌入式实时操作系统，且被多种宇航装备使用，可靠性较高。因此应该采用现有架构体系作为机器人的开发平台。会上王工说明了机器人操作系统与该款操作系统的差别，要沿用需要进行改造，投入较大。经过激烈讨论，公司领导同意了王工采用 ROS 的意见。

【问题 1】（5 分）

王工拟采用的 ROS 具有分布式进程框架，以点对点设计以及服务和节点管理器方式，使得执行程序可以各自独立地设计，松散地、实时地组合起来。这些进程可以按照功能包和功能包集的方式分组，因而可以容易地分享和发布。请用 400 字以内文字说明 ROS 与嵌入式实时操作系统的共同点，以及在实时性和任务通信方式两个方面的差异。

【问题 2】（10 分）

ROS 为应用程序间通信提供了主题（Topic）、服务（Service）和动作（Action）三种消息通信方式，每种通信方式都有其特点。请将以下给出的三类通信的主要特点填入表 3-1 中（1）～（5）的空白处，将答案写在答题纸上。

（a）适合用于传输传感器信息（数据流）

（b）能够知道是否调用成功

（c）一对多模式

（d）有握手信号

（e）服务执行完会有反馈

（f）可以监控长时间执行的进程

（g）较复杂

（h）可能让系统过载（数据太多）

（i）服务执行完之前，程序会等待

（j）建立通信较慢

（k）可能丢失数据

表 3-1　ROS 三类通信的主要特点

类　　型	特　　点
主题（Topic）	（a）适合用于传输传感器信息（数据流）
	（1）
	（2）
	（h）可能让系统过载（数据太多）
服务（Service）	（b）能够知道是否调用成功
	（3）
	（e）服务执行完会有反馈
	（4）
动作（Action）	（5）
	（g）较复杂
	（d）有握手信号

【问题 3】（10 分）

ROS 的架构定义了 ROS 系统由多个各自独立的节点（组件）组成，并且各个节点之间可以通过发布/订阅（Publish/Subscribe）消息模型进行通信。图 3-1 给出一个简单机器人结构实例，请根据以下文字描述，补充图 3-1 中（1）～（5）处空白，将答案写在答题纸上。

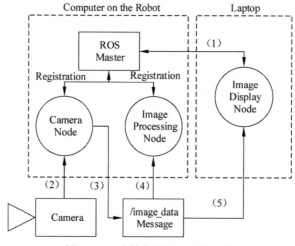

图 3-1　一个简单机器人结构实例

机器人开始阶段，所有节点都要注册（Registration）到 Master 上，注册后，摄像头节点声明它要发布（Publish）一个叫作/image_data 的消息。另外两个节点（图像处理节点和图像显示节点）声明它们需要订阅（Subscribe）这个/image_data 消息。因此，一旦摄像头节点收到相机发送的数据（Data），就立即将数据/image_data 直接发送到另外两个节点。

试题三分析

随着微电子、计算机和计算方法等技术突飞猛进的发展，人工智能、物联网和机器人已成为当前工业界和科技界广泛讨论的热门话题。机器人技术已从科学研究领域走向了工程化实用，而机器人操作系统则是机器人中的关键部件，它管理着机器人的各种行为、状态和资源分配等。

本题重点考查考生对当前比较流行的技术的掌握程度，区分传统操作系统知识与机器人操作系统的差异，请考生认真阅读题目中对机器人操作系统问题的描述，经过分析、概括等方法，从中分析出题干或备选答案的含义，正确回答问题中涉及的各类技术要点。

【问题 1】

机器人操作系统是近年来在嵌入式操作系统领域发展起来的一种操作系统，它提供类似于操作系统所提供的功能，包括硬件抽象描述、底层驱动程序管理、公用功能的执行、程序间的消息传递、程序算法包管理，它也提供一些工具程序和库用于获取、建立、编写和运行多机整合的程序。机器人操作系统还提供了库和工具来帮助软件开发者创建机器人的应用程序。

机器人操作系统与传统嵌入式实时操作系统的设计目标存在着很大区别，传统嵌入式实时操作系统仅仅关注的是：当外界事件或者数据产生时，能够接受并以足够快的速度予以处理，其处理的结果又能在规定的时间之内来控制生产过程或对处理系统做出快速响应；而机器人操作系统主要设计目标是便于机器人研发过程中的代码复用，因此，机器人操作系统是一种分布式的进程框架，使得执行程序可以各自独立地设计，松散地、实时地组合起来。这些进程可以按照功能包和功能包集的方式分组，可以很容易地分享和发布。机器人操作系统的主要特点可归结为以下几点：

（1）点对点设计：通过点对点设计以及服务和节点管理器等机制可以分散由于计算机视觉和语音识别等功能带来的实时计算压力，这种设计能够适应服务机器人遇到的挑战。

（2）不依赖编程语言：机器人操作系统应支持多种编程语言，如 C++、Python 和 Lisp 语言等。为了支持多语言编程，机器人操作系统一般采用一种中立的接口定义语言来实现各模块之间的消息传递。

（3）精简与集成：机器人操作系统一般不修改用户的 main 函数，所以代码可以被其他的机器人软件使用，它可以很容易地和其他的机器人软件平台集成。

（4）便于测试：机器人操作系统很容易集成调试和分解调试。

（5）规模：机器人操作系统适用于大型运行系统和大型程序开发。

通过以上说明，考生完全可以分析出：机器人操作系统是以点对点设计方法、以服务和节点管理器方式构建系统，便于代码复用，使得执行程序可以各自独立地设计，松散地、实时地组合起来。与传统的操作系统存在着本质差异。

【问题 2】

机器人操作系统通常采用多节点跨平台模块化通信机制，它用节点（Node）的概念表示一个任务，不同节点之间通过事先定义好的格式来实现消息通信，应用程序间具备主题（Topic）、服务（Service）和动作（Action）三类通信。

（1）主题：消息通过一个带有发布和订阅功能的传输系统来传送。一个节点通过把消息发送到一个给定的主题来发布一个消息。主题是用于识别消息内容的名称。一个节点对某一类的数据感兴趣，它只需要订阅相关的主题即可。一个主题可能同时有许多的并发主题发布者和主题订阅者，一个节点可以发布和订阅多个主题。一般来说，主题发布者和主题订阅者不知道对方的存在。发布者将信息发布在一个全局工作区内，当订阅者发现该信息是它所订阅的，就可以接收到这个信息。

（2）服务：发布/订阅模式是一种很弹性的通信方式。但是其多对多的传输方式是一种不适合于请求/回复交互的方式。请求/回复交互方式经常被用于分布式系统中。请求/回复通过服务来进行，其中服务被定义为一对消息结构：一个用于请求，一个用于回复。一个节点提供了某种名称的服务，一个客户通过发送请求信息并等待响应来使用服务。机器人客户端库通常把这种交互表现为像一个远程程序调用。但是，基于服务的通信方式在初期建立通信时，建立速度较慢。

（3）动作：ROS 提供应用程序间通信的一种较简单的方式，一般用于对某个事件、某个进程以及某个数据状态的监控，例如它可以监控长时间执行的进程。但是，从动作机制上看，设立监控机制比较复杂，需要应用程序间有握手信号。

【问题 3】

ROS 架构由多个各自独立的节点（组件）组成，并且各个节点之间可以通过发布/订阅（Publish/Subscribe）消息模型进行通信。例如，我们将一个特定传感器的驱动模块作为一个

ROS 节点，其将传感器数据发布（Publish）到消息流。这些消息可能会被某些节点获取到，例如滤波器、记录器、更高级系统中的应用（如导航、路径查找）等节点。

通常，ROS 启动于 ROS Master。Master 允许其他 ROS 中不同软件片（节点）查找对方或与对方交流。那样，我们就不必指定"发送传感器数据到 IP 地址为 127.0.0.1 的电脑"，我们只需要简单地告诉 Node1 发送消息到 Node2。就是说，ROS 节点间的数据通信都是以透明方式进行的。

图 3-1 给出了一个简单机器人结构实例，就是考查考生对发布/订阅技术在 ROS 中的应用掌握程度。设想有一部相机安装在机器人上，我们希望可以从相机中或者笔记本计算机上看到图像，同时让机器人也可以看到这些图像。

结构实例定义了一个 Camera Node，用于和相机通信（驱动）；一个 Image Processing Node 运行在机器人上处理图像数据；一个 Image Display Node 用于将图像显示在屏幕上。开始阶段，所有节点（Node）都要注册到 Master 上。Master 可被认为是一个查询表，各个节点可以查询它要把消息发送到哪个节点。注册到 ROS Master 后，Camera Node 声明它要 Publish 一个 Topic 叫作/image_data。另外两个节点（Image Processing Node 和 Image Display Node）声明它们 Subscribe 这个 Topic /image_data。因此，一旦 Camera Node 收到 Camera 发送的数据，就立即将数据/image_data 直接发送到另外两个节点。

如果 Image Processing Node 想主动获取 Camera Node 收到的数据，ROS 定义了 Services 用于解决这个问题。节点可以在 ROS Master 上注册一个特定的 Service，就像注册它的消息（Topic）一样。在我们的例子中，Image Processing Node 第一次请求/image_data，Camera Node 将收集 Camera 的数据，然后发送给 Image Processing Node。

考生在理解了上述描述的基础上，就可以很容易地补充图 3-1 中（1）～（5）处给出的空白，显然，Image Display Node 需要先向 Master "注册（1）"，而摄像头是将"数据（2）"传输到 Camera Node，Camera Node 收到数据后向外部节点进行图像数据消息"发布（3）"，最后 Image Processing Node 和 Image Display Node 想要接收图像数据信息，必须实现开展"订阅（4）（5）"活动。

参考答案

【问题 1】

共同点：ROS 和嵌入式实时操作系统都属于嵌入式操作系统中的不同类型，它们在核心操作系统功能、硬件抽象、底层驱动、程序间消息传递等方面存在共同点。

从实时性方面看，嵌入式实时操作系统关注的是：当外界事件或者数据产生时，能够接受并以足够快的速度予以处理，其处理的结果又能在规定的时间之内来控制生产过程或对处理系统做出快速响应；ROS 关注的是：采用点对点设计方法、以服务和节点管理器方式构建系统，便于代码复用，使得执行程序可以各自独立地设计，松散地、实时地组合起来。虽然 ROS 集成了实时代码，但它本身并不具备实时性。

从任务通信方面看，嵌入式实时操作系统主要关注单节点内采用信号、事件、消息队列和共享存储等方式实现任务间的通信；ROS 是一种多节点跨平台模块化通信机制，它用节点（Node）的概念表示一个任务，不同节点之间通过事先定义好的格式（包括主题（Topic）、服务（Service）、动作（Action））来实现消息通信。

【问题 2】

表 3-1　ROS 三种通信的主要特点

类　　型	特　　点
主题（Topic）	（a）适合用于传输传感器信息（数据流）
	（1）（k）
	（2）（c）
	（h）可能让系统过载（数据太多）
服务（Service）	（b）能够知道是否调用成功
	（3）（i）
	（e）服务执行完会有反馈
	（4）（j）
动作（Action）	（5）（f）
	（g）较复杂
	（d）有握手信号

【问题 3】

（1）注册（Registration）

（2）数据（Data）

（3）发布（Publish）

（4）订阅（Subscribe）

（5）订阅（Subscribe）

试题四（共 25 分）

阅读以下关于数据库设计的叙述，在答题纸上回答问题 1 至问题 3。

【说明】

某制造企业为拓展网上销售业务，委托某软件企业开发一套电子商务网站。初期仅解决基本的网上销售、订单等功能需求。该软件企业很快决定基于.NET 平台和 SQL Server 数据库进行开发，但在数据库访问方式上出现了争议。王工认为应该采用程序在线访问的方式访问数据库；而李工认为本企业内部程序员缺乏数据库开发经验，而且应用简单，应该采用 ORM（对象关系映射）方式。最终经过综合考虑，该软件企业采用了李工的建议。

随着业务的发展，该电子商务网站逐渐发展成一个通用的电子商务平台，销售多家制造企业的产品，电子商务平台的功能也日益复杂。目前急需对该电子商务网站进行改造，以支持对多种异构数据库平台的数据访问，同时满足复杂的数据管理需求。该软件企业针对上述需求，对电子商务网站的架构进行了重新设计，新增加了数据访问层，同时采用工厂设计模式解决异构数据库访问的问题。新设计的系统架构如图 4-1 所示。

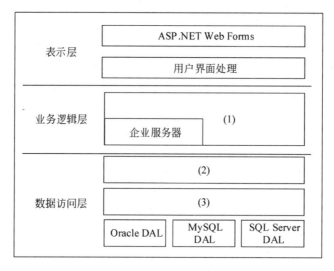

图 4-1　电子商务网站的体系架构

【问题 1】（9 分）

请用 300 字以内的文字分别说明数据库程序在线访问方式和 ORM 方式的优缺点，说明该软件企业采用 ORM 的原因。

【问题 2】（9 分）

请用 100 字以内的文字说明新体系架构中增加数据访问层的原因。请根据图 4-1 所示，填写图中空白处（1）～（3）。

【问题 3】（7 分）

应用程序设计中，数据库访问需要良好的封装性和可维护性，因此经常使用工厂设计模式来实现对数据库访问的封装。请解释工厂设计模式，并说明其优点和应用场景；请解释说明工厂模式在数据访问层中的应用。

试题四分析

本题考查数据库访问接口/数据访问层的基本概念，以及针对实际问题进行相应设计。

数据库访问接口是指应用程序与数据库之间的连接部分，能够有效降低应用程序与数据库之间连接的开发和维护难度，使得数据库迁移的工作量大大降低。在层次体系架构中，经常将其称为数据访问层。

此类题目要求考生认真阅读题目对现实问题的描述，在了解数据库访问接口基本概念的前提下，针对具体问题，设计合理的数据库访问接口，并能够给出具体的设计理由。

【问题 1】

数据访问层常见的访问方式有五种，分别是在线访问、DAO（Data Access Object）、DTO（Data Transfer Object）、离线数据模式、对象/关系映射（Object/Relation Mapping，ORM）。

在线访问是最基本的数据访问模式，也是最常用的。应用程序通过数据库提供的程序接口直接访问数据。其优点是灵活，性能高。缺点是需要程序员对数据库有较深了解，同时数据库的变更会导致相应程序的变更，数据库迁移困难。

ORM 是一种工具或平台，能够提供应用程序中的数据与关系数据库中的记录之间的相互转换，使得程序无须考虑记录，仅考虑对象。优点是简化程序开发，降低了对程序员关于数据库的知识要求，使得程序员可以仅关注于业务逻辑；缺点是不太容易处理复杂查询语句，性能比直接使用 SQL 要差。

根据题干说明，原电子商务平台功能简单，没有复杂业务功能，数据访问仅需要提供基本功能即可；软件企业的程序开发人员缺乏数据库开发经验。ORM 方式的数据接口简单清晰，开发周期短，因此采用 ORM 方式是较好的选择。

【问题 2】

数据在线访问模式提高了数据访问的性能，但同时导致了业务逻辑层与数据访问的职责混乱，一旦要求支持的数据库发生变化，或者需要修改数据访问的逻辑，由于没有清晰的分层，会导致项目做大的修改。而随着硬件系统性能的提高，以及充分利用缓存、异步处理等机制，分层式结构所带来的性能影响可以忽略不计。

根据题干说明，新的电子商务平台业务复杂，而且需要访问异构的数据源，也就是说，需要访问不同类型的数据库。因此，需要增加新的数据库访问层来封装对数据库的访问，使得在应用程序设计时，不会因为数据库种类的不同而受到影响，尽量做到与数据库无关。变化后的体系结构如图 4-2 所示。

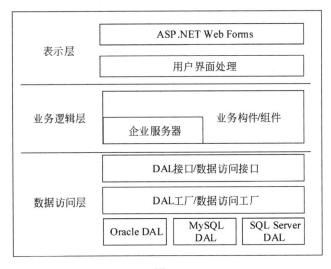

图 4-2

【问题 3】

在应用程序设计中，需要对数据库访问进行良好的封装，使其具有良好的可维护性，尽量使应用程序与数据库无关。本题中，应用系统需要访问异构数据源，在应用程序中会存在多种数据访问接口。因此在实际开发中，需要对这些访问接口再做一次封装，这样可以减少操作数据库的步骤，减少代码编写量。工厂设计模式是使用的主要方法。

工厂设计模式定义了创建对象的接口，允许子类决定实例化哪个类，而且允许请求者无须知道要被实例化的特定类，这样可以在不修改代码的情况下引入新类。优点是：没有了将应用程序类绑定到代码中的要求，可以使用任何实现了接口的类；允许子类提供对象的扩展版本。工厂设计模式的应用场景有：类不能预料它必须创建的对象的类，类希望其子类指定它要创建的对象。

在数据访问层定义采用工厂模式，定义统一的操纵数据库的接口，然后根据数据库的不同，由类工厂来决定实例化哪个类。在具体类中实现特定的数据库访问类。这样，就可以实现由客户端指定或根据配置文件来选择访问不同的数据库，从而实现应用程序与数据库无关。

参考答案

【问题 1】

在线访问方式：在程序中通过数据库提供的程序接口直接访问数据。其优点是灵活，性能高。缺点是需要程序员对数据库有较深了解，同时数据模型的变更会导致相应程序的变更，数据库迁移困难。

ORM 方式：是一种工具或平台，能够提供应用程序中的数据与关系数据库中的记录之间的相互转换，使得程序无须考虑记录，仅考虑对象。优点是简化程序开发，降低了对程序员关于数据库的知识要求，使得程序员可以仅关注于业务逻辑；缺点是不太容易处理复杂查询语句，性能比直接使用 SQL 要差。

根据题干说明，原电子商务平台功能简单，没有复杂业务功能，数据访问仅需要提供基本功能即可；软件企业的程序开发人员缺乏数据库开发经验。ORM 方式的数据接口简单清晰，开发周期短，因此采用 ORM 方式是较好的选择。

【问题 2】

根据题干说明，新的电子商务平台业务复杂，而且需要访问异构的数据源，也就是说，需要访问不同类型的数据库。因此，需要增加新的数据库访问层来封装对数据库的访问，使得在应用程序设计时，不会因为数据库种类的不同而受到影响，尽量做到与数据库无关。

（1）业务构件/业务组件；（2）DAL 接口/数据访问接口；（3）DAL 工厂/数据访问工厂。

【问题 3】

工厂设计模式定义了创建对象的接口，允许子类决定实例化哪个类，而且允许请求者无须知道要被实例化的特定类，这样可以在不修改代码的情况下引入新类。

优点是：（1）没有了将应用程序类绑定到代码中的要求，可以使用任何实现了接口的类；（2）允许子类提供对象的扩展版本。

工厂设计模式的应用场景有：（1）类不能预料它必须创建的对象的类；（2）类希望其子类指定它要创建的对象。

在数据访问层定义采用工厂模式，定义统一的操纵数据库的接口，然后根据数据库的不同，由类工厂来决定实例化哪个类。在具体类中实现特定的数据库访问类。这样，就可以实现由客户端指定或根据配置文件来选择访问不同的数据库，从而实现应用程序与数据库无关。

试题五（共 25 分）

阅读以下关于 Web 系统架构设计的叙述，在答题纸上回答问题 1 至问题 3。

【说明】

某电子商务企业因发展良好，客户量逐步增大，企业业务不断扩充，导致其原有的 B2C 商品交易平台已不能满足现有业务需求。因此，该企业委托某软件公司重新开发一套商品交易平台。该企业要求新平台应可适应客户从手机、平板设备、电脑等不同终端设备访问系统，同时满足电商定期开展"秒杀""限时促销"等活动的系统高并发访问量的需求。面对系统需求，软件公司召开项目组讨论会议，制定系统设计方案。讨论会议上，王工提出可以应用响应式 Web 设计满足客户从不同设备正确访问系统的需求。同时，采用增加镜像站点、CDN 内容分发等方式解决高并发访问量带来的问题。李工在王工的提议上补充，仅仅依靠上述外网加速技术不能完全解决用户高并发访问问题，如果访问量持续增加，系统仍存在崩溃可能。李工提出应同时结合负载均衡、缓存服务器、Web 应用服务器、分布式文件系统、分布式数据库等方法设计系统架构。经过项目组讨论，最终决定综合王工和李工的思路，完成新系统的架构设计。

【问题 1】（5 分）

请用 200 字以内的文字描述什么是"响应式 Web 设计"，并列举 2 个响应式 Web 设计的实现方式。

【问题 2】（16 分）

综合王工和李工的提议，项目组完成了新商品交易平台的系统架构设计方案。新系统架构图如图 5-1 所示。请从选项（a）～（j）中为架构图中（1）～（8）处空白选择相应的内容，补充支持高并发的 Web 应用系统架构设计图。

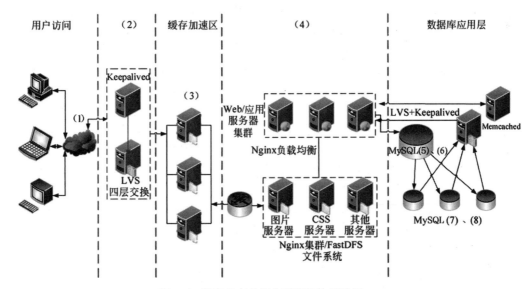

图 5-1　新商品交易平台系统架构设计图

（a）Web 应用层

（b）界面层

（c）负载均衡层

（d）CDN 内容分发

（e）主数据库

（f）缓存服务器集群

（g）从数据库

（h）写操作

（i）读操作

（j）文件服务器集群

【问题 3】（4 分）

根据李工的提议，新的 B2C 商品交易平台引入了主从复制机制。请针对 B2C 商品交易平台的特点，简要叙述引入该机制的好处。

试题五分析

本题考查 Web 系统架构设计相关知识及如何在实际问题中综合应用。

此类题目要求考生认真阅读题目对现实系统需求的描述，结合 Web 系统设计相关知识、实现技术等完成 Web 系统分析设计。

【问题 1】

响应式 Web 设计（Responsive Web Design）的理念是：页面的设计与开发应当根据用户行为以及设备环境（系统平台、屏幕尺寸、屏幕定向等）进行相应的响应和调整。无论用户正在使用笔记本计算机还是 iPad，页面都应该能够自动切换分辨率、图片尺寸及相关脚本功能等，以适应不同设备，即页面应该有能力去自动响应用户的设备环境。响应式网页设计就是一个网站能够兼容多个终端，而不是为每个终端做一个特定的版本，减小为不断到来的新设备做专门的版本设计和开发的工作量。

响应式 Web 设计具体的实现方式包括媒体查询（Media Query）、流式布局（弹性布局、动态布局）、液态图片（弹性图片）等。

【问题 2】

根据题目说明，综合王工和李工的建议，新构建的电子商务平台应采用增加镜像站点、CDN 内容分发，同时结合负载均衡、缓存服务器、Web 应用服务器、分布式文件系统、分布式数据库等方法完成系统架构设计，对这些方法的分析如下表所示。根据上述方法的特性和应用场景，可完成题目中给出的五层系统架构图。

内容分发采取了分布式网络缓存结构，通过在现有的 Internet 中增加一层新的网络架构，将网站的内容发布到最接近用户的 Cache 服务器内，通过 DNS 负载均衡技术，判断用户来源，就近访问 Cache 服务器取得所需的内容，解决 Internet 网络拥塞状况，提高用户访问网站的响应速度，如同提供了多个分布在各地的加速器，以达到快速、可冗余地为多个网站加速的目的。

负载均衡	分流、后台减压	LVS、Haproxy、Nginx 等
缓存服务器	保存静态文件、加速响应请求	Squid、Varnish 等
分布式文件系统	文件存储系统，加速查找文件	Hadoop、FastDFS、MooseFs 等
Web 应用服务器	加速对请求进行处理	Apache、Nginx、JBoss 等
分布式数据库	缓存、分割数据，加速数据查找	MySQL、Memcached 等

【问题 3】

分布式数据库系统是在集中式数据库系统的基础上发展起来的，是计算机技术和网络技术结合的产物。分布式数据库系统适合于单位分散的部门，允许各个部门将其常用的数据存储在本地，实施就地存放本地使用，从而提高响应速度，降低通信费用。分布式数据库系统与集中式数据库系统相比具有可扩展性，通过增加适当的数据冗余，提高系统的可靠性。在集中式数据库中，尽量减少冗余度是系统目标之一。其原因是冗余数据浪费存储空间，而且容易造成各副本之间的不一致性，而为了保证数据的一致性，系统要付出一定的维护代价，减少冗余度的目标是用数据共享来达到的。而在分布式数据库中却希望增加冗余数据，在不同的场地存储同一数据的多个副本，其原因是提高系统的可靠性、可用性，当某一场地出现故障时，系统可以对另一场地上的相同副本进行操作，不会因一处故障而造成整个系统的瘫痪；提高系统性能，系统可以根据距离选择离用户最近的数据副本进行操作，减少通信代价，改善整个系统的性能。

主从复制、数据分割、数据分片等是实现分布式数据库的主要手段和核心技术。其中，主从复制可以避免数据库单点故障，主服务器实时、异步复制数据到从服务器，当主数据库宕机时，可在从数据库中选择一个升级为主服务器，从而防止数据库单点故障。同时，可以提高查询效率，根据系统数据库访问特点，可以使用主数据库进行数据的插入、删除及更新等写操作，而从数据库则专门用来进行数据查询操作，从而将查询操作分担到不同的从服务器以提高数据库访问效率。

参考答案

【问题 1】

响应式 Web 设计（Responsive Web Design）的理念是：页面的设计与开发应当根据用户行为以及设备环境（系统平台、屏幕尺寸、屏幕定向等）进行相应的响应和调整。无论用户正在使用笔记本计算机还是 iPad，页面都应该能够自动切换分辨率、图片尺寸及相关脚本功能等，以适应不同设备；即页面应该有能力去自动响应用户的设备环境。响应式网页设计就是一个网站能够兼容多个终端，而不是为每个终端做一个特定的版本，减小为不断到来的新设备做专门的版本设计和开发的工作量。

响应式 Web 设计具体的实现方式包括媒体查询（Media Query）、流式布局（弹性布局、动态布局）、液态图片（弹性图片）等。

【问题 2】

（1）（d）

（2）（c）

（3）（f）

（4）（a）

（5）（e）

（6）（h）

（7）（g）

（8）（i）

【问题 3】

避免数据库单点故障：主服务器实时、异步复制数据到从服务器，当主数据库宕机时，可在从数据库中选择一个升级为主服务器，从而防止数据库单点故障。

提高查询效率：根据系统数据库访问特点，可以使用主数据库进行数据的插入、删除及更新等写操作，而从数据库则专门用来进行数据查询操作，从而将查询操作分担到不同的从服务器以提高数据库访问效率。

第6章 2017下半年系统架构设计师
下午试题 II 写作要点

> 从下列的 4 道试题（试题一至试题四）中任选一道解答。请在答题纸上的指定位置处将所选择试题的题号框涂黑。若多涂或者未涂题号框，则对题号最小的一道试题进行评分。

试题一 论软件系统建模方法及其应用

软件系统建模（Software System Modeling）是软件开发中的重要环节，通过构建软件系统模型可以帮助系统开发人员理解系统、抽取业务过程和管理系统的复杂性，也可以方便各类人员之间的交流。软件系统建模是在系统需求分析和系统实现之间架起的一座桥梁，系统开发人员按照软件系统模型开发出符合设计目标的软件系统，并基于该模型进行软件的维护和改进。

请围绕"论软件系统建模方法及其应用"论题，依次从以下三个方面进行论述。

1. 概要叙述你参与的软件系统开发项目以及你所担任的主要工作。

2. 说明软件系统开发中常用的建模方法有哪几类？阐述每种方法的特点及其适用范围。

3. 详细说明你所参与的软件系统开发项目中，采用了哪些软件系统建模方法，具体实施效果如何。

试题一写作要点

一、简要描述所参与分析和开发的软件系统开发项目，并明确指出在其中承担的主要任务和开展的主要工作。

二、说明软件系统开发中常用的建模方法有哪几类？阐述每种方法的特点及其适用范围。

软件系统开发中常用的建模方法包括：

（1）功能分解法。

功能分解法以系统需要提供的功能为中心来组织系统。首先定义各种大的功能，然后把功能分解为子功能，同时定义功能间的接口。比较大的子功能还可以被进一步分解，直到我们可以对它进行明确定义。总的思想就是将系统根据功能分而治之，然后根据功能的需求设计数据结构。

（2）数据流法/结构化分析建模方法。

基本方法是跟踪系统的数据流，研究问题域中数据如何流动以及在各个环节上进行何种处理，从而发现数据流和加工。然后将问题域映射为数据流、加工以及数据存储等元素，并组成数据流图，用加工和数据字典对数据流及其处理过程进行描述。

（3）信息工程建模法。

该方法在实体关系图的基础上发展而来，其核心是构建实体及其关系。实体用于描述问题域中的一个事物，它包含一组描述事物数据信息的属性；关系描述问题域中的各个事物之间在数据方面的联系，它可以带有自己的属性。发展之后的方法把实体叫作对象，把关系的属性组织到关系对象中，具有面向对象的某些特征。

（4）面向对象建模法。

该方法从面向对象设计领域发展而来，它通过对象对问题域进行完整的映射，对象包括了事物的数据属性和行为特征；它用结构和连接如实反映问题域中事物之间的关系，比如分类、组装等；它通过封装、继承和消息机制等使问题域的复杂性得到控制。

三、针对实际参与的软件系统开发项目，说明所采用的系统建模方法，并描述这些建模方法所产生的实际应用效果。

试题二　论软件架构风格

软件体系结构风格是描述某一特定应用领域中系统组织方式的惯用模式。体系结构风格定义一个系统家族，即一个体系结构定义一个词汇表和一组约束。词汇表中包含一些构件和连接件类型，而这组约束指出系统是如何将这些构件和连接件组合起来的。体系结构风格反映了领域中众多系统所共有的结构和语义特性，并指导如何将各个模块和子系统有效地组织成一个完整的系统。

请围绕"论软件架构风格"论题，依次从以下三个方面进行论述。

1．概要叙述你参与分析和设计的软件系统开发项目以及你所担任的主要工作。

2．软件系统开发中常用的软件架构风格有哪些？详细阐述每种风格的具体含义。

3．详细说明你所参与分析和设计的软件系统是采用什么软件架构风格的，并分析采用该架构风格设计的原因。

试题二写作要点

一、简要叙述所参与分析和开发的软件系统，并明确指出在其中承担的主要任务和开展的主要工作。

二、软件系统开发中常用的软件构架风格包括：

（1）管道/过滤器。

在管道/过滤器风格的软件体系结构中，每个构件都有一组输入和输出，构件读输入的数据流，经过内部处理，然后产生输出数据流。

（2）数据抽象和面向对象。

这种风格建立在数据抽象和面向对象的基础上，数据的表示方法和它们的相应操作封装在一个抽象数据类型或对象中。

（3）基于事件的隐式调用。

基于事件的隐式调用风格的思想是构件不直接调用一个过程，而是触发或广播一个或多个事件。系统中的其他构件中的过程在一个或多个事件中注册，当一个事件被触发，系统自动调用在这个事件中注册的所有过程，这样，一个事件的触发就导致了另一个模块中的过程的调用。基于事件的隐式调用风格的主要特点是事件的触发者并不知道哪些构件会被这些事件影响。

（4）分层系统。

层次系统组成一个层次结构，每一层为上层服务，并作为下层客户。

（5）仓库系统及知识库。

在仓库风格中，有两种不同的构件：中央数据结构说明当前状态，独立构件在中央数据存储上执行。若构件控制共享数据，则仓库是一个传统型数据库。若中央数据结构的当前状态触发进程执行的选择，则仓库是一个黑板系统。黑板系统主要由三部分组成：①知识源，知识源中包含独立的、与应用程序相关的知识，知识源之间不直接进行通信，它们之间的交互只通过黑板来完成；②黑板数据结构，黑板数据是按照与应用程序相关的层次来组织的解决问题的数据，知识源通过不断地改变黑板数据来解决问题；③控制，控制完全由黑板的状态驱动，黑板状态的改变决定使用的特定知识。

（6）C2 风格。

C2 体系结构风格可以概括为通过连接件绑定在一起按照一组规则运作的并行构件网络。C2 风格中的系统组织规则如下：

系统中的构件和连接件都有一个顶部和一个底部；构件的顶部应连接到某连接件的底部，构件的底部则应连接到某连接件的顶部，而构件与构件之间的直接连接是不允许的；一个连接件可以和任意数目的其他构件和连接件连接；当两个连接件进行直接连接时，必须由其中一个的底部连接到另一个的顶部。

（7）客户机/服务器风格。

C/S 体系结构有三个主要组成部分：数据库服务器、客户应用程序和网络。

（8）三层 C/S 结构风格。

二层 C/S 结构是单一服务器且以局域网为中心的，所以难以扩展至大型企业广域网，Internet 软、硬件的组合及集成能力有限，客户机的负荷太重，难以管理大量的客户机，系统的性能容易变坏，数据安全性不好。三层 C/S 体系结构是将应用功能分成表示层、功能层和数据层三个部分，削弱二层 C/S 结构的局限性。

（9）浏览器/服务器风格。

浏览器/服务器风格就是三层 C/S 结构的一种实现方式，具体结构为浏览器/Web 服务器/数据库服务器。

三、考生需要结合自身具体参与分析和开发的实际软件系统，说明在该系统的设计和实现中，采用了哪一种或多种软件架构风格，并分析采用这种软件架构风格设计的原因。

试题三　论无服务器架构及其应用

近年来，随着信息技术的迅猛发展和应用需求的快速更迭，传统的多层企业应用系统架构面临越来越多的挑战，已经难以适应这种变化。在这一背景下，无服务器架构（Serverless Architecture）逐渐流行，它强调业务逻辑由事件触发，具有短暂的生命周期，运行于无状态的轻量级容器中，并且由第三代为管理。采用无服务器架构，业务逻辑以功能即服务（Function as a Service，FaaS）的方式形成多个相互独立的功能组件，以标准接口的形式向外提供服务；同时，不同功能组件间的逻辑组织代码将存储在通用的基础设施管理平台中，业务代码仅在调用时才激活运行，当响应结束后占用的资源便会释放。

请围绕"无服务器架构及其应用"论题，依次从以下三个方面进行论述。

1．概要叙述你参与分析和设计的软件系统开发项目以及你所担任的主要工作。

2．与传统的企业应用系统相比较，基于无服务器架构的应用系统具有哪些特点，请列举至少三个特点，并进行解释。

3．结合你具体参与分析和设计的软件开发项目，描述该软件的架构，说明该架构是如何采用无服务器架构模式的，并说明在采用无服务器架构后软件开发过程中遇到的实际问题和解决方案。

试题三写作要点

一、叙述你参与分析和开发的软件系统开发项目，并明确指出在其中承担的主要任务和开展的主要工作。

二、与传统的企业应用系统相比，基于无服务器架构的应用具有如下特点：

从功能角度看，基于无服务器架构的应用系统只需要关注业务逻辑实现代码，无须关心承载这些代码的应用服务器如何部署。代码的部署和运维由第三方基础设施管理平台完成。

从开发角度看，基于无服务器架构的应用系统不需要考虑特定框架或开发库，从编程语言和环境的角度看更像是一个普通应用。基础设施管理平台负责解释和运行各种语言编写的代码，提供各种异构的运行环境。

从部署的角度看，基于无服务器架构的应用系统无须考虑如何部署业务代码，仅需要上传业务代码至基础设施管理平台，由管理平台自动进行服务器选择与代码部署。

从运行和扩展的角度看，基于无服务器架构的应用系统业务逻辑运行在无状态的容器中，能够实现弹性、自动的水平扩展。系统开发者仅需要提供基本的并发业务处理功能，当系统面临大量应用请求时，会由基础设施管理平台识别并通过自动提供所需要的无状态、容器化计算环境，并在运行完成后自动释放。

从应用模式角度看，基于无服务器架构的应用系统通常采用基于消息机制的事件触发策略，并通过隐式调用模式完成事件响应。

三、考生需结合自身参与软件开发项目的实际状况，描述该软件的架构，并明确说明软件架构为什么属于无服务器架构，具有无服务器架构的哪些特征。并结合项目开发实际，说明采用无服务器架构模式后对软件开发过程的影响以及遇到的问题，包括业务代码开发、业务功能部署、系统水平扩展、业务交互方式等。

试题四　论软件质量保证及其应用

软件质量保证（Software Quality Assurance，SQA）是指为保证软件系统或软件产品充分满足用户要求的质量而进行的有计划、有组织的活动，这些活动贯穿于软件生产的整个生命周期。质量保证人员负责质量保证的计划、监督、记录、分析及报告工作，辅助软件开发人员得到高质量的最终产品。

请围绕"软件质量保证及其应用"论题，依次从以下三个方面进行论述。

1．概要叙述你参与管理和开发的软件项目以及你在其中所担任的主要工作。

2．详细论述软件质量保证中常见的活动有哪些？阐述每个活动的主要内容。

3．结合你具体参与管理和开发的实际项目，说明是如何实施软件质量保证的各项活动的，说明其实施过程及应用效果。

试题四写作要点

一、简要描述所参与管理和开发的软件系统开发项目，并明确指出在其中承担的主要任务和开展的主要工作。

二、详细论述软件质量保证中常见的活动有哪些？阐述每个活动的主要内容。

软件质量保证活动包含计划、监督、记录、分析及报告，这些活动往往由一个独立的SQA 小组执行。

（1）制订 SQA 计划。

SQA 计划在制订项目计划时制订，它规定了软件开发小组和质量保证小组需要执行的质量保证活动。

（2）参与开发该软件项目的软件过程描述。

软件开发小组为将要开展的工作选择软件过程，SQA 小组则要评审过程说明，以保证该过程与企业政策、内部的软件标准、外界所制定的标准以及项目开发计划的其他部分相符。

（3）评审。

评审各项软件工程活动，核实其是否符合已定义的软件过程。SQA 小组识别、记录和跟踪所有偏离过程的偏差，核实其是否已经改正。

（4）审计。

审计指定的软件工作产品，核实其是否符合已定义的软件过程的相应部分。SQA 小组对选出的产品进行评审，识别、记录和跟踪出现的偏差，核实其是否已经改正，定期向项目负责人报告结果。

（5）记录并处理偏差。

确保软件工作及工作产品中的偏差已被记录在案，并根据预定规程进行处理。偏差可能出现在项目计划、过程描述、采用的标准或技术工作产品中。

（6）报告。

记录所有不符合的部分，并向上级管理部门报告。跟踪不符合的部分直到问题得到解决。

除了进行上述活动外，SQA 小组还需要协调变更的控制与管理，并帮助收集和分析软件度量的信息。

三、结合你具体参与管理和开发的实际项目，说明是如何实施软件质量保证的各项活动的，说明其实施过程及应用效果。

第7章　2018下半年系统架构设计师
上午试题分析与解答

试题（1）

在磁盘调度管理中，应先进行移臂调度，再进行旋转调度。假设磁盘移动臂位于 21 号柱面上，进程的请求序列如下表所示。如果采用最短移臂调度算法，那么系统的响应序列应为___(1)___。

请求序列	柱面号	磁头号	扇区号
①	17	8	9
②	23	6	3
③	23	9	6
④	32	10	5
⑤	17	8	4
⑥	32	3	10
⑦	17	7	9
⑧	23	10	4
⑨	38	10	8

(1) A. ②⑧③④⑤①⑦⑥⑨　　　　　B. ②③⑧④⑥⑨①⑤⑦
　　C. ①②③④⑤⑥⑦⑧⑨　　　　　D. ②⑧③⑤⑦①④⑥⑨

试题（1）分析

当进程请求读磁盘时，操作系统先进行移臂调度，再进行旋转调度。由于移动臂位于 21 号柱面上，按照最短寻道时间优先的响应柱面序列为 23→17→32→38。按照旋转调度的原则分析如下：

进程在 23 号柱面上的响应序列为②→⑧→③，因为进程访问的是不同磁道上不同编号的扇区，旋转调度总是让首先到达读写磁头位置下的扇区先进行传送操作。

进程在 17 号柱面上的响应序列为⑤→⑦→①，或⑤→①→⑦。对于①和⑦可以任选一个进行读写，因为进程访问的是不同磁道上具有相同编号的扇区，旋转调度可以任选一个读写磁头位置下的扇区进行传送操作。

进程在 32 号柱面上的响应序列为④→⑥；由于⑨在 38 号柱面上，故最后响应。

从以上分析可以得出按照最短寻道时间优先的响应序列为②⑧③⑤⑦①④⑥⑨。

参考答案

（1）D

试题（2）、（3）

某计算机系统中的进程管理采用三态模型，那么下图所示的 PCB（进程控制块）的组织方式采用　(2)　，图中　(3)　。

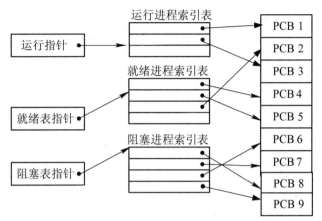

（2）A. 顺序方式　　　B. 链接方式　　　C. 索引方式　　　　　D. Hash
（3）A. 有 1 个运行进程，2 个就绪进程，4 个阻塞进程
　　　B. 有 2 个运行进程，3 个就绪进程，3 个阻塞进程
　　　C. 有 2 个运行进程，3 个就绪进程，4 个阻塞进程
　　　D. 有 3 个运行进程，2 个就绪进程，4 个阻塞进程

试题（2）、（3）分析

本题考查操作系统进程管理方面的基础知识。

常用的进程控制块的组织方式有链接方式和索引方式。采用链接方式是把具有同一状态的 PCB，用其中的链接字链接成一个队列。这样，可以形成就绪队列、若干个阻塞队列和空白队列等。就绪队列的进程常按照进程优先级的高低排列，把优先级高的进程的 PCB 排在队列前面。此外，也可根据阻塞原因的不同而把处于阻塞状态的进程的 PCB 排成等待 I/O 操作完成的队列和等待分配内存的队列等。

采用索引方式是系统根据所有进程的状态建立几张索引表。例如，就绪索引表、阻塞索引表等，并把各索引表在内存的首地址记录在内存的一些专用单元中。在每个索引表的表目中，记录具有相应状态的某个 PCB 在 PCB 表中的地址。

参考答案

（2）C　　（3）C

试题（4）

某文件系统采用多级索引结构，若磁盘块的大小为 4KB，每个块号需占 4B，那么采用二级索引结构时的文件最大长度可占用　(4)　个物理块。

（4）A. 1024　　　　B. 1024×1024　　C. 2048×2048　　　D. 4096×4096

试题（4）分析

本题考查操作系统中文件管理的基础知识。

　　根据题意，磁盘块的大小为 4KB，每个块号需占 4B，因此一个磁盘物理块可存放 4096/4=1024 个物理块地址，即采用一级索引时的文件最大长度可有 1024 个物理块。

　　采用二级索引时的文件最大长度可有 1024×1024=1 048 576 个物理块。

参考答案

（4）B

试题（5）、（6）

　　给定关系 $R(A,B,C,D,E)$ 与 $S(A,B,C,F,G)$，那么与表达式 $\pi_{1,2,4,6,7}\left(\sigma_{1<6}\left(R\bowtie S\right)\right)$ 等价的 SQL 语句如下：

```
SELECT  (5)  FROM R,S WHERE  (6)  ;
```

（5）A．R.A,R.B,R.E,S.C,G　　　　　　　B．R.A,R.B,D,F,G

　　　C．R.A,R.B,R.D,S.C,F　　　　　　　D．R.A,R.B,R.D,S.C,G

（6）A．R.A=S.A OR R.B=S.B OR R.C=S.C OR R.A<S.F

　　　B．R.A=S.A OR R.B=S.B OR R.C=S.C OR R.A<S.B

　　　C．R.A=S.A AND R.B=S.B AND R.C=S.C AND R.A<S.F

　　　D．R.A=S.A AND R.B=S.B AND R.C=S.C AND R.A<S.B

试题（5）、（6）分析

　　本题考查关系代数运算与 SQL 查询方面的基础知识。

　　在运算 $\pi_{1,2,4,6,7}\left(\sigma_{1<6}\left(R\bowtie S\right)\right)$ 中，自然连接 $R\bowtie S$ 运算后再去掉右边重复的属性列名 S.A,S.B,S.C，结果为：R.A,R.B,R.C,R.D,R.E,S.F,S.G，表达式 $\pi_{1,2,4,6,7}\left(\sigma_{1<6}\left(R\bowtie S\right)\right)$ 的含义是从 $R\bowtie S$ 结果集中选取第 1 列小于第 6 列的元组，即选取 R.A<S.F 的元组，再进行 R.A,R.B,R.D,S.F,S.G 投影，因此，空（5）的正确答案为选项 B。

　　关系代数表达式 $R\bowtie S$ 的含义为关系 R 和 S 中相同属性列进行等值连接，故需要用"WHERE R.A=S.A AND R.B=S.B AND R.C=S.C"来限定，选取运算 $\sigma_{1<6}$ 需要用"WHERE R.A<S.F"来限定，所以空（6）的正确答案为选项 C。

参考答案

（5）B　　（6）C

试题（7）

　　在关系 $R\left(A_1,A_2,A_3\right)$ 和 $S\left(A_2,A_3,A_4\right)$ 上进行关系运算的 4 个等价的表达式 E_1、E_2、E_3 和 E_4 如下所示：

$$E_1=\pi_{A_1,A_4}\left(\sigma_{A_2<'2018'\wedge A_4='95'}\left(R\bowtie S\right)\right)$$

$$E_2=\pi_{A_1,A_4}\left(\sigma_{A_2<'2018'}\left(R\right)\bowtie\sigma_{A_4='95'}\left(S\right)\right)$$

$$E_3=\pi_{A_1,A_4}\left(\sigma_{A_2<'2018'\wedge R.A_3=S.A_3\wedge A_4='95'}\left(R\times S\right)\right)$$

$$E_4=\pi_{A_1,A_4}\left(\sigma_{R.A_3=S.A_3}\left(\sigma_{A_2<'2018'}\left(R\right)\times\sigma_{A_4='95'}\left(S\right)\right)\right)$$

　　如果严格按照表达式运算顺序执行，则查询效率最高的是表达式　（7）　。

（7）A．E_1　　　　　　B．E_2　　　　　　C．E_3　　　　　　D．E_4

试题（7）分析

本题考查关系代数表达式查询优化方面的基础知识。

表达式 E_2 的查询效率最高，因为 E_2 将选取运算 $\sigma_{A_2<'2018'}(R)$ 和 $\sigma_{A_4='95'}(S)$ 移到了叶节点，然后进行自然连接 $\bowtie$ 运算。这样满足条件的元组数比先进行笛卡儿积产生的元组数大大下降，甚至无须中间文件，就可将中间结果放在内存，最后在内存中即可形成所需结果集。

参考答案

（7）B

试题（8）

数据仓库中数据 ___（8）___ 是指数据一旦进入数据仓库后，将被长期保留并定期加载和刷新，可以进行各种查询操作，但很少对数据进行修改和删除操作。

（8）A．面向主题　　　　　B．集成性　　　　　C．相对稳定性　　　D．反映历史变化

试题（8）分析

本题考查数据仓库的基本概念。

数据仓库拥有以下四个特点：

① 面向主题：操作型数据库的数据组织面向事务处理任务，各个业务系统之间各自分离，而数据仓库中的数据是按照一定的主题域进行组织。主题是一个抽象的概念，是指用户使用数据仓库进行决策时所关心的重点方面，一个主题通常与多个操作型信息系统相关。

② 集成性：面向事务处理的操作型数据库通常与某些特定的应用相关，数据库之间相互独立，并且往往是异构的。而数据仓库中的数据是在对原有分散的数据库数据进行抽取、清理的基础上经过系统加工、汇总和整理得到的，必须消除源数据中的不一致性，以保证数据仓库内的信息是关于整个企业的一致的全局信息。

③ 相对稳定性：操作型数据库中的数据通常需要实时更新，数据根据需要及时发生变化。数据仓库的数据主要供企业决策分析之用，所涉及的数据操作主要是数据查询，一旦某个数据进入数据仓库以后，一般情况下将被长期保留，也就是数据仓库中一般有大量的查询操作，但修改和删除操作很少，通常只需要定期加载、刷新。

④ 反映历史变化：操作型数据库主要关心当前某一个时间段内的数据，而数据仓库中的数据通常包含历史信息，系统记录了企业从过去某一时点（如开始应用数据仓库的时点）到目前的各个阶段的信息，通过这些信息，可以对企业的发展历程和未来趋势做出定量分析和预测。

参考答案

（8）C

试题（9）

目前处理器市场中存在 CPU 和 DSP 两种类型处理器，分别用于不同场景，这两种处理器具有不同的体系结构，DSP 采用 ___（9）___ 。

（9）A．冯·诺伊曼结构　　　　　　　　B．哈佛结构

　　　C．FPGA 结构　　　　　　　　　　D．与 GPU 相同结构

试题（9）分析

常见计算机的体系结构都采用的是冯·诺伊曼结构，由于该结构没有区分程序存储器和数据存储器，因此导致了总线拥堵。而 DSP 需要的高度并行处理技术，在总线宽度的限制下必然会降低并行处理能力。

哈佛（HarVard）结构是专为数字信号处理设计的一种体系架构，其结构的基本特征是采用多个内部数据地址，以提高数据吞吐量。

GPU 结构一般采用的是 CPU＋FPGA 结构，其核心还是冯·诺伊曼结构。

参考答案

（9）B

试题（10）

以下关于串行总线的说法中，正确的是＿＿（10）＿＿。

（10）A．串行总线一般都是全双工总线，适宜于长距离传输数据

　　　　B．串行总线传输的波特率是总线初始化时预先定义好的，使用中不可改变

　　　　C．串行总线是按位（bit）传输数据的，其数据的正确性依赖于校验码纠正

　　　　D．串行总线的数据发送和接收是以软件查询方式工作的

试题（10）分析

串行总线是计算机外部接口中常用的一种数据传输接口，可适应于长距离数据传输使用。一般串行总线是按位（bit）传输数据的，采用校验码进行数据校验，串行总线的工作方式、传输位数、波特率等属性是通过程序可随时配置和更改的。串行总线的工作方式可分为全双工和半双工两种，数据状态一般分为满状态、空状态、就绪状态等。常用的全双工串行总线如 RS-232 等，半双工串行总线如 RS-422 等。

根据上述对串行总线特征的说明。显然，选项 A 不正确的原因是串行总线存在全双工和半双工总线两种方式；选项 B 不正确的原因是串行总线可随时调整波特率；选项 D 不正确的原因是串行总线的数据发送和接收可以使用查询和中断两种方式。

参考答案

（10）C

试题（11）

嵌入式系统设计一般要考虑低功耗，软件设计也要考虑低功耗设计，软件低功耗设计一般采用＿＿（11）＿＿。

（11）A．结构优化、编译优化和代码优化

　　　　B．软硬件协同设计、开发过程优化和环境设计优化

　　　　C．轻量级操作系统、算法优化和仿真实验

　　　　D．编译优化技术、软硬件协同设计和算法优化

试题（11）分析

随着智能制造的快速发展，智能终端已被广泛应用，设备的功耗、续航能力已成为嵌入式系统性能特征的关键之一。低功耗设计是嵌入式系统架构设计中至关重要的一个环节，SWaP（体积小、重量轻和功率低）是智能设备追求的最终目标。通常情况下，低功耗设计

一般在硬件设计上考虑得较多,而软件设计中如何考虑降低系统功耗是近几年学术界研究最多的技术问题。软件要节约能耗,在设计中通常从以下几个方面考虑:

① 智能设备的优化调度可降低设备能耗。通过对智能设备的启动与停止优化调度,可以使设备最大限度地工作在低功耗范围。

② 通过软硬件协同设计可以优化系统、降低系统功耗。硬件设计的复杂度是影响系统功耗的主要原因,在软硬件协同设计中将可以用软件实现的功能尽量用软件实现,对功耗大的设备,尽量用软件控制算法,对功耗大的设备进行优化管理,可以有效降低功耗。

③ 任务调度优化可以降低硬件对能量的消耗。计算机硬件满负荷运行必然带来能量的大量消耗,合理优化任务的调度时刻、平衡运行负荷、提高 Cache 的命中率,可以大大提升处理器运算性能,降低对能量的消耗。

④ 编译优化技术可以降低硬件对能量的消耗。编译器是完成将高级语言翻译成机器可识别的机器语言,此外,编译器在生成目标码时涵盖了对程序代码的优化工作,传统的编译技术并不考虑代码的低功耗问题,随着绿色编译器技术的发展,绿色编译优化技术已经成为降低系统功耗的主要技术之一。

⑤ 采用轻量级操作系统可以促使系统能耗降低。许多带有智能化的传感器设备已普遍采用了轻量级操作系统管理设备的运行,轻量级操作系统是一款综合优化了任务调度、电源管理和传感器管理等功能的基础软件,它可以根据事件的触发特性,自动开启、休眠和关停设备的工作,从而达到低功耗能力。

⑥ 软件设计中对算法采用优化措施可以降低系统对能量的消耗。这里的算法是指普遍性算法,软件首先是现有算法设计,然后才有程序代码,因此,基于能耗的算法优化,是软件节能的手段之一。

根据上述对软件低功耗设计的一般方法来看,显然:选项 A 不正确的原因是三种优化过于泛指,缺少明确说明;选项 B 不正确的原因是开发过程优化不能对软件低功耗设计有贡献;选项 C 不正确的原因是仿真实验不能对软件低功耗设计有贡献。

参考答案

(11) D

试题(12)

CPU 的频率有主频、倍频和外频。某处理器外频是 200MHz,倍频是 13,该款处理器的主频是 __(12)__ 。

(12) A. 2.6GHz　　　　　　　　　　　B. 1300MHz

　　　C. 15.38Mhz　　　　　　　　　　D. 200MHz

试题(12)分析

在计算机中,处理器的运算主要依赖于晶振芯片给 CPU 提供的脉冲频率,处理器的运算速度也依赖于这个晶振芯片。通常 CPU 的频率分为主频、倍频和外频。

主频是指 CPU 内部的时钟频率,是 CPU 进行运算时的工作频率。

外频是指 CPU 与周边设备传输数据的频率,具体是指 CPU 到芯片组之间的总线速度。

倍频是指 CPU 频率和系统总线频率之间相差的倍数,CPU 速度可以通过倍频来无限提升。

三者之间的计算公式：主频 = 外频×倍频。

显然，该款处理器的主频=200MHz×13 = 2600 MHz = 2.6GHz。

参考答案

（12）A

试题（13）

若信息码字为 111000110，生成多项式 G(x)=x^5+x^3+x+1，则计算出的 CRC 校验码为 ___（13）___ 。

（13）A. 01101   B. 11001   C. 001101   D. 011001

试题（13）分析

本试题考查 CRC 校验计算的相关知识。

计算过程如下：

```
                    110111111
        101011 | 11100011000000
                 101011
                 100111
                 101011
                  110010
                  101011
                   110010
                   101011
                    110010
                    101011
                     110010
                     101011
                      110010
                      101011
                       110010
                       101011
                        11001
```

参考答案

（13）B

试题（14）

在客户机上运行 nslookup 查询某服务器名称时能解析出 IP 地址，查询 IP 地址时却不能解析出服务器名称，解决这一问题的方法是 ___（14）___ 。

（14）A. 清除 DNS 缓存   B. 刷新 DNS 缓存

C. 为该服务器创建 PTR 记录   D. 重启 DNS 服务

试题（14）分析

本题考查域名解析服务器的配置的相关知识。

当给出某服务器名称时能解析出 IP 地址，查询 IP 地址时却不能解析出服务器名称时，表明域名服务器中没有为该服务器配置反向查询功能，解决办法是为该服务器创建 PTR 记录。

参考答案

（14）C

试题（15）

如果发送给 DHCP 客户端的地址已经被其他 DHCP 客户端使用，客户端会向服务器发送 __(15)__ 信息包拒绝接受已经分配的地址信息。

（15）A. DhcpAck　　　　B. DhcpOffer　　　　C. DhcpDecline　　　　D. DhcpNack

试题（15）分析

本题考查 DHCP 的工作过程。

DHCP 客户端接收到服务器的 DhcpOffer 后，需要请求地址时发送 DhcpRequest 报文，如果服务器同意则发送 DhcpAck，否则发送 DhcpNack；当客户方接收到服务器的 DhcpAck 报文后，发现提供的地址有问题时发送 DhcpDecline 拒绝该地址。

参考答案

（15）C

试题（16）、（17）

为了优化系统的性能，有时需要对系统进行调整。对于不同的系统，其调整参数也不尽相同。例如，对于数据库系统，主要包括 CPU/内存使用状况、__(16)__、进程/线程使用状态、日志文件大小等。对于应用系统，主要包括应用系统的可用性、响应时间、__(17)__、特定应用资源占用等。

（16）A. 数据丢包率　　　　　　　　B. 端口吞吐量

　　　　C. 数据处理速率　　　　　　　D. 查询语句性能

（17）A. 并发用户数　　　　　　　　B. 支持协议和标准

　　　　C. 最大连接数　　　　　　　　D. 时延抖动

试题（16）、（17）分析

本题考查系统性能方面的基础知识。

为了优化系统的性能，有时需要对系统进行调整。对于不同类型的系统，其调整参数也不尽相同。例如，对于数据库系统，主要包括 CPU/内存使用状况、SQL 查询语句性能、进程/线程使用状态、日志文件大小等。对于一般的应用系统，主要关注系统的可用性、响应时间、系统吞吐量等指标，具体包括应用系统的可用性、响应时间、并发用户数、特定应用资源占用等。

参考答案

（16）D　　（17）A

试题（18）～（21）

系统工程利用计算机作为工具，对系统的结构、元素、__(18)__ 和反馈等进行分析，以达到最优 __(19)__、最优设计、最优管理和最优控制的目的。霍尔（A.D. Hall）于 1969 年提出了系统方法的三维结构体系，通常称为霍尔三维结构，这是系统工程方法论的基础。霍尔三维结构以时间维、__(20)__ 维、知识维组成的立体结构概括性地表示出系统工程的各阶段、各步骤以及所涉及的知识范围。其中时间维是系统的工作进程，对于一个具体的工程项目，可以分为七个阶段，在 __(21)__ 阶段会做出研制方案及生产计划。

（18）A. 知识　　　　B. 需求　　　　C. 文档　　　　D. 信息

（19）A. 战略　　　　B. 规划　　　　C. 实现　　　　D. 处理

（20）A. 空间　　　　B. 结构　　　　C. 组织　　　　D. 逻辑

（21）A. 规划　　　　B. 拟定　　　　C. 研制　　　　D. 生产

试题（18）～（21）分析

本题考查霍尔三维结构方面的基础知识。

系统工程利用计算机作为工具，对系统的结构、元素、信息和反馈等进行分析，以达到最优规划、最优设计、最优管理和最优控制的目的。霍尔（A.D. Hall）于 1969 年提出了系统方法的三维结构体系，通常称为霍尔三维结构，这是系统工程方法论的基础。霍尔三维结构模式的出现，为解决大型复杂系统的规划、组织、管理问题提供了一种统一的思想方法，因而在世界各国得到了广泛应用。

霍尔三维结构是将系统工程整个活动过程分为前后紧密衔接的七个阶段和七个步骤，同时还考虑了为完成这些阶段和步骤所需要的各种专业知识和技能。这样，就形成了由时间维、逻辑维和知识维所组成的三维空间结构。其中，时间维表示系统工程活动从开始到结束按时间顺序排列的全过程，分为规划、拟定方案、研制、生产、安装、运行、更新七个时间阶段。逻辑维是指时间维的每个阶段内所要进行的工作内容和应该遵循的思维程序，包括明确问题、确定目标、系统综合、系统分析、优化、决策、实施七个逻辑步骤。知识维列举需要运用包括工程、医学、建筑、商业、法律、管理、社会科学、艺术等各种知识和技能。三维结构体系形象地描述了系统工程研究的框架，对其中任一阶段和每个步骤，又可进一步展开，形成了分层次的树状体系。可以看出，这些内容几乎覆盖了系统工程理论方法的各个方面。

参考答案

（18）D　　（19）B　　（20）D　　（21）C

试题（22）

项目时间管理中的过程包括　（22）　。

（22）A. 活动定义、活动排序、活动的资源估算和工作进度分解

　　　B. 活动定义、活动排序、活动的资源估算、活动历时估算、制订计划和进度控制

　　　C. 项目章程、项目范围管理计划、组织过程资产和批准的变更申请

　　　D. 生产项目计划、项目可交付物说明、信息系统要求说明和项目度量标准

试题（22）分析

本题考查项目时间管理的基础知识。

合理地安排项目时间是项目管理中的一项关键内容，其目的是保证按时完成项目、合理分配资源、发挥最佳工作效率。合理安排时间，保证项目按时完成。

项目时间管理中的过程包括活动定义、活动排序、活动的资源估算、活动历时估算、制订计划和进度控制。

参考答案

（22）B

试题（23）

文档是影响软件可维护性的决定因素。软件系统的文档可以分为用户文档和系统文档两

类。其中，__(23)__不属于用户文档包括的内容。

（23）A．系统设计　　　B．版本说明　　　C．安装手册　　　D．参考手册

试题（23）分析

本题考查软件系统的文档的基础知识。

软件系统的文档可以分为用户文档和系统文档两类。用户文档主要描述系统功能和使用方法；系统文档描述系统设计、实现和测试等方面的内容。

参考答案

（23）A

试题（24）

需求管理是一个对系统需求变更、了解和控制的过程。以下活动中，__(24)__不属于需求管理的主要活动。

（24）A．文档管理　　　B．需求跟踪　　　C．版本控制　　　D．变更控制

试题（24）分析

本题考查需求管理的基础知识。

需求管理指明了系统开发所要做和必须做的每一件事，指明了所有设计应该提供的功能和必然受到的制约。需求管理的主要活动有：需求获取、需求分析、需求确认、需求变更、需求跟踪等活动。

参考答案

（24）A

试题（25）

下面关于变更控制的描述中，__(25)__是不正确的。

（25）A．变更控制委员会只可以由一个小组担任

　　　B．控制需求变更与项目的其他配置管理决策有着密切的联系

　　　C．变更控制过程中可以使用相应的自动辅助工具

　　　D．变更的过程中，允许拒绝变更

试题（25）分析

本题考查变更控制的基础知识。

变更控制的目的并不是控制变更的发生，而是对变更进行管理，确保变更有序进行。对于软件开发项目来说，发生变更的环节比较多，因此变更控制显得格外重要。

项目中引起变更的因素有两个：一是来自外部的变更要求，如客户要求修改工作范围和需求等；二是开发过程中内部的变更要求，如为解决测试中发现的一些错误而修改源码甚至设计。比较而言，最难处理的是来自外部的需求变更，因为 IT 项目需求变更的概率大，引发的工作量也大（特别是到项目的后期）。

变更控制不能仅在过程中靠流程控制，有效的方法是在事前明确定义。事前控制的一种方法是在项目开始前明确定义，否则"变化"也无从谈起。另一种方法是评审，特别是对需求进行评审，这往往是项目成败的关键。需求评审的目的不仅是"确认"，更重要的是找出不正确的地方并进行修改，使其尽量接近"真实"需求。另外，需求通过正式评审后应作为

重要基线，从此之后即开始对需求变更进行控制。

参考答案

（25）A

试题（26）

软件开发过程模型中，__(26)__主要由原型开发阶段和目标软件开发阶段构成。

（26）A．原型模型　　　B．瀑布模型　　　C．螺旋模型　　　D．基于构件的模型

试题（26）分析

本题考查软件开发过程模型的基础知识。

原型模型又叫快速原型模型，其主要由原型开发阶段和目标软件开发阶段构成。它指的是在执行实际软件的开发之前，应当建立系统的一个工作原型。一个原型是系统的一个模拟执行，和实际的软件相比，通常功能有限、可靠性较低及性能不充分。通常使用几个捷径来建设原型，这些捷径可能包括使用低效率的、不精确的和虚拟的函数。一个原型通常是实际系统的一个比较粗糙的版本。

参考答案

（26）A

试题（27）、（28）

系统模块化程度较高时，更适合于采用__(27)__方法，该方法通过使用基于构件的开发方法获得快速开发。__(28)__把整个软件开发流程分成多个阶段，每一个阶段都由目标设定、风险分析、开发和有效性验证以及评审构成。

（27）A．快速应用开发　　　　　B．瀑布模型
　　　　C．螺旋模型　　　　　　　D．原型模型
（28）A．原型模型　　　　　　　B．瀑布模型
　　　　C．螺旋模型　　　　　　　D．V模型

试题（27）、（28）分析

本题考查软件开发过程模型的基础知识。

快速应用开发方法通过使用基于构件的开发方法获得快速开发，该方法更适合系统模块化程度较高时采用。

螺旋模型把整个软件开发流程分成多个阶段，每一个阶段都由目标设定、风险分析、开发和有效性验证以及评审构成。

参考答案

（27）A　（28）C

试题（29）、（30）

软件开发环境应支持多种集成机制。其中，__(29)__用以存储与系统开发有关的信息，并支持信息的交流与共享；__(30)__是实现过程集成和控制集成的基础。

（29）A．算法模型库　　　　　　B．环境信息库
　　　　C．信息模型库　　　　　　D．用户界面库

（30）A. 工作流与日志服务器　　　　B. 进程通信与数据共享服务器
　　　　C. 过程控制与消息服务器　　　　D. 同步控制与恢复服务器

试题（29）、（30）分析

本题考查软件开发环境的基础知识。

软件开发环境（Software Development Environment，SDE）是指在基本硬件和宿主软件的基础上，为支持系统软件和应用软件的工程化开发和维护而使用的一组软件。它由软件工具和环境集成机制构成，前者用以支持软件开发的相关过程、活动和任务，后者为工具集成和软件的开发、维护及管理提供统一的支持。环境信息库存储与系统开发有关的信息，并支持信息的交流与共享。过程控制与消息服务器是实现过程集成和控制集成的基础。

参考答案

（29）B　　（30）C

试题（31）

软件概要设计包括设计软件的结构、确定系统功能模块及其相互关系，主要采用__（31）__描述程序的结构。

（31）A. 程序流程图、PAD 图和伪代码
　　　　B. 模块结构图、数据流图和盒图
　　　　C. 模块结构图、层次图和 HIPO 图
　　　　D. 程序流程图、数据流图和层次图

试题（31）分析

本题考查软件设计方法的基础知识。

软件概要设计包括设计软件的结构、确定系统功能模块及其相互关系，主要采用模块结构图、层次图和 HIPO 图描述程序的结构。

参考答案

（31）C

试题（32）～（34）

软件设计包括了四个既独立又相互联系的活动：高质量的__（32）__将改善程序结构和模块划分，降低过程复杂性；__（33）__的主要目标是开发一个模块化的程序结构，并表示出模块间的控制关系；__（34）__描述了软件与用户之间的交互关系。

（32）A. 程序设计　　　　　　　　B. 数据设计
　　　　C. 算法设计　　　　　　　　D. 过程设计
（33）A. 软件结构设计　　　　　　B. 数据结构设计
　　　　C. 数据流设计　　　　　　　D. 分布式设计
（34）A. 数据架构设计　　　　　　B. 模块化设计
　　　　C. 性能设计　　　　　　　　D. 人机界面设计

试题（32）～（34）分析

本题考查软件设计方法的基础知识。

软件设计包括了四个既独立又相互联系的活动：高质量的数据设计将改善程序结构和模

块划分，降低过程复杂性；软件结构设计的主要目标是开发一个模块化的程序结构，并表示出模块间的控制关系；人机界面设计描述了软件与用户之间的交互关系。

参考答案

（32）B　　（33）A　　（34）D

试题（35）

软件重用可以分为垂直式重用和水平式重用，　(35)　是一种典型的水平式重用。

（35）A. 医学词汇表　　　　　　　　B. 标准函数库
　　　C. 电子商务标准　　　　　　　D. 网银支付接口

试题（35）分析

本题考查软件设计方法的基础知识。

软件重用是指在两次或多次不同的软件开发过程中重复使用相同或相似软件元素的过程。软件元素包括需求分析文档、设计过程、设计文档、程序代码、测试用例和领域知识等。按照重用活动是否跨越相似性较少的多个应用领域，软件重用可区别为水平式（横向）重用和垂直式（纵向）重用。水平式重用是指重用不同领域中的软件元素，例如数据结构、分类算法和人机界面构件等。标准函数库是一种典型的、原始的横向重用机制。

参考答案

（35）B

试题（36）～（38）

EJB 是企业级 Java 构件，用于开发和部署多层结构的、分布式的、面向对象的 Java 应用系统。其中，　(36)　负责完成服务端与客户端的交互；　(37)　用于数据持久化来简化数据库开发工作；　(38)　主要用来处理并发和异步访问操作。

（36）A. 会话型构件　　　　　　　B. 实体型构件
　　　C. COM 构件　　　　　　　　D. 消息驱动构件
（37）A. 会话型构件　　　　　　　B. 实体型构件
　　　C. COM 构件　　　　　　　　D. 消息驱动构件
（38）A. 会话型构件　　　　　　　B. 实体型构件
　　　C. COM 构件　　　　　　　　D. 消息驱动构件

试题（36）～（38）分析

本题考查基于构件开发的基础知识。

EJB 是 Java EE 应用程序的主要构件，EJB 用于开发和部署多层结构的、分布式的、面向对象的 Java EE 应用系统。其中，会话型构件（Session Bean）负责完成服务端与客户端的交互；实体型构件（Entity Bean）用于数据持久化来简化数据库开发工作；消息驱动构件（Message Driven Bean）主要用来处理并发和异步访问操作。

参考答案

（36）A　　（37）B　　（38）D

试题（39）

构件组装成软件系统的过程可以分为三个不同的层次：　(39)　。

（39）A．初始化、互连和集成　　　　　　B．连接、集成和演化
　　　　C．定制、集成和扩展　　　　　　　D．集成、扩展和演化

试题（39）分析

本题考查基于构件开发的基础知识。

软件系统通过构件组装分为三个不同的层次：定制（Customization）、集成（Integration）和扩展（Extension）。这三个层次对应于构件组装过程中的不同任务。

参考答案

（39）C

试题（40）

CORBA 服务端构件模型中，＿＿(40)＿＿是 CORBA 对象的真正实现，负责完成客户端请求。

（40）A．伺服对象（Servant）
　　　　B．对象适配器（Object Adapter）
　　　　C．对象请求代理（Object Request Broker）
　　　　D．适配器激活器（Adapter Activator）

试题（40）分析

本题考查 CORBA 构件模型的基础知识。

一个 POA 实例通过将收到的请求传递给一个伺服对象（Servant）来对其进行处理。伺服对象是 CORBA 对象的实现，负责完成客户端请求。

参考答案

（40）A

试题（41）

J2EE 应用系统支持五种不同类型的构件模型，包括＿＿(41)＿＿。

（41）A．Applet、JFC、JSP、Servlet、EJB
　　　　B．JNDI、IIOP、RMI、EJB、JSP/Servlet
　　　　C．JDBC、EJB、JSP、Servlet、JCA
　　　　D．Applet、Servlet、JSP、EJB、Application Client

试题（41）分析

本题考查 J2EE 构件模型的基础知识。

Java 领域中定义了五种不同类型的构件模型，包括 Applet 和 JavaBean 模型，还有 Enterprise JavaBean、Servlet 和应用程序客户端构件（Application Client）。

参考答案

（41）D

试题（42）、（43）

软件测试一般分为两个大类：动态测试和静态测试。前者通过运行程序发现错误，包括＿(42)＿等方法；后者采用人工和计算机辅助静态分析的手段对程序进行检测，包括＿(43)＿等方法。

（42）A．边界值分析、逻辑覆盖、基本路径

  B．桌面检查、逻辑覆盖、错误推测

  C．桌面检查、代码审查、代码走查

  D．错误推测、代码审查、基本路径

（43）A．边界值分析、逻辑覆盖、基本路径

  B．桌面检查、逻辑覆盖、错误推测

  C．桌面检查、代码审查、代码走查

  D．错误推测、代码审查、基本路径

试题（42）、（43）分析

  本题考查软件测试的基础知识。

  软件测试一般分为两个大类：动态测试和静态测试。动态测试是指通过运行程序发现错误，包括黑盒测试法（等价类划分、边界值分析、错误推测、因果图）、白盒测试法（逻辑覆盖、循环覆盖、基本路径法）和灰盒测试法等。静态测试是采用人工和计算机辅助静态分析的手段对程序进行检测，包括桌前检查、代码审查和代码走查。

参考答案

  （42）A　　（43）C

试题（44）

  体系结构模型的多视图表示是从不同的视角描述特定系统的体系结构。著名的 4+1 模型支持从 __（44）__ 描述系统体系结构。

  （44）A．逻辑视图、开发视图、物理视图、进程视图、统一的场景

    B．逻辑视图、开发视图、物理视图、模块视图、统一的场景

    C．逻辑视图、开发视图、构件视图、进程视图、统一的场景

    D．领域视图、开发视图、构件视图、进程视图、统一的场景

试题（44）分析

  本题考查体系结构的基础知识。

  著名的 4+1 模型包括五个主要的视图：①逻辑视图（Logical View），设计的对象模型（使用面向对象的设计方法时）；②进程视图（Process View），捕捉设计的并发和同步特征；③物理视图（Physical View），描述了软件到硬件的映射，反映了分布式特性；④开发视图（Development View），描述了在开发环境中软件的静态组织结构；⑤架构的描述，即所做的各种决定，可以围绕着这四个视图来组织，然后由一些用例（Use Cases）或场景（Scenarios）来说明，从而形成了第五个视图。

参考答案

  （44）A

试题（45）、（46）

  特定领域软件架构（Domain Specific Software Architecture，DSSA）的基本活动包括领域分析、领域设计和领域实现。其中，领域分析的主要目的是获得领域模型。领域设计的主要目标是获得 __（45）__ 。领域实现是为了 __（46）__ 。

  （45）A．特定领域软件需求　　　　　　B．特定领域软件架构

　　　　C. 特定领域软件设计模型　　　　　　D. 特定领域软件重用模型
（46）A. 评估多种软件架构
　　　　B. 验证领域模型
　　　　C. 开发和组织可重用信息，对基础软件架构进行实现
　　　　D. 特定领域软件重用模型

试题（45）、（46）分析

　　本题考查特定领域体系结构的基础知识。

　　特定领域软件架构（Domain Specific Software Architecture，DSSA）可以看作开发产品线的一个方法或理论，它的目标就是支持在一个特定领域中有多个应用的生成。DSSA 特征可概括为一个严格定义的问题域或解决域具有普遍性；使其可以用于领域中某个特定应用的开发；对整个领域的合适程度的抽象；具备该领域固定的、典型的在开发过程中的可复用元素。

　　特定领域软件架构的基本活动包括领域分析、领域设计和领域实现。其中，领域分析的主要目的是获得领域模型。领域设计的主要目标是获得特定领域软件架构。领域实现是为了开发和组织可重用信息，对基础软件架构进行实现。

参考答案

　　（45）B　　（46）C

试题（47）、（48）

　　体系结构权衡分析方法（Architecture Tradeoff Analysis Method，ATAM）包含四个主要的活动领域，分别是场景和需求收集、体系结构视图和场景实现、＿＿(47)＿＿、折中。基于场景的架构分析方法（Scenario-based Architecture Analysis Method，SAAM）的主要输入是问题描述、需求声明和＿＿(48)＿＿。

（47）A. 架构设计　　　　　　　　　　B. 问题分析与建模
　　　　C. 属性模型构造和分析　　　　　D. 质量建模
（48）A. 问题说明　　　　　　　　　　B. 问题建模
　　　　C. 体系结构描述　　　　　　　　D. 需求建模

试题（47）、（48）分析

　　本题考查体系结构评估的基础知识。

　　SAAM 和 ATAM 是两种常用的体系结构评估方法。

　　SAAM（Scenario-based Architecture Analysis Method）是卡耐基·梅隆大学软件工程研究所的 Kazman 等人于 1993 年提出的一种非功能质量属性的体系结构分析方法，是最早形成文档并得到广泛使用的软件体系结构分析方法。最初它用于比较不同的软件体系的体系结构，用来分析 SA 的可修改性，后来实践证明它也可用于其他的质量属性，如可移植性、可扩充性等，其发展成了评估一个系统的体系结构。SAAM 的主要输入是问题描述、需求声明和体系结构描述。

　　ATAM（Architecture Tradeoff Analysis Method）是在 SAAM 的基础上发展起来的，SEI 于 2000 年提出 ATAM 方法，针对性能、实用性、安全性和可修改性，在系统开发之前，对

这些质量属性进行评价和折中。SAAM 考查的是软件体系结构单独的质量属性，而 ATAM 提供从多个竞争的质量属性方面来理解软件体系结构的方法。使用 ATAM 不仅能看到体系结构对于特定质量目标的满足情况，还能认识到在多个质量目标间权衡的必要性。ATAM 包含四个主要的活动领域，分别是场景和需求收集、体系结构视图和场景实现、属性模型构造和分析、折中。

参考答案

　　（47）C　　（48）C

试题（49）、（50）

　　在仓库风格中，有两种不同的构件，其中，　(49)　说明当前状态，　(50)　在中央数据存储上执行。

　　（49）A. 注册表　　　B. 中央数据结构　　　C. 事件　　　D. 数据库
　　（50）A. 独立构件　　B. 数据结构　　　　　C. 知识源　　D. 共享数据

试题（49）、（50）分析

　　本题考查体系结构风格中仓库风格的基础知识。

　　在仓库风格中有两种不同的构件：中央数据结构说明当前状态，独立构件在中央数据存储上执行。仓库与外构件间的相互作用在系统中会有大的变化。按控制策略的选取分类，可以产生两个主要的子类。若输入流中某类事件触发进程执行的选择，则仓库是传统型数据库；另一方面，若中央数据结构的当前状态触发进程执行的选择，则仓库是黑板系统。

参考答案

　　（49）B　　（50）A

试题（51）～（53）

　　某公司欲开发一个大型多人即时战略游戏，游戏设计的目标之一是能够支持玩家自行创建战役地图，定义游戏对象的行为和对象之间的关系。针对该需求，公司应该采用　(51)　架构风格最为合适。在架构设计阶段，公司的架构师识别出两个核心质量属性场景。其中，"在并发用户数量为 10 000 人时，用户的请求需要在 1 秒内得到响应"主要与　(52)　质量属性相关；"对游戏系统进行二次开发的时间不超过 3 个月"主要与　(53)　质量属性相关。

　　（51）A. 层次系统　　B. 解释器　　　C. 黑板　　　D. 事件驱动系统
　　（52）A. 性能　　　　B. 吞吐量　　　C. 可靠性　　D. 可修改性
　　（53）A. 可测试性　　B. 可移植性　　C. 互操作性　D. 可修改性

试题（51）～（53）分析

　　本题主要考查软件架构设计策略与架构风格问题。

　　根据题干描述，该软件系统特别强调用户定义系统中对象的关系和行为这一特性，这需要在软件架构层面提供一种运行时的系统行为定义与改变的能力，根据常见架构风格的特点和适用环境，可以知道最合适的架构设计风格应该是解释器风格。

　　在架构设计阶段，公司的架构师识别出两个核心质量属性场景。其中，"在并发用户数量为 10 000 人时，用户的请求需要在 1 秒内得到响应"是系统对事件的响应时间的要求，属于性能质量属性；"对游戏系统进行二次开发的时间不超过 3 个月"描述了当系统需求进行修改时，修改的时间代价，属于可修改性质量属性的需求。

参考答案

（51）B　　（52）A　　（53）D

试题（54）～（57）

设计模式描述了一个出现在特定设计语境中的设计再现问题，并为它的解决方案提供了一个经过充分验证的通用方案，不同的设计模式关注解决不同的问题。例如，抽象工厂模式提供一个接口，可以创建一系列相关或相互依赖的对象，而无须指定它们具体的类，它是一种　（54）　模式；　（55）　模式将类的抽象部分和它的实现部分分离出来，使它们可以独立变化，它属于　（56）　模式；　（57）　模式将一个请求封装为一个对象，从而可用不同的请求对客户进行参数化，将请求排队或记录请求日志，支持可撤销的操作。

（54）A．组合型　　　　B．结构型　　　　C．行为型　　　　D．创建型

（55）A．Bridge　　　B．Proxy　　　　C．Prototype　　　D．Adapter

（56）A．组合型　　　　B．结构型　　　　C．行为型　　　　D．创建型

（57）A．Command　　B．Facade　　　C．Memento　　　D．Visitor

试题（54）～（57）分析

本题考查设计模式的基础知识。

设计模式（Design Pattern）是软件开发的最佳实践，通常被有经验的面向对象的软件开发人员所采用。设计模式是软件开发人员在软件开发过程中面临的一般问题的解决方案。这些解决方案是众多软件开发人员经过相当长的一段时间的试验和错误总结出来的。设计模式描述了一个出现在特定设计语境中的设计再现问题，并为它的解决方案提供了一个经过充分验证的通用方案，不同的设计模式关注解决不同的问题。

按照设计模式的目的进行划分，现有的设计模式可以分为创建型、结构型和行为型三种。其中创建型模式主要包括 Abstract Factory、Builder、Factory Method、Prototype、Singleton等，结构型模式主要包括 Adaptor、Bridge、Composite、Decorator、Façade、Flyweight 和 Proxy，行为型模型主要包括 Chain of Responsibility、Command、Interpreter、Iterator、Mediator、Memento、Observer、State、Strategy、Template Method、Visitor 等。

抽象工厂模式提供一个接口，可以创建一系列相关或相互依赖的对象，而无须指定它们具体的类，它是一种创建型模式；Bridge（桥接）模式将类的抽象部分和它的实现部分分离出来，使它们可以独立变化，它属于结构型模式；Command（命令）模式将一个请求封装为一个对象，从而可用不同的请求对客户进行参数化，将请求排队或记录请求日志，支持可撤销的操作。

参考答案

（54）D　　（55）A　　（56）B　　（57）A

试题（58）～（63）

某公司欲开发一个人员管理系统，在架构设计阶段，公司的架构师识别出三个核心质量属性场景。其中"管理系统遭遇断电后，能够在 15 秒内自动切换至备用系统并恢复正常运行"主要与　（58）　质量属性相关，通常可采用　（59）　架构策略实现该属性；"系统正常

运行时，人员信息查询请求应该在 2 秒内返回结果"主要与 (60) 质量属性相关，通常可采用 (61) 架构策略实现该属性；"系统需要对用户的操作情况进行记录，并对所有针对系统的恶意操作行为进行报警和记录"主要与 (62) 质量属性相关，通常可采用 (63) 架构策略实现该属性。

(58) A. 可用性　　　　B. 性能　　　　　C. 易用性　　　　D. 可修改性
(59) A. 抽象接口　　　B. 信息隐藏　　　C. 主动冗余　　　D. 影子操作
(60) A. 可测试性　　　B. 易用性　　　　C. 可用性　　　　D. 性能
(61) A. 记录/回放　　　B. 操作串行化　　C. 心跳　　　　　D. 资源调度
(62) A. 可用性　　　　B. 安全性　　　　C. 可测试性　　　D. 可修改性
(63) A. 追踪审计　　　B. Ping/Echo　　　C. 选举　　　　　D. 维护现有接口

试题（58）～（63）分析

本题考查质量属性的基础知识与应用。

架构的基本需求主要是在满足功能属性的前提下，关注软件质量属性，架构设计则是为满足架构需求（质量属性）寻找适当的"战术"（即架构策略）。

软件属性包括功能属性和质量属性，但是，软件架构（及软件架构设计师）重点关注的是质量属性。因为，在大量的可能结构中，可以使用不同的结构来实现同样的功能性，即功能性在很大程度上是独立于结构的，架构设计师面临着决策（对结构的选择），而功能性所关心的是它如何与其他质量属性进行交互，以及它如何限制其他质量属性。

常见的六个质量属性为可用性、可修改性、性能、安全性、可测试性、易用性。质量属性场景是一种面向特定的质量属性的需求，由以下六部分组成：刺激源、刺激、环境、制品、响应、响应度量。

题目中描述的人员管理系统，在架构设计阶段，公司的架构师识别出三个核心质量属性场景。其中"管理系统遭遇断电后，能够在 15 秒内自动切换至备用系统并恢复正常运行"主要与可用性质量属性相关，通常可采用 Ping/Echo、心跳、异常检测、主动冗余、被动冗余、检查点等架构策略实现该属性；"系统正常运行时，人员信息查询请求应该在 2 秒内返回结果"主要与性能质量属性相关，通常可采用提高计算效率、减少计算开销、控制资源使用、资源调度、负载均衡等架构策略实现该属性；"系统需要对用户的操作情况进行记录，并对所有针对系统的恶意操作行为进行报警和记录"主要与安全性质量属性相关，通常可采用身份验证、用户授权、数据加密、入侵检测、审计追踪等架构策略实现该属性。

参考答案

（58）A　（59）C　（60）D　（61）D　（62）B　（63）A

试题（64）、（65）

数字签名首先需要生成消息摘要，然后发送方用自己的私钥对报文摘要进行加密，接收方用发送方的公钥验证真伪。生成消息摘要的目的是 (64) ，对摘要进行加密的目的是 (65) 。

（64）A. 防止窃听　　B. 防止抵赖　　　C. 防止篡改　　　D. 防止重放
（65）A. 防止窃听　　B. 防止抵赖　　　C. 防止篡改　　　D. 防止重放

试题（64）、（65）分析

本题考查消息摘要的基础知识。

消息摘要是原报文的唯一的压缩表示，代表了原来的报文的特征，所以也叫作数字指纹。消息摘要算法主要应用在"数字签名"领域，作为对明文的摘要算法。著名的摘要算法有 RSA 公司的 MD5 算法和 SHA-1 算法及其大量的变体。

消息摘要算法存在以下特点：

① 消息摘要算法是将任意长度的输入，产生固定长度的伪随机输出的算法，例如应用 MD5 算法摘要的消息长度为 128 位，SHA-1 算法摘要的消息长度为 160 位，SHA-1 的变体可以产生 192 位和 256 位的消息摘要。

② 消息摘要算法针对不同的输入会产生不同的输出，用相同的算法对相同的消息求两次摘要，其结果是相同的。因此消息摘要算法是一种"伪随机"算法。

③ 输入不同，其摘要消息也必不相同；但相同的输入必会产生相同的输出。即使两条相似的消息的摘要也会大相径庭。

④ 消息摘要函数是无陷门的单向函数，即只能进行正向的信息摘要，而无法从摘要中恢复出任何的消息。

根据以上特点，消息摘要的目的是防止其他用户篡改原消息，而使用发送方自己的私钥对消息摘要进行加密的作用是防止发送方抵赖。

参考答案

（64）C　　（65）B

试题（66）

某软件程序员接受 X 公司（软件著作权人）委托开发一个软件，三个月后又接受 Y 公司委托开发功能类似的软件，该程序员仅将受 X 公司委托开发的软件略作修改即完成提交给 Y 公司，此种行为　(66)　。

（66）A．属于开发者的特权　　　　　B．属于正常使用著作权

　　　　C．不构成侵权　　　　　　　　D．构成侵权

试题（66）分析

本题考查知识产权。

软件著作权人享有发表权、署名权、修改权、复制权、发行权、出租权、信息网络传播权、翻译权和应当由软件著作权人享有的其他权利。题中的软件程序员虽然是该软件的开发者，但不是软件著作权人，其行为构成侵犯软件著作权人的权利。

参考答案

（66）D

试题（67）

软件著作权受法律保护的期限是　(67)　。一旦保护期满，权利将自行终止，成为社会公众可以自由使用的知识。

（67）A．10 年　　　　B．25 年　　　　C．50 年　　　　D．不确定

试题（67）分析

本题考查知识产权。

自然人的软件著作权，保护期为自然人终生及其死亡后50年，截止于自然人死亡后第50年的12月31日；软件是合作开发的，截止于最后死亡的自然人死亡后第50年的12月31日。

法人或者其他组织的软件著作权，保护期为50年，截止于软件首次发表后第50年的12月31日，但软件自开发完成之日起50年内未发表的，条例不再保护。

参考答案

（67）C

试题（68）

谭某是CZB物流公司的科技系统管理员。任职期间，谭某根据公司的业务要求开发了"报关业务系统"，并由公司使用，随后谭某向国家版权局申请了计算机软件著作权登记，并取得了计算机软件著作权登记证书。证书明确软件著作名称为"报关业务系统V1.0"，著作权人为谭某。以下说法正确的是___(68)___。

（68）A．报关业务系统V1.0的著作权属于谭某

B．报关业务系统V1.0的著作权属于CZB物流公司

C．报关业务系统V1.0的著作权属于谭某和CZB物流公司

D．谭某获取的软件著作权登记证书是不可以撤销的

试题（68）分析

本题考查知识产权。

《中华人民共和国著作权法》第十六条：公民为完成法人或者其他组织工作任务所创作的作品是职务作品，除本条第二款的规定以外，著作权由作者享有，但法人或者其他组织有权在其业务范围内优先使用。作品完成两年内，未经单位同意，作者不得许可第三人以与单位使用的相同方式使用该作品。

有下列情形之一的职务作品，作者享有署名权，著作权的其他权利由法人或者其他组织享有，法人或者其他组织可以给予作者奖励：

（一）主要是利用法人或者其他组织的物质技术条件创作，并由法人或者其他组织承担责任的工程设计图、产品设计图、地图、计算机软件等职务作品；

（二）法律、行政法规规定或者合同约定著作权由法人或者其他组织享有的职务作品。

从《中华人民共和国著作权法》第十六条可以看出：一般职务作品著作权归作者享有，只是单位有权在其业务范围内优先使用；计算机软件等职务作品，作者仅有署名权，著作权的其他权利（主要是财产权）归单位享有。

参考答案

（68）B

试题（69）

某企业准备将四个工人甲、乙、丙、丁分配在A、B、C、D四个岗位。每个工人由于技术水平不同，在不同岗位上每天完成任务所需的工时见下表。适当安排岗位，可使四个工

人以最短的总工时　(69)　全部完成每天的任务。

	A	B	C	D
甲	7	5	2	3
乙	9	4	3	7
丙	5	4	7	5
丁	4	6	5	6

(69) A. 13　　　　　B. 14　　　　　C. 15　　　　　D. 16

试题 (69) 分析

本题考查应用数学——运筹学（分配）的基础知识。

表中的数字组成一个矩阵，分配岗位实际上就是在这个矩阵中每行每列只取一数，使四数之和最小（最优解）。显然，如果同一行或同一列上各数都加（减）一个常数，那么最优解的位置不变，最优的值也加（减）这个常数。因此，可以对矩阵做如下运算，使其中的零元素多一些，其他的数都为正，以便于直观求解。

将矩阵的第 1、2、3、4 行分别减 2、3、4、4，得到：

	A	B	C	D
甲	5	3	0	1
乙	6	1	0	4
丙	1	0	3	1
丁	0	2	1	2

再将第 4 列都减 1 得到：

	A	B	C	D
甲	5	3	0	0
乙	6	1	0	3
丙	1	0	3	0
丁	0	2	1	1

这样直观求解得到分配方案：A 岗位分给丁，B 岗位分给丙，C、D 岗位分别分配给乙和甲。总工时=2+3+4+4+1=14。

参考答案

(69) B

试题 (70)

在如下线性约束条件下：$2x+3y \leqslant 30$，$x+2y \geqslant 10$，$x \geqslant y$，$x \geqslant 5$，$y \geqslant 0$，目标函数 $2x+3y$ 的极小值为　(70)　。

(70) A. 16.5　　　　　B. 17.5　　　　　C. 20　　　　　D. 25

试题 (70) 分析

本题考查应用数学——运筹学（线性规划）的基础知识。本问题属于二维线性规划问题，可以用图解法求解。

在 (x,y) 平面坐标系中，由题中给出的五个约束条件形成的可行解区是一个封闭的凸五边形。它有五个顶点：$(10,0)$，$(15,0)$，$(6,6)$，$(5,5)$ 和 $(5,2.5)$。根据线性规划的特点，在封闭的凸多边形可行解区上，线性目标函数的极值一定存在，而且一定在凸多边形的顶点处达到。在这些顶点中，$(5,2.5)$ 使目标函数 $2x+3y$ 达到极小值 17.5。

参考答案

（70）B

试题（71）～（75）

Designing the data storage architecture is an important activity in system design. There are two main types of data storage formats: files and databases. Files are electronic lists of data that have been optimized to perform a particular transaction. There are several types of files that differ in the way they are used to support an application. ___（71）___ store core information that is important to the business and, more specifically, to the application, such as order information or customer mailing information. ___（72）___ contain static values, such as a list of valid codes or the names of cities. Typically, the list is used for validation. A database is a collection of groupings of information that are related to each other in some way. There are many different types of databases that exist on the market today. ___（73）___ is given to those databases which are based on older, sometimes outdated technology that is seldom used to develop new applications. ___（74）___ are collections of records that are related to each other through pointers. In relational database, ___（75）___ can be used in ensuring that values linking the tables together through the primary and foreign keys are valid and correctly synchronized.

（71）A．Master files   B．Look-up files
　　　C．Transaction files   D．History files

（72）A．Master files   B．Look-up files
　　　C．Audit files   D．History files

（73）A．Legacy database   B．Backup database
　　　C．Multidimensional database   D．Workgroup database

（74）A．Hierarchical database   B．Workgroup database
　　　C．Linked table database   D．Network databases

（75）A．identifying relationships   B．normalization
　　　C．referential integrity   D．store procedure

参考译文

设计数据存储架构是系统设计中的一项重要活动。数据存储格式有两种主要类型：文件和数据库。文件是已经被优化用以执行特定交易的电子数据列。多种类型的文件在用于支持应用程序的方式上有所不同。主文件存储对业务很重要的核心信息，更具体地说，存储对应用程序很重要的核心信息，例如订单信息或客户邮件信息。查询文件包含静态值，例如有效代码列表或城市名称。通常，该列表用于验证。数据库是以某种方式彼此相关的信息分组的集合。目前市场上存在许多不同类型的数据库。遗产数据库是指那些基于旧的、有时过时的技术的数据库，这些技术很少用于开发新的应用程序。网络数据库是通过指针彼此相关的记录集合。在关系数据库中，参照完整性用来确保用于将表链接在一起的主键和外键值均有效且被正确同步。

参考答案

（71）A　　（72）B　　（73）A　　（74）D　　（75）C

第8章 2018下半年系统架构设计师

下午试题 I 分析与解答

试题一（共 25 分）

阅读以下关于软件系统设计的叙述，在答题纸上回答问题 1 至问题 3。

【说明】

某文化产业集团委托软件公司开发一套文化用品商城系统，业务涉及文化用品销售、定制、竞拍和点评等板块，以提升商城的信息化建设水平。该软件公司组织项目组完成了需求调研，现已进入到系统架构设计阶段。考虑到系统需求对架构设计决策的影响，项目组先列出了可能影响系统架构设计的部分需求如下：

（a）用户界面支持用户的个性化定制；

（b）系统需要支持当前主流的标准和服务，特别是通信协议和平台接口；

（c）用户操作的响应时间应不大于 3 秒，竞拍板块不大于 1 秒；

（d）系统具有故障诊断和快速恢复能力；

（e）用户密码需要加密传输；

（f）系统需要支持不低于 2GB 的数据缓存；

（g）用户操作停滞时间超过一定时限需要重新登录验证；

（h）系统支持用户选择汉语、英语或法语三种语言之一进行操作。

项目组提出了两种系统架构设计方案：瘦客户端 C/S 架构和胖客户端 C/S 架构。经过对上述需求逐条分析和讨论，最终决定采用瘦客户端 C/S 架构进行设计。

【问题1】（8分）

在系统架构设计中，决定系统架构设计的非功能性需求主要有四类：操作性需求、性能需求、安全性需求和文化需求。请简要说明四类需求的含义。

【问题2】（8分）

根据表 1-1 的分类，将题干所给出的系统需求（a）～（h）分别填入（1）～（4）。

表 1-1　需求分类

需求类别	系统需求
操作性需求	（1）
性能需求	（2）
安全性需求	（3）
文化需求	（4）

【问题 3】（9 分）

请用 100 字以内文字说明瘦客户端 C/S 架构能够满足题干中给出的哪些系统需求。

试题一分析

本题考查软件系统架构设计的相关知识。

此类题目要求考生能够理解影响软件系统架构设计的系统需求，掌握需求的类型和具体需求对于系统架构设计选择的影响。在系统后期设计和实现阶段，非功能性需求指标需要进一步细化，系统非功能性需求对于系统架构设计的影响变得越来越重要。系统架构设计决策包括基于服务器、基于客户端、瘦客户端服务器、胖客户端服务器等不同类型。主要影响架构设计的需求包括操作性需求（技术环境需求、系统集成需求、可移植性需求、维护性需求）、性能需求（速度需求、容量需求、可信需求）、安全性需求（系统价值需求、访问控制需求、加密/认证需求、病毒控制需求）、文化需求（多语言需求、个性化定制需求、规范性描述需求、法律需求）等。系统架构设计师在系统架构设计阶段，需要有针对性地对系统非功能性需求进行分析，综合确定系统的架构设计决策。

【问题 1】

本问题考查考生对影响系统架构设计决策的非功能性需求分类的理解和掌握情况。操作性需求是指系统完成任务所需的操作环境要求及如何满足系统将来可能的需求变更的要求；性能需求是针对系统性能要求的指标，如吞吐率、响应时间和容量等；安全性需求指为防止系统崩溃和保证数据安全所需要采取的保护措施的要求，为系统提供合理的预防措施；文化需求是指使用本系统的不同用户群体对系统提出的特有要求。

【问题 2】

本问题考查考生对具体系统需求类别的掌握情况。"用户界面支持用户的个性化定制"和"系统支持用户选择汉语、英语或法语三种语言之一进行操作"分别对应于个性化定制需求和多语言需求，属于文化需求类别；"系统需要支持当前主流的标准和服务，特别是通信协议和平台接口"和"系统具有故障诊断和快速恢复能力"分别对应于可移植性需求和维护性需求，属于操作性需求类别；"用户操作的响应时间应不大于 3 秒，竞拍板块不大于 1 秒"和"系统需要支持不低于 2GB 的数据缓存"分别对应于速度需求和容量需求，属于性能需求类别；"用户密码需要加密传输"和"用户操作停滞时间超过一定时限需要重新登录验证"分别对应于加密/认证需求和访问控制需求，属于安全性需求。

【问题 3】

本问题考查考生对非功能性需求影响架构设计决策的掌握情况。在非功能性需求中，"用户界面支持用户的个性化定制""系统需要支持当前主流的标准和服务，特别是通信协议和平台接口""系统具有故障诊断和快速恢复能力""系统支持用户选择汉语、英语或法语三种语言之一进行操作"等需求决定了系统设计中适合采用瘦客户端服务器架构。

参考答案

【问题 1】

（1）操作性需求：指系统完成任务所需的操作环境要求及如何满足系统将来可能的需求变更的要求。

（2）性能需求：针对系统性能要求的指标，如吞吐率、响应时间和容量等。

（3）安全性需求：指为防止系统崩溃和保证数据安全所需要采取的保护措施的要求，为系统提供合理的预防措施。

（4）文化需求：指使用本系统的不同用户群体对系统提出的特有要求。

【问题 2】

（1）（b）、（d）

（2）（c）、（f）

（3）（e）、（g）

（4）（a）、（h）

【问题 3】

瘦客户端 C/S 架构能够更好地满足系统需求中的（a）、（b）、（d）和（h）。

注意：从试题二至试题五中，任选两道题解答。

试题二（共 25 分）

阅读以下关于软件系统建模的叙述，在答题纸上回答问题 1 至问题 3。

【说明】

某公司欲建设一个房屋租赁服务系统，统一管理房主和租赁者的信息，提供快捷的租赁服务。本系统的主要功能描述如下：

1. 登记房主信息。记录房主的姓名、住址、身份证号和联系电话等信息，并写入房主信息文件。

2. 登记房屋信息。记录房屋的地址、房屋类型（如平房、带阳台的楼房、独立式住宅等）、楼层、租金及房屋状态（待租赁、已出租）等信息，并写入房屋信息文件。一名房主可以在系统中登记多套待租赁的房屋。

3. 登记租赁者信息。记录租赁者的个人信息，包括：姓名、性别、住址、身份证号和电话号码等，并写入租赁者信息文件。

4. 安排看房。已经登记在系统中的租赁者，可以从待租赁房屋列表中查询待租赁房屋信息。租赁者可以提出看房请求，系统安排租赁者看房。对于每次看房，系统会生成一条看房记录并将其写入看房记录文件中。

5. 收取手续费。房主登记完房屋后，系统会生成一份费用单，房主根据费用单交纳相应的费用。

6. 变更房屋状态。当租赁者与房主达成租房或退房协议后，房主向系统提交变更房屋状态的请求。系统将根据房主的请求，修改房屋信息文件。

【问题 1】（12 分）

若采用结构化方法对房屋租赁服务系统进行分析，得到如图 2-1 所示的顶层 DFD。使用题干中给出的词语，给出图 2-1 中外部实体 E1～E2、加工 P1～P6 以及数据存储 D1～D4 的名称。

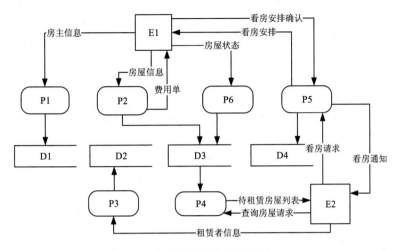

图 2-1　房屋租赁服务系统顶层 DFD

【问题 2】（5 分）

若采用信息工程（Information Engineering）方法对房屋租赁服务系统进行分析，得到如图 2-2 所示的 ERD。请给出图 2-2 中实体（1）～（5）的名称。

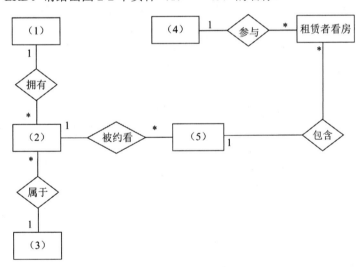

图 2-2　房屋租赁服务系统 ERD

【问题 3】（8 分）

（1）信息工程方法中的"实体（Entity）"与面向对象方法中的"类（Class）"之间有哪些不同之处？

（2）在面向对象方法中通常采用用例（Use Case）来捕获系统的功能需求。用例可以按照不同的层次来进行划分，其中的 Essential Use Cases 和 Real Use Cases 有哪些区别？

请用 100 字以内文字解释说明上述两个问题。

试题二分析

本题主要考查软件系统建模方法的基础知识及其应用，包括三种模型驱动的开发方法：结构化方法、信息工程方法以及面向对象方法。

【问题 1】

本问题考查结构化方法中结构化分析阶段的模型数据流图（DFD）。数据流图中的基本图形元素包括数据流（Data Flow）、加工（Process）、数据存储（Data Store）和外部实体（External Agent）。其中，数据流、加工和数据存储用于构建软件系统内部的数据处理模型；外部实体表示存在于系统之外的对象，用来帮助用户理解系统数据的来源和去向。

问题要求将图 2-1 中缺失的外部实体、数据存储和加工补充完整。

外部实体可以是和系统交互的人或角色，以及和系统交互的外部系统或服务。根据题目中的描述，与本系统进行交互的角色是房主和租赁者。根据 E1 和 P1 之间的数据流"房主信息"，结合题目描述可知，E1 表示的是房主，E2 表示的是租赁者。

题目的描述中已经明确给出了系统的六个功能，需要将这些功能与加工 P1～P6 进行对应，这需要借助于各个加工的输入输出数据流进行分析。根据 E1 和 P1 之间的数据流"房主信息"可知，这条数据流符合"登记房主信息"功能的描述，因此可以确定 P1 是"登记房主信息"，同时可以确定 D1 是"房主信息文件"。

E1 和 P2 之间的数据流"房屋信息""费用单"，这些都与房屋登记相关，因此 P2 是"登记房屋信息"。同时可以确定，D3 对应的是"房屋信息文件"。同理，根据数据流及题干描述，可以推断出：P3 对应"登记租赁者信息"、P4 对应"查询待租赁房屋信息"、P5 对应"安排租赁者看房"以及 P6 对应"变更房屋状态"。

【问题 2】

本问题考查信息工程方法中的模型 ER 图。ER 图中包含两个主要元素：实体和联系。实体是现实世界中可以区别于其他对象的"事件"或"物体"。本题要求补充图 2-2 中的实体。

根据题目描述和实体之间的联系可知，（1）和（2）分别对应房主和房屋，两者之间的联系为"房主拥有房屋"。同理可以推断出，（3）～（5）分别是实体"房屋类型""租赁者"和"看房安排"。

【问题 3】

本问题考查面向对象方法中的基本概念。

信息工程方法中的"实体"描述的是数据以及该数据的相关属性。面向对象方法中的"类"是数据和行为的封装体。

Essential Use Cases 和 Real Use Cases 是按照开发阶段来进行划分的。Essential Use Cases 是在面向对象分析阶段使用的，Real Use Cases 是在面向对象设计阶段使用的。

Essential Use Cases 描述的是用例的本质属性，它与如何实现这个用例无关，独立于实现该用例的软硬件技术。

Real Use Cases 描述的是用例的实现方式，表达了设计和实现该用例时所采用的方法和技术。

参考答案

【问题 1】

　　外部实体：E1：房主　　E2：租赁者

　　顶层加工：P1：登记房主信息　　　　P2：登记房屋信息　　　P3：登记租赁者信息

　　　　　　　P4：查询待租赁房屋信息　P5：安排租赁者看房　　P6：变更房屋状态

　　数据存储：D1：房主信息文件　　　　D2：租赁者信息文件

　　　　　　　D3：房屋信息文件　　　　D4：看房记录文件

【问题 2】

　　（1）房主

　　（2）房屋

　　（3）房屋类型

　　（4）租赁者

　　（5）看房安排

【问题 3】

　　（1）信息工程方法中的"实体"描述的是数据以及该数据的相关属性。面向对象方法中的"类"是数据和行为的封装体。

　　（2）Essential Use Cases 和 Real Use Cases 是按照开发阶段来进行划分的。Essential Use Cases 是在面向对象分析阶段使用的，Real Use Cases 是在面向对象设计阶段使用的。

　　Essential Use Cases 描述的是用例的本质属性，它与如何实现这个用例无关，独立于实现该用例的软硬件技术。

　　Real Use Cases 描述的是用例的实现方式，表达了设计和实现该用例时所采用的方法和技术。

试题三（共 25 分）

　　阅读以下关于嵌入式实时系统相关技术的叙述，在答题纸上回答问题 1 和问题 2。

【说明】

　　某公司长期从事宇航领域嵌入式实时系统的软件研制任务。公司为了适应未来嵌入式系统网络化、智能化和综合化的技术发展需要，决定重新考虑新产品的架构问题，经理将论证工作交给王工负责。王工经调研和分析，完成了新产品架构设计方案，提交公司高层讨论。

【问题 1】（14 分）

　　王工提交的设计方案中指出：由于公司目前研制的嵌入式实时产品属于简单型系统，其嵌入式子系统相互独立、功能单一、时序简单。而未来满足网络化、智能化和综合化的嵌入式实时系统将是一种复杂系统，其核心特征体现为实时任务的机理、状态和行为的复杂性。简单任务和复杂任务的特征区分主要表现在十个方面。请参考表 3-1 给出的实时任务特征分类，用题干中给出的（a）～（t）20 个实时任务特征描述，补充完善表 3-1 给出的空（1）～（14）。

　　（a）任务属性不会随时间变化而改变；

　　（b）任务的属性与时间相关；

　　（c）任务仅可以从非连续集中获取特征变量；

（d）任务变量域是连续的；

（e）功能原理不依赖于上下文；

（f）功能原理依赖于上下文；

（g）任务行为可以用 step-by-step 顺序分析方法来理解；

（h）许多任务在产生访问活动时相互间是并发处理的，很难用 step-by-step 方法分析；

（i）因果关系相互影响；

（j）行为特征依赖于大量的反馈机制；

（k）系统内构成、策略和描述是相似的；

（l）系统内存在许多不同的构成、策略和描述；

（m）功能关系是非线性的；

（n）功能关系是线性的；

（o）不同的子任务是相互独立的，任务内部仅存在少量的交互操作；

（p）不同的子任务有很高的交互操作，要把一个单任务的行为隔离开是困难的；

（q）域特征有非常整齐的原则和规则；

（r）许多不同的上下文依赖于规则；

（s）原理和规则在表面属性上很容易被识别；

（t）原理被覆盖、抽象，而不会在表面属性上被识别。

表 3-1 简单任务和复杂任务特征比较

特征分类	简单任务（Simple Task）	复杂任务（Complex Task）
静态/动态	(a)	(b)
连续/非连续	(1)	(2)
子系统的独立性	(3)	(4)
顺序/并行执行	(5)	(6)
单一性/混合性	(7)	(8)
工作原理	(9)	(10)
线性/非线性	(11)	(12)
上下文相关性	(13)	(14)
规律/不规律	(q)	(r)
表面属性	(s)	(t)

【问题 2】（11 分）

王工设计方案中指出：要满足未来网络化、智能化和综合化的需求，应该设计一种能够充分表达嵌入式系统行为的，且具有一定通用性的通信架构，以避免复杂任务的某些特征带来的通信复杂性。通常为了实现嵌入式系统中计算组件间的通信，在架构上需要一种简单的架构风格，用于屏蔽不同协议、不同硬件和不同结构组成所带来的复杂性。图 3-1 给出了一种"腰（Waistline）"型通信模式的架构风格。腰型架构的关键是基本消息通信（BMTS），通常，BMTS 的消息与时间属性相关，支持事件触发消息、速率约束消息和时间触发消息。

请用 400 字以内的文字说明基于 BMTS 的消息通信网络的主要特征,说明三种消息的基本含义,并举例给出两种具有时间触发消息能力的网络总线。

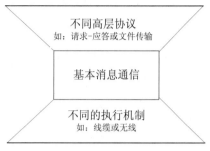

图 3-1　"腰"型通信模式架构风格

试题三分析

　　近年来,微电子技术发展带动了计算机领域技术不断更新,嵌入式系统已从单一架构向着满足网络化、智能化和综合化要求的新架构方向发展,开放、组件和智能已成为嵌入式系统的主要特征,嵌入式系统的广泛使用,使得其承载任务变得愈加繁重、结构变得愈加复杂、软件变得愈加庞大。其嵌入式实时产品已由简单型系统演变到复杂型系统,从而在嵌入式实时系统中引发出了简单任务(Simple Task)和复杂任务(Complex Task)的区分。本题主要考查考生对嵌入式系统的新型架构知识的掌握程度,通过概念区分和实例分析,进一步考查考生对新知识的掌握能力以及对问题的分析和总结能力。

　　本题要求考生根据自己已从事过或将要从事的嵌入式系统的软件架构的相关知识,认真阅读题目对技术问题的描述,经过分析、分类和概括等方法,从中分析出题干或备选答案给出的术语间的差异,正确回答问题 1 和问题 2 所涉及的各类技术要点。

【问题 1】

　　嵌入式系统是以应用为中心、以计算机技术为基础、软硬件可剪裁、适应应用系统对功能、可靠性、成本、体积、功耗严格要求的专用计算机系统。在过去嵌入式系统一般是为某个应用系统专门定制生产的,其系统特征是相互独立、功能单一、时序简单,通常称过去的嵌入式系统为简单系统。而随着当前网络化、智能化和综合化需求的推进,嵌入式系统结构发生了重大变化,其通用性、开放性、标准化和组件化已成潮流,一台嵌入式系统不再承担单一功能,而是要赋予嵌入式系统处理众多事务。因而,系统结构的复杂性增加,处理任务的机理、状态和行为复杂性增加,通常称现在的嵌入式系统为复杂系统。简单系统中运行任务为简单任务,复杂系统中运行任务为复杂任务。

　　简单任务和复杂任务的特征区分主要表现在以下十个方面:

　　(1)静态/动态特性:简单任务的时序关系是确定不变的,不会随时间偏移而变化。而随着复杂系统任务多样化发展,复杂任务将会随着时间、状态变化而变化。

　　(2)连续性/非连续性:简单任务仅仅考虑变量的随机性,而不考虑数据的继承性。而复杂任务由于受环境影响,其变量域需要考虑时间上的连续特性及数据的继承关系。

　　(3)系统间的独立性:简单任务由于功能单一,仅仅需要考虑内部任务间交联关系,具备独立性。而复杂任务间有很高的交互操作，要把一个任务的行为隔离开是非常困难的。

（4）顺序/并行性：简单任务由于功能单一、时序简单，通常情况下任务是顺序执行的，缺少并行性。而复杂任务功能、状态复杂，其属性与时间紧密相关，必然存在许多并行执行因子，并行性强。

（5）单一/混合性：简单任务由于功能单一，其内部算法、执行策略都是单一的，不会随状态变迁而改变。而由于复杂任务的多样化，其任务内会存在不同构型、策略和算法，甚至对于不同状态任务需要综合考虑影响因子后方能决策，其混合性比较强。

（6）工作原理：简单任务执行时仅仅考虑上下因果关系，无须考虑结果。而复杂任务必须考虑根据上下文反馈信息来决策处理流程。

（7）线性/非线性：简单任务执行的功能一般呈现线性关系，功能间的上下关系是线性的。而复杂任务必须考虑根据多个上下文功能的结果决策处理流程，是非线性的。

（8）上下文相关性：简单任务由于功能简单并呈现线性特征，其功能原理必然与上下文无关。而复杂任务属于非线性特征，其功能原理必然与上下文相关。

（9）规律/不规律：简单任务的特征是规则整齐，原则清晰。而复杂任务由于上下文相关，其规则与上下文存在关系，缺少规律性。

（10）表面属性：简单任务对外特征明显，比较好识别。而复杂任务由于其多样化，其外表特征被覆盖或抽象，对外表现不明显，不好识别。

考生可根据以上分析，充分理解复杂任务的特征，据此便可进行简单任务和复杂任务的特征判断。

【问题 2】

图 3-1 给出的"腰"型通信模式架构风格是安全攸关系统比较流行的一种架构风格。此架构风格通过对数据通信方式的抽象，将复杂任务的非线性、并发、动态、上下文紧密相关等特征进行分解，解决了系统不同协议、不同硬件和不同结构混合组成所带来的复杂性问题。基本消息通信（BMTS）服务是将复杂软件的通信协议与执行机制分离，用最少的服务解决计算组件间的传输消息，这样的传输具有高可靠、低延迟和微小抖动等特点。BMTS 支持事件触发消息、速率约束消息和时间触发消息等三种基本消息传输。

（1）事件触发消息（Event-triggered messages）：此类消息是在发送端有某重要事件发生时产生的偶发消息。建立消息间不存在最小时间（Minimum Time）。此类消息从发送到接收之间的延迟是不能确定的。在发送产生时，BMTS 可能要处理许多消息，要么在发送者或消息被丢失时做相应处理。

（2）速率约束消息（Rate-constrained messages）：此类消息是偶发性产生的，而不考虑发送者承诺消息不超出最大消息速率。在给定的故障假设条件内，BMTS 承诺不超过最大的传输时延（Latency）。抖动依赖于网络负载或最坏情况下的传输时延和最小传输时延的范围。

（3）时间触发消息（Time-triggered messages）：此类消息是指发送者和接收者遵循一个精确的时间片周期完成消息的发送与接收。在给定的故障假设条件内，BMTS 承诺消息将被在指定的时间片、确定的抖动条件下发送或接收。

当前，具有时间触发消息能力的网络总线包括：TTE 总线、FC 总线、AFDX 总线。

参考答案

【问题 1】

    （1）（c）

    （2）（d）

    （3）（o）

    （4）（p）

    （5）（g）

    （6）（h）

    （7）（k）

    （8）（l）

    （9）（i）

    （10）（j）

    （11）（n）

    （12）（m）

    （13）（e）

    （14）（f）

【问题 2】

    BMTS 是从一个计算组件传输消息到另外一个或多个接收组件，这样的传输具有高可靠、低延迟和微小抖动等特点。

    （1）事件触发消息（Event-triggered messages）：此类消息是在发送端有某重要事件发生时产生的偶发消息。建立消息间不存在最小时间（Minimum Time）。此类消息从发送到接收之间的延迟是不能确定的。在发送产生时，BMTS 可能要处理许多消息，要么在发送者或消息被丢失时做相应处理。

    （2）速率约束消息（Rate-constrained messages）：此类消息是偶发性产生的，而不考虑发送者承诺消息不超出最大消息速率。在给定的故障假设条件内，BMTS 承诺不超过最大的传输时延（Latency）。抖动依赖于网络负载或最坏情况下的传输时延和最小传输时延的范围。

    （3）时间触发消息（Time-triggered messages）：此类消息是指发送者和接收者遵循一个精确的时间片周期完成消息的发送与接收。在给定的故障假设条件内，BMTS 承诺消息将被在指定的时间片、确定的抖动条件下发送或接收。

    具有时间触发消息能力的网络总线包括：TTE 总线、FC 总线、AFDX 总线。

试题四（共 25 分）

    阅读以下关于分布式数据库缓存设计的叙述，在答题纸上回答问题 1 至问题 3。

【说明】

    某企业是为城市高端用户提供高品质蔬菜生鲜服务的初创企业，创业初期为快速开展业务，该企业采用轻量型的开发架构（脚本语言+关系型数据库）研制了一套业务系统。业务开展后受到用户普遍欢迎，用户数和业务数量迅速增长，原有的数据库服务器已不能满足高度并发的业务要求。为此，该企业成立了专门的研发团队来解决该问题。

张工建议重新开发整个系统，采用新的服务器和数据架构，解决当前问题的同时为日后的扩展提供支持。但是，李工认为张工的方案开发周期过长，投入过大，当前应该在改动尽量小的前提下解决该问题。李工认为访问量很大的只是部分数据，建议采用缓存工具 MemCache 来减轻数据库服务器的压力，这样开发量小，开发周期短，比较适合初创公司，同时将来也可以通过集群进行扩展。然而，刘工又认为李工的方案中存在数据可靠性和一致性问题，在宕机时容易丢失交易数据，建议采用 Redis 来解决问题。经过充分讨论，该公司最终决定采用刘工的方案。

【问题 1】（9 分）

在李工和刘工的方案中，均采用分布式数据库缓存技术来解决问题。请用 100 字以内的文字解释说明分布式数据库缓存的基本概念。

表 4-1 中对 MemCache 和 Redis 两种工具的优缺点进行了比较，请补充完善表 4-1 中的空（1）～（6）。

表 4-1　MemCache 与 Redis 能力比较

	MemCache	Redis
数据类型	简单 key/value 结构	（1）
持久性	（2）	支持
分布式存储	（3）	多种方式，主从、Sentinel、Cluster 等
多线程支持	支持	（4）
内存管理	（5）	无
事务支持	（6）	有限支持

【问题 2】（8 分）

刘工认为李工的方案存在数据可靠性和一致性的问题，请用 100 字以内的文字解释说明。

为避免数据可靠性和一致性的问题，刘工的方案采用 Redis 作为数据库缓存，请用 200 字以内的文字说明基本的 Redis 与原有关系数据库的数据同步方案。

【问题 3】（8 分）

请用 300 字以内的文字，说明 Redis 分布式存储的两种常见方案，并解释说明 Redis 集群切片的几种常见方式。

试题四分析

本题考查数据库缓存的概念，以及数据库缓存方案的设计过程。

【问题 1】

常见的信息系统经常将数据保存到关系数据库中，应用软件对关系数据库进行数据读写，响应用户需求。但随着数据量的增大、访问的集中，就会出现关系数据库的负担加重、数据库响应恶化、显示延迟等重大影响。

分布式数据库缓存指的是在高并发环境下，为了减轻数据库压力和提高系统响应时间，在数据库系统和应用系统之间增加的独立缓存系统。

目前市场上常见的数据库缓存系统是 MemCache 和 Redis。两种工具的优缺点如下表所示。

MemCache 与 Redis 能力比较

	MemCache	**Redis**
数据类型	简单 key/value 结构	丰富的数据结构
持久性	不支持	支持
分布式存储	客户端哈希分片/一致性哈希	多种方式，主从、Sentinel、Cluster 等
多线程支持	支持	不支持
内存管理	私有内存池/内存池	无
事务支持	不支持	有限支持

【问题 2】

本问题考查两种工具对数据可靠性和一致性的支持，并考查考生的方案设计能力。

MemCache 无法进行持久化，数据不能备份，只能用于缓存使用，数据全部存在于内存，一旦重启数据会全部丢失。Redis 支持数据的持久化。因此李工的方案存在数据可靠性和一致性问题，而刘工的方案解决了该问题。

在刘工的方案中，采用 Redis 作为缓存，使得一份数据同时存储在缓存和关系数据库中，因此必须给出一个数据同步的方案。在刘工的方案中，保留原有关系数据库，将 Redis 仅作为缓存，即热点数据缓存在 Redis 中，核心业务的结构化数据存储在原有关系数据库中。由于 Redis 只作为缓存，因此给出原关系数据库到 Redis 的同步方案即可。该方案的基本操作如下：

（1）读操作。读缓存 Redis，如果数据不存在，从原关系数据库中读数据，并将读取后的数据值写入到 Redis。

（2）写操作。写原关系数据库，写成功后，更新或者失效掉缓存 Redis 中的值。

【问题 3】

Redis 为单点方案，使用时必须提供分布式存储的集群拓展能力。Redis 分布式存储的常见方案有主从（Master/Slave）模式、哨兵（Sentinel）模式、集群（Cluster）模式。

Redis 集群切片的常见方式有：

（1）客户端实现分片方式，分区逻辑在客户端实现，采用一致性哈希来决定 Redis 节点。

（2）中间件实现分片方式，即在应用软件和 Redis 中间，例如 Twemproxy、Codis 等，由中间件实现服务到后台 Redis 节点的路由分派。

（3）客户端服务端协作分片方式，Redis Cluster 模式，客户端可采用一致性哈希，服务端提供错误节点的重定向服务。

参考答案

【问题 1】

分布式数据库缓存指的是在高并发环境下，为了减轻数据库压力和提高系统响应时间，在数据库系统和应用系统之间增加的独立缓存系统。

（1）丰富的/多种数据结构；

（2）不支持；

（3）客户端哈希分片/一致性哈希；

（4）不支持；

（5）私有内存池/内存池；

（6）不支持。

【问题 2】

李工采用的方案中，采用 MemCache 作为缓存系统，但 MemCache 无法进行持久化，数据不能备份，只能用于缓存使用，数据全部存在于内存，一旦重启数据会全部丢失。刘工的方案中，采用 Redis 作为数据库缓存，解决了该问题。

刘工的方案中，保留原有关系数据库，将 Redis 仅作为缓存，即热点数据缓存在 Redis 中，核心业务的结构化数据存储在原有关系数据库中。需要解决热点数据在原关系数据库和 Redis 中的数据同步问题，由于 Redis 只作为缓存，因此给出原关系数据库到 Redis 的同步方案即可。该方案的基本操作如下：

（1）读操作。读缓存 Redis，如果数据不存在，从原关系数据库中读数据，并将读取后的数据值写入到 Redis。

（2）写操作。写原关系数据库，写成功后，更新或者失效掉缓存 Redis 中的值。

【问题 3】

Redis 分布式存储的常见方案有：

（1）主从（Master/Slave）模式；

（2）哨兵（Sentinel）模式；

（3）集群（Cluster）模式。

Redis 集群切片的常见方式有：

（1）客户端实现分片。分区逻辑在客户端实现，采用一致性哈希来决定 Redis 节点。

（2）中间件实现分片。在应用软件和 Redis 中间，例如 Twemproxy、Codis 等，由中间件实现服务到后台 Redis 节点的路由分派。

（3）客户端服务端协作分片。Redis Cluster 模式，客户端可采用一致性哈希，服务端提供错误节点的重定向服务。

试题五（共 25 分）

阅读以下关于 Web 系统设计的叙述，在答题纸上回答问题 1 至问题 3。

【说明】

某银行拟将以分行为主体的银行信息系统，全面整合为由总行统一管理维护的银行信息系统，实现统一的用户账户管理、转账汇款、自助缴费、理财投资、贷款管理、网上支付、财务报表分析等业务功能。但是，由于原有以分行为主体的银行信息系统中，多个业务系统采用异构平台、数据库和中间件，使用的报文交换标准和通信协议也不尽相同，使用传统的 EAI 解决方案根本无法实现新的业务模式下异构系统间灵活的交互和集成。因此，为了以最小的系统改进整合现有的基于不同技术实现的银行业务系统，该银行拟采用基于 ESB 的面向服务架构（SOA）集成方案实现业务整合。

【问题 1】（7 分）

请分别用 200 字以内的文字说明什么是面向服务架构（SOA）以及 ESB 在 SOA 中的作

用与特点。

【问题 2】（12 分）

基于该信息系统整合的实际需求，项目组完成了基于 SOA 的银行信息系统架构设计方案。该系统架构图如图 5-1 所示。请从（a）～（j）中选择相应内容填入图 5-1 的（1）～（6），补充完善架构设计图。

（a）数据层

（b）界面层

（c）业务层

（d）bind

（e）企业服务总线 ESB

（f）XML

（g）安全验证和质量管理

（h）publish

（i）UDDI

（j）组件层

（k）BPEL

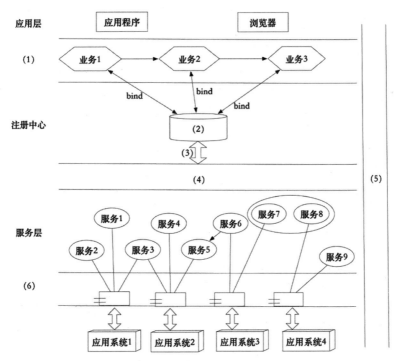

图 5-1　基于 SOA 的银行信息系统架构设计

【问题 3】（6 分）

针对银行信息系统的数据交互安全性需求，列举三种可实现信息系统安全保障的措施。

试题五分析

本题考查 Web 系统架构设计的相关知识及如何在实际问题中综合应用。

此类题目要求考生认真阅读题目对现实系统需求的描述，结合 Web 系统设计相关知识、实现技术等完成 Web 系统分析设计。

【问题 1】

本问题考查考生对于 Web 应用系统常用体系架构的掌握程度。SOA 和 ESB 是 Web 应用系统架构的基础。其中，面向服务的体系架构（SOA）是一种粗粒度、松耦合服务架构，服务之间通过简单、精确定义接口进行通信。它可以根据需求通过网络对松散耦合的粗粒度应用组件进行分布式部署、组合和使用。SOA 能帮助企业系统架构设计者以更迅速、更可靠、更高重用性设计整个业务系统架构，基于 SOA 的系统能够更加从容地面对业务的急剧变化。

企业服务总线（ESB）是由中间件技术实现的全面支持面向服务架构的基础软件平台，支持异构环境中的服务以及基于消息和事件驱动模式的交互，并且具有适当的服务质量和可管理性。

【问题 2】

通过阅读题目中银行信息系统的实际需求可知，在信息整合的过程中，银行使用企业服务平台构建全行应用系统的整合平台。在纵向上，连接总分行各个系统；在横向上，连接各业务应用系统和业务系统等。企业服务平台采用分级部署的方式，包括两个部分：一部分是部署在总行系统间的企业服务平台；另一部分是部署在分行系统间的企业服务平台。这两个企业服务平台之间互联互通，形成企业应用集成的总体框架。

银行信息系统的 SOA 架构模型中，通过 ESB 进行连接整合，能很好地支撑各业务流程。在操作客户关系管理中，客户信息分散在各个业务子系统中，是不能共享的，通过基于 ESB 的体系架构整合后，可以实现全方位的客户管理。客户经理可以通过整合后的客户关系管理系统一次性地查阅目标客户的基本信息、产品账户信息、地址联系信息、事件信息、资源信息、关系信息、风险信息、统计分析信息等，这就真正实现了以客户为中心的转变过程，摆脱了从前以账户为中心的局部模式。

因此，基于对系统需求的分析和面向服务的体系结构的知识，考生可从选项中选择相应选项，完成系统架构设计，包括系统分层设计、各层构件、连接件设计等。

基于 SOA 的银行信息系统完整架构设计图如图 5-2 所示。

【问题 3】

SOA 环境中，需要解决的安全问题包括：

（1）机密性：机密性又称为保密性，是指非法非授权用户访问数据，导致数据机密泄漏。在传输层和消息层对机密性的需求是不同的，可以依靠数据加密来保证数据机密性。

（2）完整性：是指数据的正确性、一致性和相容性。保证数据的完整性可以通过数字签名来实现。

（3）可审计性：审计是一种事后监视的措施，跟踪系统的访问活动，发现非法访问，达到安全防范的目的。不同的系统可能需要不同的审计等级。

（4）认证管理：实际指的是服务请求者和服务提供者两者在服务调用的时候互相认证对方

的身份，防止非授权非法实体来获取服务，是系统安全的第一道安全屏障。

（5）授权管理：授权管理的目的是阻止 Web 服务的未授权使用。

（6）身份管理：在 SOA 架构中，身份管理和传统系统中的身份管理比较相像。服务请求者和服务提供者两者的身份对两者来说是至关重要的，否则就会存在非法用户在服务请求者和服务提供者之间进行消息传递，太容易导致数据的泄密和篡改。

综上，为了保障系统的安全性，可采用 XML 加密模块、WS-Security、防火墙系统、安全检测、网络扫描等安全性策略。

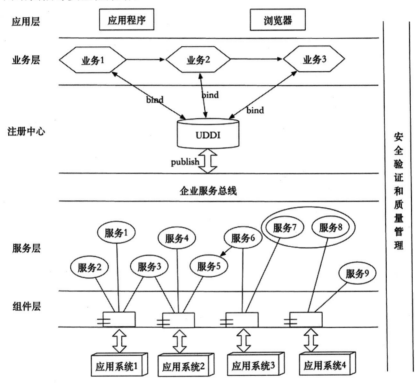

图 5-2 基于 SOA 的银行信息系统完整架构设计

参考答案

【问题 1】

面向服务的体系架构（SOA）是一种粗粒度、松耦合服务架构，服务之间通过简单、精确定义接口进行通信。它可以根据需求通过网络对松散耦合的粗粒度应用组件进行分布式部署、组合和使用。SOA 能帮助企业系统架构设计者以更迅速、更可靠、更高重用性设计整个业务系统架构，基于 SOA 的系统能够更加从容地面对业务的急剧变化。

企业服务总线（ESB）是由中间件技术实现的全面支持面向服务架构的基础软件平台，支持异构环境中的服务以及基于消息和事件驱动模式的交互，并且具有适当的服务质量和可管理性。

【问题 2】

（1）（c）

（2）（i）

（3）（h）

（4）（e）

（5）（g）

（6）（j）

【问题 3】

XML 加密模块、WS-Security、防火墙系统、安全检测、网络扫描。

第9章 2018下半年系统架构设计师 下午试题Ⅱ写作要点

> 从下列的 4 道试题（试题一至试题四）中任选一道解答。请在答题纸上的指定位置处将所选择试题的题号框涂黑。若多涂或者未涂题号框，则对题号最小的一道试题进行评分。

试题一 论软件开发过程 RUP 及其应用

RUP（Rational Unified Process）是 IBM 公司的一款软件开发过程产品，它提出了一整套以 UML 为基础的开发准则，用以指导软件开发人员以 UML 为基础进行软件开发。RUP 汲取了各种面向对象分析与设计方法的精华，提供了一个普遍的软件过程框架，可以适应不同的软件系统、应用领域、组织类型和项目规模。

请围绕"论软件开发过程 RUP 及其应用"论题，依次从以下三个方面进行论述。

1. 概要叙述你参与管理和开发的软件项目以及你在其中所担任的主要工作。

2. 详细论述软件开发过程产品 RUP 所包含的四个阶段以及 RUP 的基本特征。

3. 结合你所参与管理和开发的软件项目，详细阐述 RUP 在该项目中的具体实施内容，包括核心工作流的选择、制品的确定、各个阶段之间的演进及迭代计划以及工作流内部结构的规划等。

试题一写作要点

一、简单介绍所参与的软件开发项目的背景及主要内容，说明在其中所担任的主要工作。

二、RUP 的四个阶段：初始阶段，定义最终产品视图和业务模型，并确定系统范围；细化阶段，设计及确定系统的体系结构，制订工作计划及资源要求；构造阶段，构造产品并继续演进需求、体系结构、计划直至产品提交；移交阶段，把产品提交给用户使用。

RUP 的基本特征：受控的迭代式增量开发、用例驱动、以软件体系结构为中心。

1. 受控的迭代式增量开发

（1）将软件开发分为一系列小的迭代过程，在每个迭代过程中逐步增加信息、进行细化；

（2）根据具体情况决定迭代的次数、每次迭代的持续时间以及迭代工作流；

（3）每次迭代都选择目前对风险影响最大的用例进行，以分解和降低风险。

2. 用例驱动

（1）采用用例来捕获对目标系统的功能需求；

（2）采用用例来驱动软件的整个开发过程，保证需求的可追踪性，确保系统所有功能均被实现；

（3）将用户关心的软件系统的业务功能模型和开发人员关心的目标软件系统的功能实体模型结合起来，提供一种贯穿整个软件生存周期的开发方法，使得软件开发的各个阶段的工作自然、一致地协调起来。

3. 以软件体系结构为中心

（1）强调在开发过程的早期，识别出与软件体系结构密切相关的用例，并通过对这些用例的分析、设计、实现和测试，形成体系结构框架；

（2）在后续阶段中对已经形成的体系结构框架进行不断细化，最终实现整个系统；

（3）在开发过程的早期形成良好的软件体系结构，有利于对系统的理解、支持重用和有效地组织软件开发。

三、结合具体项目，从以下五个方面说明 RUP 的具体实施内容。

1. 确定本项目的软件开发过程需要哪些工作流。RUP 的九个核心工作流并不总是需要的，可以根据项目的规模、类型等对核心工作流做一些取舍。

2. 确定每个工作流要产出哪些制品。

3. 确定四个阶段之间如何演进。确定阶段间演进要以风险控制为原则，决定每个阶段要执行哪些工作流，每个工作流执行到什么程度，产出的制品有哪些，每个制品完成到什么程度等。

4. 确定每个阶段内的迭代计划。规划 RUP 的四个阶段中每次迭代开发的内容有哪些。

5. 规划工作流内部结构。工作流不是活动的简单堆积，工作流涉及角色、活动和制品，工作流的复杂程度与项目规模及角色多少等有很大关系。工作流的内部结构通常用活动图的形式给出。

试题二　论软件体系结构的演化

软件体系结构的演化是在构件开发过程中或软件开发完毕投入运行后，由于用户需求发生变化，就必须相应地修改原有软件体系结构，以满足新的变化的软件需求的过程。体系结构的演化是一个复杂的、难以管理的问题。

请围绕"论软件体系结构的演化"论题，依次从以下三个方面进行论述。

1. 概要叙述你参与管理和开发的软件项目以及你在其中所承担的主要工作。

2. 软件体系结构的演化是使用系统演化步骤去修改系统，以满足新的需求。简要论述系统演化的六个步骤。

3. 具体阐述你参与管理和开发的项目是如何基于系统演化的六个步骤完成软件体系结构演化的。

试题二写作要点

一、简要叙述所参与管理和开发的软件项目，需要明确指出在其中承担的主要任务和开展的主要工作。

二、软件体系结构的演化过程一般可分为以下六个步骤。

1. 需求变化归类

首先必须对用户需求的变化进行归类，使变化的需求与已有构件对应。对找不到对应构件的变动，也要做好标记，在后续工作中，将创建新的构件，以应对这部分变化的需求。

2. 制订体系结构演化计划

在改变原有结构之前，开发组织必须制订一个周密的体系结构演化计划，作为后续演化开发工作的指南。

3. 修改、增加或删除构件

在演化计划的基础上，开发人员可根据在第一步得到的需求变动的归类情况，决定是否修改或删除存在的构件、增加新构件。最后，对修改和增加的构件进行功能性测试。

4. 更新构件的互相作用

随着构件的增加、删除和修改，构件之间的控制流必须得到更新。

5. 构件组装与测试

通过组装支持工具把这些构件的实现体组装起来，完成整个软件系统的连接与合成，形成新的体系结构。然后对组装后的系统整体功能和性能进行测试。

6. 技术评审

对以上步骤进行确认，进行技术评审。评审组装后的体系结构是否反映需求变动，符合用户需求。如果不符合，则需要在第二步到第六步之间进行迭代。

原来系统上所作的所有修改必须集成到原来的体系结构中，完成一次演化过程。

三、论文中需要结合项目实际工作，详细论述在项目中是如何基于上述系统演化六个步骤实现体系结构的演化的。

试题三　论面向服务架构设计及其应用

面向服务架构（Service-Oriented Architecture，SOA）是一种应用框架，将日常的业务应用划分为单独的业务功能服务和流程，通过采用良好定义的接口和标准协议将这些服务关联起来。通过实施基于 SOA 的系统架构，用户可以构建、部署和整合服务，无需依赖应用程序及其运行平台，从而提高业务流程的灵活性，帮助企业加快发展速度，降低企业开发成本，改善企业业务流程的组织和资产重用。

请围绕"论面向服务架构设计及其应用"论题，依次从以下三个方面进行论述。

1. 概要叙述你参与分析和开发的软件系统开发项目以及你所担任的主要工作。

2. 说明面向服务架构的主要技术和标准，详细阐述每种技术和标准的具体内容。

3. 详细说明你所参与的软件系统开发项目中，构建 SOA 架构时遇到了哪些问题，具体实施效果如何。

试题三写作要点

一、简要描述所参与分析和开发的软件系统开发项目，并明确指出在其中承担的主要任务和开展的主要工作。

二、说明面向服务架构的主要技术和标准，详细阐述每种技术和标准的具体内容。

面向服务架构的主要技术和标准包括：

（1）UDDI（统一描述、发现和集成协议）。

UDDI 实现了商业实体的发布、查找和发现机制，它定义了商业实体之间在网络上互相作用和共享信息。通过构建 UDDI 模块，使得商业实体能够快速、方便地使用它们自身的企业应用软件来发现合适的商业对等实体，并与其实施电子化的商业贸易。UDDI 中包含了服务描述与发现的标准规范。

（2）WSDL（Web 服务描述语言）。

WSDL 是一个用来描述 Web 服务和说明如何与 Web 服务通信的 XML 语言。它是 Web 服务的接口定义语言，通过 WSDL 可以描述 Web 服务的三个基本属性，包括服务所提供的操作和服务交互的数据格式及协议、协议地址等信息。WSDL 以端口集合的形式来描述服务，包含了对一组操作和消息的抽象定义，绑定到这些操作和消息的一个具体协议，和这个绑定的一个网络端点规范。WSDL 分为服务接口描述和服务实现描述两种类型。

（3）SOAP（简单对象访问协议）。

SOAP 是在分散或者分布式环境中基于 XML 的信息交换协议。SOAP 中包含了四个主要部分：SOAP 封装定义了一个描述消息中的内容是什么，是谁发送的，谁应当接收并处理它以及如何处理它们的框架；SOAP 编码规则用于表示应用程序需要使用的数据类型的实例；SOAP RPC 表示约定了远程过程调用和应答的协议；SOAP 绑定使用底层协议交换信息。

（4）BPEL（业务流程执行语言）。

BPEL 是面向 Web 服务的服务定义和执行过程描述的语言，用户可以通过组合、编排和协调 Web 服务自上而下地实现面向服务的体系结构。BPEL 提供了一种相对简单易懂的方法，可以将多个 Web 服务按照业务流程组合到一个新的组合服务中，新的组合服务可以以一个新的 Web 服务方式被访问或者被组合成更大的服务。

三、针对考生实际参与的软件系统开发项目，说明构建 SOA 架构时遇到了哪些问题，并描述实施 SOA 后的实际应用效果。

主要问题可以分为三类：

（1）SOA 系统如何与原有系统中的功能进行集成；

（2）SOA 系统服务的设计以及服务粒度的控制；

（3）无状态服务的设计以及服务流程的组织。

试题四　论 NoSQL 数据库技术及其应用

随着互联网 Web 2.0 网站的兴起，传统关系数据库在应对 Web 2.0 网站，特别是超大规模和高并发的 Web 2.0 纯动态 SNS 网站上已经显得力不从心，暴露了很多难以克服的问题，而非关系型的数据库则由于其本身的特点得到了非常迅速的发展。

NoSQL（Not only SQL）的产生就是为了解决大规模数据集合及多种数据类型带来的挑战，尤其是大数据应用难题。目前 NoSQL 数据库并没有一个统一的架构，根据其所采用的数据模型可以分为四类：键值（Key-Value）存储数据库、列存储数据库、文档型数据库和图（Graph）数据库。

请围绕"论 NoSQL 数据库技术及其应用"论题，依次从以下三个方面进行论述。

1. 概要叙述你参与管理和开发的软件项目以及你在其中所担任的主要工作。

2. 详细论述常见的 NoSQL 数据库技术及其所包含的主要内容，并说明 NoSQL 数据库的主要适用场景。

3. 结合你具体参与管理和开发的实际项目，说明具体采用哪种 NoSQL 数据库技术，并说明架构设计过程及其应用效果。

试题四写作要点

一、简要叙述所参与管理和开发的软件项目，并明确指出在其中承担的主要任务和开展的主要工作。

二、目前常见的 NoSQL 数据库主要分为四类。

1. 键值（Key-Value）存储数据库：该数据库主要会使用到一个哈希表，这个表中有一个特定的键和一个指针指向特定的数据。Key/Value 模型对于 IT 系统来说的优势在于简单、易部署。但是如果 DBA 只对部分值进行查询或更新的时候，Key/Value 就显得效率低下了。常见的键值存储数据库有：Tokyo Cabinet/Tyrant、Redis、Voldemort、Oracle BDB。

2. 列存储数据库：该数据库通常是用来应对分布式存储的海量数据。键仍然存在，但是它们的特点是指向了多个列，这些列是由列家族来安排的。常见的列存储数据库有：Cassandra、Hbase、Riak。

3. 文档型数据库：该数据模型是版本化的文档，半结构化的文档以特定的格式存储，例如 JSON。文档型数据库可以看作是键值数据库的升级版，允许之间嵌套键值。而且文档型数据库比键值数据库的查询效率更高。常见的文档型数据库有：CouchDB、MongoDb、SequoiaDB。

4. 图（Graph）数据库：该数据库使用图模型，并且能够扩展到多个服务器上。NoSQL 数据库没有标准的查询语言（SQL），因此进行数据库查询需要指定数据模型。许多 NoSQL 数据库都有 REST 式的数据接口或者查询 API。常见的图数据库有：Neo4J、InfoGrid、Infinite Graph。

NoSQL 数据库在以下几种情况下比较适用：

1. 数据模型比较简单；

2. 需要灵活性更强的 IT 系统；

3. 对数据库性能要求较高；

4. 不需要高度的数据一致性；

5. 对于给定 key，比较容易映射复杂值的环境。

三、考生需结合自身参与项目的实际状况，指出其参与管理和开发的项目中所进行的具体的 NoSQL 数据库设计，说明具体的架构设计过程、使用的方法和工具，并对实际应用效果进行分析。

第10章 2019下半年系统架构设计师

上午试题分析与解答

试题（1）

前趋图（Precedence Graph）是一个有向无环图，记为：→={(P$_i$, P$_j$)|P$_i$ must complete before P$_j$ may start}。假设系统中进程 P={P$_1$，P$_2$，P$_3$，P$_4$，P$_5$，P$_6$，P$_7$，P$_8$}，且进程的前趋图如下：

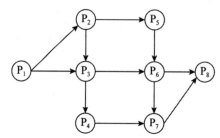

那么，该前驱图可记为 __(1)__ 。

（1）A. →={(P$_1$, P$_2$), (P$_1$, P$_3$), (P$_1$, P$_4$), (P$_2$, P$_5$), (P$_3$, P$_5$), (P$_4$, P$_7$), (P$_5$, P$_6$), (P$_6$, P$_7$), (P$_6$, P$_8$), (P$_7$, P$_8$)}

    B. →={(P$_1$, P$_2$), (P$_3$, P$_1$), (P$_4$, P$_1$), (P$_5$, P$_2$), (P$_5$, P$_3$), (P$_6$, P$_4$), (P$_7$, P$_5$), (P$_7$, P$_6$), (P$_6$, P$_8$), (P$_8$, P$_7$)}

    C. →={(P$_1$, P$_2$), (P$_1$, P$_3$), (P$_1$, P$_4$), (P$_2$, P$_5$), (P$_3$, P$_6$), (P$_4$, P$_7$), (P$_5$, P$_6$), (P$_6$, P$_7$), (P$_6$, P$_8$), (P$_7$, P$_8$)}

    D. →={(P$_1$, P$_2$), (P$_1$, P$_3$), (P$_2$, P$_3$), (P$_2$, P$_5$), (P$_3$, P$_6$), (P$_3$, P$_4$), (P$_4$, P$_7$), (P$_5$, P$_6$), (P$_6$, P$_7$), (P$_6$, P$_8$), (P$_7$, P$_8$)}

试题（1）分析

本题考查操作系统的基本概念。

前趋图（Precedence Graph）是一个有向无循环图，记为 DAG（Directed Acyclic Graph），用于描述进程之间执行的前后关系。图中的每个结点可用于描述一个程序段或进程，乃至一条语句；结点间的有向边则用于表示两个结点之间存在的偏序（Partial Order，亦称偏序关系）或前趋关系（Precedence Relation）"→"。

对于题中所示的前趋图，存在前趋关系：P$_1$→P$_2$，P$_1$→P$_3$，P$_2$→P$_3$，P$_2$→P$_5$，P$_3$→P$_4$，P$_3$→P$_6$，P$_4$→P$_7$，P$_5$→P$_6$，P$_6$→P$_7$，P$_6$→P$_8$，P$_7$→P$_8$

可记为：P={P$_1$，P$_2$，P$_3$，P$_4$，P$_5$，P$_6$，P$_7$，P$_8$}

→={(P$_1$, P$_2$), (P$_1$, P$_3$), (P$_2$, P$_3$), (P$_2$, P$_5$), (P$_3$, P$_6$), (P$_3$, P$_4$), (P$_4$, P$_7$), (P$_5$, P$_6$), (P$_6$, P$_7$), (P$_6$, P$_8$), (P$_7$, P$_8$)}

在前趋图中，把没有前趋的结点称为初始结点（Initial Node），把没有后继的结点称为终止结点（Final Node）。

参考答案

（1）D

试题（2）、（3）

进程 P 有 8 个页面，页号分别为 0～7，页面大小为 4K，假设系统给进程 P 分配了 4 个存储块，进程 P 的页面变换表如下所示。表中状态位等于 1 和 0 分别表示页面在内存和不在内存。若进程 P 要访问的逻辑地址为十六进制 5148H，则该地址经过变换后，其物理地址应为十六进制 ___（2）___；如果进程 P 要访问的页面 6 不在内存，那么应该淘汰页号为 ___（3）___ 的页面。

页号	页帧号	状态位	访问位	修改位
0	—	0	0	0
1	7	1	1	0
2	5	1	0	1
3	—	0	0	0
4	—	0	0	0
5	3	1	1	1
6	—	0	0	0
7	9	1	1	0

（2）A. 3148H　　　　B. 5148H　　　　C. 7148H　　　　D. 9148H

（3）A. 1　　　　B. 2　　　　C. 5　　　　D. 9

试题（2）、（3）分析

本题考查操作系统存储管理的基础知识。

根据题意，页面大小为 4K，逻辑地址为十六进制 5148H，其页号为 5，页内地址为 148H，查页表后可知页帧号（物理块号）为 3，该地址经过变换后，其物理地址应为页帧号 3 拼上页内地址 148H，即十六进制 3148H。

根据题意，页面变换表中状态位等于 1 和 0 分别表示页面在内存和不在内存，所以 1、2、5 和 7 号页面在内存。当访问的页面 4 不在内存时，系统应该首先淘汰未被访问的页面，因为根据程序的局部性原理，最近未被访问的页面下次被访问的概率更小；如果页面最近都被访问过，应该先淘汰未修改过的页面，因为未修改过的页面内存与辅存一致，故淘汰时无须写回辅存，使系统页面置换代价更小。

综上分析，1、5 和 7 号页面都是最近被访问过的，但 2 号页面最近未被访问过，故应该淘汰 2 号页面。

参考答案

（2）A　　（3）B

试题（4）

在网络操作系统环境中，若用户 User A 的文件或文件夹被共享后，则 (4) 。

（4）A．User A 的安全性与未共享时相比将会有所提高

     B．User A 的安全性与未共享时相比将会有所下降

     C．User A 的可靠性与未共享时相比将会有所提高

     D．User A 的方便性与未共享时相比将会有所下降

试题（4）分析

本题考查操作系统方面的基础知识。

在网络操作系统环境中，若 User A 的文件或文件夹被共享后，则其安全性与未共享时相比将会有所下降，这是因为访问 User A 的计算机或网络的人可能会读取、复制或更改共享文件夹中的文件。

参考答案

（4）B

试题（5）

数据库的安全机制中，通过提供 (5) 供第三方开发人员调用进行数据更新，从而保证数据库的关系模式不被第三方所获取。

（5）A．索引   B．视图   C．存储过程   D．触发器

试题（5）分析

本题考查数据库安全性的基础知识。

存储过程是数据库所提供的一种数据库对象，通过存储过程定义一段代码，提供给应用程序调用来执行。从安全性的角度考虑，更新数据时，通过提供存储过程让第三方调用，将需要更新的数据传入存储过程，而在存储过程内部用代码分别对需要的多个表进行更新，从而避免了向第三方提供系统的表结构，保证了系统的数据安全。

参考答案

（5）C

试题（6）、（7）

给出关系 $R(U,F)$，$U = \{A, B, C, D, E\}$，$F = \{A \rightarrow BC, B \rightarrow D, D \rightarrow E\}$。以下关于 F 说法正确的是 (6) 。若将关系 R 分解为 $\rho = \{R_1(U_1, F_1), R_2(U_2, F_2)\}$，其中：$U_1 = \{A, B, C\}$、$U_2 = \{B, D, E\}$，则分解 ρ (7) 。

（6）A．F 蕴涵 $A \rightarrow B$、$A \rightarrow C$，但 F 不存在传递依赖

     B．F 蕴涵 $E \rightarrow A$、$A \rightarrow C$，故 F 存在传递依赖

     C．F 蕴涵 $A \rightarrow D$、$E \rightarrow A$、$A \rightarrow C$，但 F 不存在传递依赖

     D．F 蕴涵 $A \rightarrow D$、$A \rightarrow E$、$B \rightarrow E$，故 F 存在传递依赖

（7）A．无损连接并保持函数依赖   B．无损连接但不保持函数依赖

     C．有损连接并保持函数依赖   D．有损连接但不保持函数依赖

试题（6）、（7）分析

本题考查关系数据库理论方面的基础知识。

根据已知条件 " $F=\{A \to BC,B \to D,D \to E\}$ " 和 Armstrong 公理系统的引理 " $X \to A_1A_2,\cdots,A_k$ 成立的充分必要条件是 $X \to A_i$ 成立（ i=1,2,3,$\cdots$,k）"，可以由 " $A \to BC$ " 得出 " $A \to B$ ， $A \to C$ "。又根据 Armstrong 公理系统的传递律规则 "若 $X \to Y$ ， $Y \to Z$ 为 F 所蕴涵，则 $X \to Z$ 为 F 所蕴涵" 可知，函数依赖 " $A \to D$ 、 $A \to E$ 、 $B \to E$ " 为 F 所蕴涵。

根据无损连接定理 "关系模式 $R(U,F)$ 的一个分解 $\rho=\{R_1(U_1,F_1),R_2(U_2,F_2)\}$ ，具有无损连接的充要条件是： $U_1 \cap U_2 \to U_1-U_2 \in F^+$ 或 $U_1 \cap U_2 \to U_2-U_1 \in F^+$ "。

$\because ABC \cap ADE = A \to ABC-ADE = BCDE$

$A \to BCDE$ （可由 Armstrong 公理系统的分解律、传递律和合并律推出）

$\therefore$ 分解 ρ 是无损连接的

又 $\because F^+ = (F_1 \cup F_2)^+$

$\therefore$ 根据保持函数依赖定义则称分解 ρ 是保持函数依赖的

参考答案

（6）D　　（7）A

试题（8）

分布式数据库系统除了包含集中式数据库系统的模式结构之外，还增加了几个模式级别，其中 __(8)__ 定义分布式数据库中数据的整体逻辑结构，使得数据使用方便，如同没有分布一样。

（8）A．分片模式　　　　B．全局外模式　　　　C．分布模式　　　　D．全局概念模式

试题（8）分析

本题考查分布式数据库的基本概念。

分布式数据库在各结点上独立，在全局上统一。因此需要定义全局的逻辑结构，称之为全局概念模式，全局外模式是全局概念模式的子集，分片模式和分布模式分别描述数据在逻辑上的分片方式和在物理上各结点的分布形式。

参考答案

（8）D

试题（9）、（10）

安全攸关系统在软件需求分析阶段，应提出安全性需求。软件安全性需求是指通过约束软件的行为，使其不会出现 __(9)__ 。软件安全需求的获取是根据已知的 __(10)__ ，如软件危害条件等以及其他一些类似的系统数据和通用惯例，完成通用软件安全性需求的裁剪和特定软件安全性需求的获取工作。

（9）A．不可接受的系统安全的行为

　　　B．有可能影响系统可靠性的行为

　　　C．不可接受的违反系统安全的行为

　　　D．系统不安全的事故

（10）A．系统信息　　B．系统属性　　　　　C．软件属性　　　　D．代码信息

试题（9）、（10）分析

安全攸关（Safety-Critical）系统是指系统失效会对生命或者健康构成威胁的系统，在航空、

航天、汽车、轨道交通等领域存在大量的安全攸关系统。安全攸关系统中运行重要软件，其安全性要求很高。通常在开发安全攸关软件时，需求分析阶段必须考虑安全性需求，这里的软件安全性需求是指通过约束软件的行为，使其不会出现不可接受的违反系统安全的行为需求。

因此，第（9）题的选项 A 中"系统安全的行为"是错误说明，而违背系统安全行为是安全性需求。选项 B 错误的原因是没分清安全性和可靠性的差别。选项 D 是说明影响结果。

软件安全需求的获取是根据已知的系统信息，如软件危害条件以及其他一些类似的系统数据和通用惯例，完成通用软件安全性需求的裁剪和特定软件安全性需求的获取工作。也就是说，软件安全需求的获取主要来源于所开发的系统中相关的安全性信息，而一些安全性惯例是安全攸关软件潜在的安全性需求。

参考答案

（9）C　　　（10）A

试题（11）

某嵌入式实时操作系统采用了某种调度算法，当某任务执行接近自己的截止期（Deadline）时，调度算法将把该任务的优先级调整到系统最高优先级，让该任务获取 CPU 资源运行。请问此类调度算法是　(11)　。

(11) A. 优先级调度算法　　　　　　　B. 抢占式优先级调度算法
　　　 C. 最晚截止期调度算法　　　　　D. 最早截止期调度算法

试题（11）分析

嵌入式实时系统是为某个特定功能设计的一种专用系统，其任务的调度算法与系统功能密切相关。通常，实时系统存在多种调度算法。优先级调度算法是指系统为每个任务分配一个相对固定的优先顺序，调度程序根据任务优先级的高低程度，按时间顺序进行，高优先级任务优先被调度；抢占式优先级调度算法是在优先级调度算法的基础上，允许高优先级任务抢占低优先级任务而运行；最晚截止期调度算法是指调度程序按每个任务的最接近其截止期末端的时间进行调度，系统根据当前任务截止期的情况，选取最接近截止期的任务运行；最早截止期调度算法是指调度程序按每个任务的截止期时间，选取最早到截止期的头端时间的任务进行调度。

参考答案

（11）C

试题（12）

混成系统是嵌入式实时系统的一种重要的子类。以下关于混成系统的说法中，正确的是　(12)　。

(12) A. 混成系统一般由离散分离组件并行组成，组件之间的行为由计算模型进行控制
　　　 B. 混成系统一般由离散分离组件和连续组件并行或串行组成，组件之间的行为由计算模型进行控制
　　　 C. 混成系统一般由连续组件串行组成，组件之间的行为由计算模型进行控制
　　　 D. 混成系统一般由离散分离组件和连续组件并行或串行组成，组件之间的行为由同步/异步事件进行管理

试题（12）分析

混成系统定义：混成系统一般由离散分离组件和连续组件并行或串行组成，组件之间的行为由计算模型进行控制。选项 A 缺少"连续组件"和"串行"；选项 C 缺少"离散分离组件"和"并行"；选项 D "由同步/异步事件进行管理"是错误的，同步/异步事件是任务通信机制的一种，而不能替代计算模型。

参考答案

（12）B

试题（13）

TCP 端口号的作用是　（13）　。

（13）A．流量控制　　　　　　　　　B．ACL 过滤
　　　　C．建立连接　　　　　　　　　D．对应用层进程的寻址

试题（13）分析

本题考查 TCP 端口号的原理和意义。

TCP 端口号的作用是进程寻址依据，即依据端口号将报文交付给上层的某一进程。

参考答案

（13）D

试题（14）

Web 页面访问过程中，在浏览器发出 HTTP 请求报文之前不可能执行的操作是　（14）　。

（14）A．查询本机 DNS 缓存，获取主机名对应的 IP 地址
　　　　B．发起 DNS 请求，获取主机名对应的 IP 地址
　　　　C．发送请求信息，获取将要访问的 Web 应用
　　　　D．发送 ARP 协议广播数据包，请求网关的 MAC 地址

试题（14）分析

本题考查 Web 页面访问过程方面的基础知识。

用户打开浏览器输入目标地址，访问一个 Web 页面的过程如下：

（1）浏览器首先会查询本机的系统，获取主机名对应的 IP 地址；

（2）若本机查询不到相应的 IP 地址，则会发起 DNS 请求，获取主机名对应的 IP 地址；

（3）使用查询到的 IP 地址向目标服务器发起 TCP 连接；

（4）浏览器发送 HTTP 请求，HTTP 请求由三部分组成，分别是：请求行、消息报头、请求正文；

（5）服务器从请求信息中获得客户机想要访问的主机名、Web 应用、Web 资源；

（6）服务器用读取到的 Web 资源数据，创建并回送一个 HTTP 响应；

（7）客户机浏览器解析回送的资源，并显示结果。

根据上述 Web 页面访问过程，在浏览器发出 HTTP 请求报文之前不可能获取将要访问的 Web 应用。

参考答案

（14）C

试题（15）

以下关于 DHCP 服务的说法中，正确的是 __(15)__ 。

(15) A. 在一个园区网中可以存在多台 DHCP 服务器

B. 默认情况下，客户端要使用 DHCP 服务需指定 DHCP 服务器地址

C. 默认情况下，DHCP 客户端选择本网段内的 IP 地址作为本地地址

D. 在 DHCP 服务器上，DHCP 服务功能默认开启

试题（15）分析

本题考查 DHCP 协议的基础知识。

在一个园区网中可以存在多台 DHCP 服务器，客户机申请后每台服务器都会给予响应，客户机通常选择最先到达的报文提供的 IP 地址；对客户端而言，在申请时不知道 DHCP 服务器地址，因此无法指定；DHCP 服务器提供的地址不必和服务器在同一网段；地址池中可以有多块地址，它们分属不同网段。

参考答案

(15) A

试题（16）、（17）

通常用户采用评价程序来评价系统的性能，评测准确度最高的评价程序是 __(16)__ 。在计算机性能评估中，通常将评价程序中用得最多、最频繁的 __(17)__ 作为评价计算机性能的标准程序，称其为基准测试程序。

(16) A. 真实程序　　B. 核心程序　　C. 小型基准程序　　D. 核心基准程序

(17) A. 真实程序　　B. 核心程序　　C. 小型基准程序　　D. 核心基准程序

试题（16）、（17）分析

本题考查基准测试程序方面的基础知识。

计算机性能评估的常用方法有时钟频率法、指令执行速度法、等效指令速度法、数据处理速率法、综合理论性能法等，这些方法未考虑诸如 I/O 结构、操作系统、编译程序效率等对系统性能的影响，因此难以准确评估计算机系统的实际性能。

通常用户采用评价程序来评价系统的性能。评价程序一般有专门的测量程序、仿真程序等，而评测准确度最高的评价程序是真实程序。在计算机性能评估中，通常将评价程序中用得最多、最频繁的那部分核心程序作为评价计算机性能的标准程序，称其为基准测试程序。

参考答案

(16) A　　(17) B

试题（18）、（19）

信息系统规划方法中，关键成功因素法通过对关键成功因素的识别，找出实现目标所需要的关键信息集合，从而确定系统开发的 __(18)__ 。关键成功因素来源于组织的目标，通过组织的目标分解和关键成功因素识别、 __(19)__ 识别，一直到产生数据字典。

(18) A. 系统边界　　B. 功能指标　　C. 优先次序　　D. 性能指标

(19) A. 系统边界　　B. 功能指标　　C. 优先次序　　D. 性能指标

试题（18）、（19）分析

本题考查关键成功因素法方面的基础知识。

关键成功因素法是由 John Rockart 提出的一种信息系统规划方法。该方法能够帮助企业找到影响系统成功的关键因素，通过分析来确定企业的信息需求，从而为管理部门控制信息技术及其处理过程提供实施指南。

关键成功因素法通过对关键成功因素的识别，找出实现目标所需要的关键信息集合，从而确定系统开发的优先次序。关键成功因素来源于组织的目标，通过组织的目标分解和关键成功因素识别、性能指标识别，一直到产生数据字典。

参考答案

（18）C　　（19）D

试题（20）、（21）

系统应用集成构建统一标准的基础平台，在各个应用系统的接口之间共享数据和功能，基本原则是保证应用程序的__（20）__。系统应用集成提供了四个不同层次的服务，最上层服务是__（21）__服务。

（20）A．独立性　　　B．相关性　　　C．互操作性　　　D．排他性

（21）A．通信　　　　　　　　　　B．信息传递与转化
　　　　C．应用连接　　　　　　　　D．流程控制

试题（20）、（21）分析

本题考查系统应用集成方面的基础知识。

应用集成是指两个或多个应用系统根据业务逻辑的需要而进行的功能之间的相互调用和互操作。应用集成需要在数据集成的基础上完成。应用集成在底层的网络集成和数据集成的基础上实现异构应用系统之间语用层次上的互操作。它们共同实现企业集成化运行，最顶层会聚集成所需要的，技术层次上的基础支持。

系统应用集成构建统一标准的基础平台，在各个应用系统的接口之间共享数据和功能，基本原则是保证应用程序的独立性。系统应用集成提供了四个不同层次的服务，最上层服务是流程控制服务。

参考答案

（20）A　　（21）D

试题（22）、（23）

按照传统的软件生命周期方法学，可以把软件生命周期划分为软件定义、软件开发和__（22）__三个阶段。其中，可行性研究属于__（23）__阶段的主要任务。

（22）A．软件运行与维护　　　　　B．软件对象管理
　　　　C．软件详细设计　　　　　　D．问题描述

（23）A．软件定义　　　　　　　　　B．软件开发
　　　　C．软件评估　　　　　　　　D．软件运行与维护

试题（22）、（23）分析

本题考查软件生命周期方面的基础知识。

结构化范型也称为软件生命周期方法学，属于传统方法学。把软件生命周期划分成若干个阶段，每个阶段的任务相对独立，而且比较简单，便于不同人员分工协作，从而降低了整个软件开发过程的困难程度。在传统的软件工程方法中，软件的生存周期分为软件定义、软件开发、软件运行与维护这几个阶段。

可行性研究属于软件定义阶段的主要任务。

参考答案

（22）A　（23）A

试题（24）、（25）

需求变更管理是需求管理的重要内容。需求变更管理的过程主要包括问题分析和变更描述、__(24)__、变更实现。具体来说，在关于需求变更管理的描述中，__(25)__ 是不正确的。

（24）A. 变更调研　　　　　　　　　B. 变更判定

　　　 C. 变更定义　　　　　　　　　D. 变更分析和成本计算

（25）A. 需求变更要进行控制，严格防止因失控而导致项目混乱，出现重大风险

　　　 B. 需求变更对软件项目开发有利无弊

　　　 C. 需求变更通常按特定的流程进行

　　　 D. 在需求变更中，变更审批由 CCB 负责审批

试题（24）、（25）分析

本题考查需求变更管理方面的知识。

需求变更管理是需求管理的重要内容。需求变更管理的过程主要包括问题分析和变更描述、变更分析和成本计算、变更实现。具体来说，需求变更是因为需求发生变化。根据软件工程思想，需求说明书一般要经过论证，如果在需求说明书经过论证以后，需要在原有需求基础上追加和补充新的需求或对原有需求进行修改和削减，均属于需求变更。因此，需求变更必然会带来相应的问题，绝不是百利无一害的。

参考答案

（24）D　（25）B

试题（26）~（28）

软件方法学是以软件开发方法为研究对象的学科。其中，__(26)__ 是先对最高层次中的问题进行定义、设计、编程和测试，而将其中未解决的问题作为一个子任务放到下一层次中去解决。__(27)__ 是根据系统功能要求，从具体的器件、逻辑部件或者相似系统开始，通过对其进行相互连接、修改和扩大，构成所要求的系统。__(28)__ 是建立在严格数学基础上的软件开发方法。

（26）A. 面向对象开发方法　　　　　B. 形式化开发方法

　　　 C. 非形式化开发方法　　　　　D. 自顶向下开发方法

（27）A. 自底向上开发方法　　　　　B. 形式化开发方法

　　　 C. 非形式化开发方法　　　　　D. 原型开发方法

（28）A. 自底向上开发方法　　　　　B. 形式化开发方法

　　　 C. 非形式化开发方法　　　　　D. 自顶向下开发方法

试题（26）～（28）分析

本题考查软件方法学方面的知识。

软件方法学是软件开发全过程的指导原则与方法体系。其另一种含义是以软件开发方法为研究对象的学科。从开发风范上看，软件方法有自顶向下、自底向上的开发方法。在实际软件开发中，大都是自顶向下与自底向上两种方法的结合，只不过是以何者为主而已。自顶向下是指将一个大问题分化成多个可以解决的小问题，然后逐一进行解决。每个问题都会有一个模块去解决它，且每个问题包括抽象步骤和具体步骤。形式化方法是指采用严格的数学方法，使用形式化规约语言来精确定义软件系统。非形式化的开发方法是通过自然语言、图形或表格描述软件系统的行为和特性，然后基于这些描述进行设计和开发，而形式化开发则是基于数学的方式描述、开发和验证系统。

参考答案

（26）D　　（27）A　　（28）B

试题（29）、（30）

软件开发工具是指用于辅助软件开发过程活动的各种软件，其中，__（29）__是辅助建立软件系统的抽象模型的，例如 Rose、Together、WinA&D、__（30）__等。

（29）A．编程工具　　　　　　　B．设计工具
　　　 C．测试工具　　　　　　　D．建模工具

（30）A．LoadRunner　　　　　 B．QuickUML
　　　 C．Delphi　　　　　　　　D．WinRunner

试题（29）、（30）分析

本题考查软件开发工具方面的知识。

软件开发工具是指用于辅助软件开发过程活动的各种软件。其中，软件建模工具是辅助建立软件系统的抽象模型的。常见的软件建模工具包括 Rational Rose、Together、WinA&D、QuickUML、EclipseUML 等。

参考答案

（29）D　　（30）B

试题（31）、（32）

软件概要设计将软件需求转化为软件设计的__（31）__和软件的__（32）__。

（31）A．算法流程　　　　　　　B．数据结构
　　　 C．交互原型　　　　　　　D．操作接口

（32）A．系统结构　　　　　　　B．算法流程
　　　 C．内部接口　　　　　　　D．程序流程

试题（31）、（32）分析

本题考查软件设计的基础知识。

从工程管理角度来看，软件设计可分为概要设计和详细设计两个阶段。概要设计也称为高层设计或总体设计，即将软件需求转化为数据结构和软件的系统结构；详细设计也称为低层设计，即对结构图进行细化，得到详细的数据结构与算法。

参考答案

（31）B　　（32）A

试题（33）

软件结构化设计包括__（33）__等任务。

（33）A．架构设计、数据设计、过程设计、原型设计

　　　B．架构设计、过程设计、程序设计、原型设计

　　　C．数据设计、过程设计、交互设计、程序设计

　　　D．架构设计、接口设计、数据设计、过程设计

试题（33）分析

本题考查软件结构化设计的基础知识。

软件结构化设计包括架构设计、接口设计、数据设计和过程设计等任务。它是一种面向数据流的设计方法，是以结构化分析阶段所产生的成果为基础，进一步自顶而下、逐步求精和模块化的过程。

参考答案

（33）D

试题（34）

关于模块化设计，__（34）__是错误的。

（34）A．模块是指执行某一特定任务的数据结构和程序代码

　　　B．模块的接口和功能定义属于其模块自身的内部特性

　　　C．每个模块完成相对独立的特定子功能，与其他模块之间的关系最简单

　　　D．模块设计的重要原则是高内聚、低耦合

试题（34）分析

本题考查软件结构化设计的基础知识。

模块化设计是将一个待开发的软件分解成若干个小的简单部分——模块。具体来说，模块是指执行某一特定任务的数据结构和程序代码。通常将模块的结构和功能定义为其外部特性，将模块的局部数据和实现该模块的程序代码称为内部特性。模块独立是指每个模块完成相对独立的特定子功能，与其他模块之间的关系最简单。通常用内聚和耦合两个标准来衡量模块的独立性，其设计原则是"高内聚、低耦合"。

参考答案

（34）B

试题（35）～（37）

基于构件的软件开发中，构件分类方法可以归纳为三大类：__（35）__根据领域分析的结果将应用领域的概念按照从抽象到具体的顺序逐次分解为树形或有向无回路图结构；__（36）__利用 Facet 描述构件执行的功能、被操作的数据、构件应用的语境或任意其他特征；__（37）__使得检索者在阅读文档过程中可以按照人类的联想思维方式任意跳转到包含相关概念或构件的文档。

（35）A．关键字分类法　　　　　　　　　B．刻面分类法

　　　C．语义匹配法　　　　　　　　　　D．超文本方法

（36）A．关键字分类法　　　　　　　B．刻面分类法

　　　　C．语义匹配法　　　　　　　　D．超文本方法

（37）A．关键字分类法　　　　　　　B．刻面分类法

　　　　C．语义匹配法　　　　　　　　D．超文本方法

试题（35）～（37）分析

本题考查软件构件的基础知识。

基于构件的软件开发中，已有的构建分类方法可以归纳为三大类：

（1）关键字分类法。根据领域分析的结果将应用领域的概念按照从抽象到具体的顺序逐次分解为树形或有向无回路图结构。

（2）刻面分类法。利用 Facet（刻面）描述构件执行的功能、被操作的数据、构件应用的语境或任意其他特征。

（3）超文本方法。基于全文检索技术，使得检索者在阅读文档过程中可以按照人类的联想思维方式任意跳转到包含相关概念或构件的文档。

参考答案

（35）A　　（36）B　　（37）D

试题（38）

构件组装是指将库中的构件经适当修改后相互连接构成新的目标软件。 （38） 不属于构件组装技术。

（38）A．基于功能的构件组装技术

　　　　B．基于数据的构件组装技术

　　　　C．基于实现的构件组装技术

　　　　D．面向对象的构件组装技术

试题（38）分析

本题考查构件组装的基础知识。

构件组装是将库中的构件经适当修改后相互连接，或者将它们与当前开发项目中的软件元素相连接，最终构成新的目标软件。构件组装技术大致可分为基于功能的组装技术、基于数据的组装技术和面向对象的组装技术。

参考答案

（38）C

试题（39）、（40）

软件逆向工程就是分析已有的程序，寻求比源代码更高级的抽象表现形式。在逆向工程导出信息的四个抽象层次中， （39） 包括反映程序各部分之间相互依赖关系的信息； （40） 包括反映程序段功能及程序段之间关系的信息。

（39）A．实现级　　　B．结构级　　　C．功能级　　　D．领域级

（40）A．实现级　　　B．结构级　　　C．功能级　　　D．领域级

试题（39）、（40）分析

本题考查软件逆向工程的基础知识。

逆向工程过程能够导出过程的设计模型（实现级）、程序和数据结构信息（结构级）、对象模型、数据和控制流模型（功能级）以及 UML 状态图和部署图（领域级）。其中，结构级包括反映程序各部分之间相关依赖关系的信息；功能级包括反映程序段功能及程序段之间关系的信息。

参考答案

（39）B　　（40）C

试题（41）

_____（41）_____是在逆向工程所获取信息的基础上修改或重构已有的系统，产生系统的一个新版本。

（41）A．逆向分析（Reverse Analysis）

　　　B．重组（Restructuring）

　　　C．设计恢复（Design Recovery）

　　　D．重构工程（Re-engineering）

试题（41）分析

本题考查软件逆向工程的基础知识。

重组是指在同一抽象级别上转换系统描述形式；设计恢复是指借助工具从已有程序中抽象出有关数据设计、总体结构设计和过程设计等方面的信息；重构工程是指在逆向工程所获得信息的基础上，修改或重构已有的系统，产生系统的一个新版本。

参考答案

（41）D

试题（42）、（43）

软件性能测试有多种不同类型的测试方法，其中，_____（42）_____用于测试在限定的系统下考查软件系统极限运行的情况，_____（43）_____可用于测试系统同时处理的在线最大用户数量。

（42）A．强度测试　　　　　　　B．负载测试

　　　C．压力测试　　　　　　　D．容量测试

（43）A．强度测试　　　　　　　B．负载测试

　　　C．压力测试　　　　　　　D．容量测试

试题（42）、（43）分析

本题考查软件测试的基础知识。

软件性能测试类型包括负载测试、强度测试和容量测试等。其中，负载测试用于测试超负荷环境中程序是否能够承担；强度测试是在系统资源特别低的情况下考查软件系统极限运行的情况；容量测试可用于测试系统同时处理的在线最大用户数量。

参考答案

（42）A　　（43）D

试题（44）、（45）

一个完整的软件系统需从不同视角进行描述，下图属于软件架构设计中的_____（44）_____，用于_____（45）_____视图来描述软件系统。

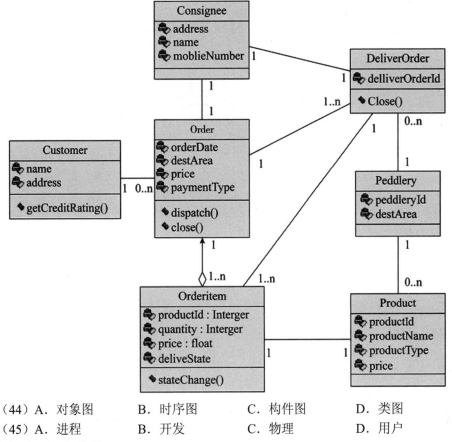

（44）A. 对象图　　　　B. 时序图　　　　C. 构件图　　　　D. 类图
（45）A. 进程　　　　　B. 开发　　　　　C. 物理　　　　　D. 用户

试题（44）、（45）分析

本题考查软件系统描述方面的知识。

软件系统需从不同的角度进行描述。著名的 4+1 视角架构模型（The "4+1" View Model of Software Architecture）提出了一种用来描述软件系统体系架构的模型，这种模型是基于使用者的多个不同视角出发。这种多视角能够解决多个"利益相关者"关心的问题。利益相关者包括最终用户、开发人员、系统工程师、项目经理等，他们能够分别处理功能性和非功能性需求。4+1 视角架构模型的五个主要的视角为逻辑视图、开发视图、处理视图、物理视图和场景。五个视角中每个都是使用符号进行描述。这些视角都是使用以架构为中心场景驱动和迭代开发等方式实现设计的。其中，类图是从开发视角对软件系统进行的描述。

参考答案

（44）D　　（45）B

试题（46）～（48）

对软件体系结构风格的研究和实践促进了对设计的复用。Garlan 和 Shaw 对经典体系结构风格进行了分类。其中，___（46）___属于数据流体系结构风格；___（47）___属于虚拟机体系结构风格；而下图描述的属于___（48）___体系结构风格。

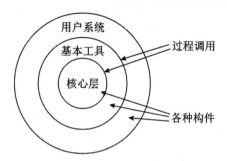

(46) A. 面向对象　　　B. 事件系统　　　C. 规则系统　　　D. 批处理
(47) A. 面向对象　　　B. 事件系统　　　C. 规则系统　　　D. 批处理
(48) A. 层次型　　　　B. 事件系统　　　C. 规则系统　　　D. 批处理

试题（46）～（48）分析

本题考查软件体系结构风格方面的知识。

数据流体系结构包括批处理体系结构风格和管道-过滤器体系结构风格。虚拟机体系结构风格包括解释器体系结构风格和规则系统体系结构风格。图中描述的为层次型体系结构风格。

参考答案

（46）D　　（47）C　　（48）A

试题（49）、（50）

___(49)___ 是由中间件技术实现并支持 SOA 的一组基础架构，它提供了一种基础设施，其优势在于___(50)___。

(49) A. ESB　　　　　B. 微服务　　　　　C. 云计算　　　　D. Multi-Agent System
(50) A. 支持了服务请求者与服务提供者之间的直接链接
　　　B. 支持了服务请求者与服务提供者之间的紧密耦合
　　　C. 消除了服务请求者与服务提供者之间的直接链接
　　　D. 消除了服务请求者与服务提供者之间的关系

试题（49）、（50）分析

本题考查 SOA 方面的知识。

面向服务的体系结构（Service-Oriented Architecture，SOA）是一种软件系统设计方法，通过已经发布的和可发现的接口为终端用户应用程序或其他服务提供服务。

企业服务总线（Enterprise Service Bus，ESB）是构建基于 SOA 解决方案时所使用基础架构的关键部分，是由中间件技术实现并支持 SOA 的一组基础架构。ESB 支持异构环境中的服务、消息，以及基于事件的交互，并且具有适当的服务级别和可管理性。简而言之，ESB 提供了连接企业内部及跨企业间新的和现有软件应用程序的功能，以一组丰富的功能启用管理和监控应用程序之间的交互。在 SOA 分层模型中，ESB 用于组件层以及服务层之间，它能够通过多种通信协议连接并集成不同平台上的组件将其映射成服务层的服务。

参考答案

（49）A　　（50）C

试题（51）～（53）

　　ABSDM（Architecture-Based Software Design Model）把整个基于体系结构的软件过程划分为体系结构需求、体系结构设计、体系结构文档化、　(51)　、　(52)　和体系结构演化等六个子过程。其中，　(53)　过程的主要输出结果是体系结构规格说明和测试体系结构需求的质量设计说明书。

（51）A．体系结构复审　　　　　　　　　B．体系结构测试
　　　　C．体系结构变更　　　　　　　　　D．体系结构管理
（52）A．体系结构实现　　　　　　　　　B．体系结构测试
　　　　C．体系结构建模　　　　　　　　　D．体系结构管理
（53）A．体系结构设计　　　　　　　　　B．体系结构需求
　　　　C．体系结构文档化　　　　　　　　D．体系结构测试

试题（51）～（53）分析

　　本题考查基于架构的软件开发模型方面的知识。

　　基于架构的软件开发模型（Architecture-Based Software Design Model，ABSDM）把整个基于架构的软件过程划分为架构需求、设计、文档化、复审、实现、演化等六个子过程。

　　绝大多数的架构都是抽象的，由一些概念上的构件组成。例如，层的概念在任何程序设计语言中都不存在。因此，要让系统分析师和程序员去实现架构，还必须把架构进行文档化。文档是在系统演化的每一个阶段，系统设计与开发人员的通信媒介，是为验证架构设计和提炼或修改这些设计（必要时）所执行预先分析的基础。架构文档化过程的主要输出结果是架构需求规格说明和测试架构需求的质量设计说明书这两个文档。生成需求模型构件的精确的形式化的描述，作为用户和开发者之间的一个协约。

参考答案

　　（51）A　　（52）A　　（53）C

试题（54）～（57）

　　设计模式按照目的可以划分为三类，其中，　(54)　模式是对对象实例化过程的抽象。例如　(55)　模式确保一个类只有一个实例，并提供了全局访问入口；　(56)　模式允许对象在不了解要创建对象的确切类以及如何创建等细节的情况下创建自定义对象；　(57)　模式将复杂对象的构建与其表示分离。

（54）A．创建型　　　　B．结构型　　　　C．行为型　　　　D．功能型
（55）A．Facade　　　　B．Builder　　　　C．Prototype　　　D．Singleton
（56）A．Facade　　　　B．Builder　　　　C．Prototype　　　D．Singleton
（57）A．Facade　　　　B．Builder　　　　C．Prototype　　　D．Singleton

试题（54）～（57）分析

　　本题考查设计模式方面的基础知识。

　　在任何设计活动中都存在着某些重复遇到的典型问题，不同开发人员对这些问题设计出不同的解决方案，随着设计经验在实践者之间日益广泛地被利用，描述这些共同问题和解决这些问题的方案就形成了所谓的模式。

设计模式主要用于得到简洁灵活的系统设计，按设计模式的目的划分，可分为创建型、结构型和行为型三种模式。

创建型模式是对对象实例化过程的抽象。例如 Singleton 模式确保一个类只有一个实例，并提供了全局访问入口；Prototype 模式允许对象在不了解要创建对象的确切类以及如何创建等细节的情况下创建自定义对象；Builder 模式将复杂对象的构建与其表示分离。

结构型模式主要用于如何组合已有的类和对象以获得更大的结构，一般借鉴封装、代理、继承等概念将一个或多个类或对象进行组合、封装，以提供统一的外部视图或新的功能。

行为型模式主要用于对象之间的职责及其提供的服务的分配，它不仅描述对象或类的模式，还描述它们之间的通信模式，特别是描述一组对等的对象怎样相互协作以完成其中任一对象都无法单独完成的任务。

参考答案

（54）A   （55）D   （56）C   （57）B

试题（58）～（63）

某公司欲开发一个电子交易清算系统，在架构设计阶段，公司的架构师识别出 3 个核心质量属性场景。其中"数据传递时延不大于 1s，并提供相应的优先级管理"主要与 __(58)__ 质量属性相关，通常可采用 __(59)__ 架构策略实现该属性；"系统采用双机热备，主备机必须实时监测对方状态，以便完成系统的实时切换"主要与 __(60)__ 质量属性相关，通常可采用 __(61)__ 架构策略实现该属性；"系统应能够防止 99%的黑客攻击"主要与 __(62)__ 质量属性相关，通常可采用 __(63)__ 架构策略实现该属性。

（58）A．可用性   B．性能   C．安全性   D．可修改性
（59）A．限制资源   B．引入并发   C．资源仲裁   D．限制访问
（60）A．可用性   B．性能   C．安全性   D．可修改性
（61）A．记录/回放   B．操作串行化 C．心跳   D．资源调度
（62）A．可用性   B．性能   C．安全性   D．可修改性
（63）A．检测攻击   B．Ping/Echo   C．选举   D．权限控制

试题（58）～（63）分析

本题考查架构设计方面的基础知识。

架构的基本需求主要是在满足功能属性的前提下，关注软件质量属性，结构设计则是为满足架构需求（质量属性）寻找适当的战术。

根据题干描述，其中"数据传递时延不大于 1s，并提供相应的优先级管理"主要与性能质量属性相关，性能的战术有资源需求、资源管理和资源仲裁，通常可采用资源仲裁架构策略实现该属性。

"系统采用双机热备，主备机必须实时监测对方状态，以便完成系统的实时切换"主要与可用性质量属性相关，可用性的战术有错误检测、错误恢复和错误预防，通常可采用错误检测中的心跳架构策略实现该属性。

"系统应能够防止 99%的黑客攻击"主要与安全性质量属性相关，安全性相关的战术有抵抗攻击、检测攻击和从攻击中恢复，通常可采用检测攻击架构策略实现该属性。

参考答案

（58）B　（59）C　（60）A　（61）C　（62）C　（63）A

试题（64）

下列协议中与电子邮箱安全无关的是　(64)　。

(64) A．SSL　　　　　　B．HTTPS　　　　　C．MIME　　　　　D．PGP

试题（64）分析

本题考查电子邮件安全方面的基础知识。

SSL（Secure Sockets Layer，安全套接层）及其继任者 TLS（Transport Layer Security，传输层安全）是为网络通信提供安全及数据完整性的一种安全协议，在传输层对网络连接进行加密。在设置电子邮箱时使用 SSL 协议，会保障邮箱更安全。

HTTPS 协议是由 HTTP 加上 TLS/SSL 协议构建的可进行加密传输、身份认证的网络协议，主要通过数字证书、加密算法、非对称密钥等技术完成互联网数据传输加密，实现互联网传输安全保护。

MIME 是设定某种扩展名的文件用一种应用程序来打开的方式类型，当该扩展名文件被访问的时候，浏览器会自动使用指定应用程序来打开。它是一个互联网标准，扩展了电子邮件标准，使其能够支持：非 ASCII 字符文本；非文本格式附件（二进制、声音、图像等）；由多部分（Multiple Parts）组成的消息体；包含非 ASCII 字符的头信息（Header Information）。

PGP 是一套用于消息加密、验证的应用程序，采用 IDEA 的散列算法作为加密与验证之用。PGP 加密由一系列散列、数据压缩、对称密钥加密，以及公钥加密的算法组合而成。每个公钥均绑定唯一的用户名和/或者 E-mail 地址。

因此，上述选项中 MIME 是扩展了电子邮件标准，不能用于保障电子邮件安全。

参考答案

（64）C

试题（65）

以下关于网络冗余设计的叙述中，错误的是　(65)　。

(65) A．网络冗余设计避免网络组件单点失效造成应用失效

　　 B．备用路径与主路径同时投入使用，分担主路径流量

　　 C．负载分担是通过并行链路提供流量分担来提高性能的

　　 D．网络中存在备用链路时，可以考虑加入负载分担设计

试题（65）分析

本题考查网络冗余设计的基础知识。

网络冗余设计的目的就是避免网络组件单点失效造成应用失效；备用路径是在主路径失效时启用，其和主路径承担不同的网络负载；负载分担是网络冗余设计中的一种设计方式，其通过并行链路提供流量分担来提高性能；网络中存在备用链路时，可以考虑加入负载分担设计来减轻主路径负担。

参考答案

（65）B

试题 (66)

著作权中，____(66)____ 的保护期不受期限限制。

(66) A. 发表权　　　　B. 发行权　　　　C. 展览权　　　　D. 署名权

试题 (66) 分析

本题考查知识产权的基础知识。

发表权也称公开作品权，指作者对其尚未发表的作品享有决定是否公之于众的权利，发表权只能行使一次，且只能为作者享有。

著作权的发行权，主要是指著作权人许可他人向公众提供作品原件或者复制件。而发行权可以行使多次，并且不仅仅为作者享有。

传播权指著作权人享有向公众传播其作品的权利，传播权包括表演权、播放权、发行权、出租权、展览权等内容。

署名权是作者表明其身份，在作品上署名的权利，它是作者最基本的人身权利。根据《中华人民共和国著作权法》的规定，作者的署名权、修改权、保护作品完整权的保护期不受限制。

参考答案

(66) D

试题 (67)

以下关于计算机软件著作权的叙述中，正确的是 ____(67)____。

(67) A. 软件著作权自软件开发完成之日生效

　　　 B. 非法进行拷贝、发布或更改软件的人被称为软件盗版者

　　　 C. 开发者在单位或组织中任职期间所开发软件的著作权应归个人所有

　　　 D. 用户购买了具有版权的软件，则具有对该软件的使用权和复制权

试题 (67) 分析

本题考查知识产权的基础知识。

计算机软件著作权是指软件的开发者或者其他权利人依据有关著作权法律的规定，对于软件作品所享有的各项专有权利。就权利的性质而言，它属于一种民事权利，具备民事权利的共同特征。

著作权是知识产权中的例外，因为著作权的取得无须经过个别确认，这就是人们常说的"自动保护"原则。软件经过登记后，软件著作权人享有发表权、开发者身份权、使用权、使用许可权和获得报酬权。

软件著作权自软件开发完成之日起产生。自然人的软件著作权，保护期为自然人终生及其死亡后 50 年，截止于自然人死亡后第 50 年的 12 月 31 日；软件是合作开发的，截止于最后死亡的自然人死亡后第 50 年的 12 月 31 日。法人或者其他组织的软件著作权，保护期为 50 年，截止于软件首次发表后第 50 年的 12 月 31 日，但软件自开发完成之日起 50 年内未发表的不予保护。

未经软件著作权人许可，修改、翻译、复制、发行著作人的软件的，属于侵权行为，应承担相应的民事、行政和刑事责任。

参考答案

（67）A

试题（68）

如果 A 公司购买了一个软件的源程序，A 公司将该软件源程序中的所有标识符做了全面修改后，作为该公司的产品销售，这种行为　 (68) 　。

(68) A. 尚不构成侵权　　　　　　　B. 侵犯了著作权

　　　 C. 侵犯了专利权　　　　　　　D. 属于不正当竞争

试题（68）分析

本题考查知识产权的基础知识。

著作权作为无形财产权的一种，其转让和许可使用的认定有着比较严格的条件。正因为其无形性，即使是原作品本身所有权的转让也不意味着对该作品享有著作权的权利一并转让。著作权的转让必须通过双方一致的书面意思表示来作出。

著作权转让与许可使用的区别主要表现在：

（1）著作权使用者和受让人获得的权利不同。著作权的许可使用是著作权使用权的转移，使用者取得的只是按合同约定的方式使用作品的权利，即使用者获得的是著作权使用权；而著作权转让则是著作权财产权的转移，受让人获得的是著作权中财产权的一部分或全部，因而是著作权中财产权利的新的所有人。

（2）这两类合同的性质有别。在著作权转让的情况下，转让方与受让方签订的是著作权买卖合同；在著作权许可使用的情况下，许可人与使用者签订的是许可使用合同。

（3）就权利转让的后果而言，著作权转让后，受让方自己可以使用该作品，也可以将获得的权利再转让或再许可他人使用。在转让合同有效期内，原著作权人无权许诺任何第三方许可使用；在非专有许可使用期间，著作权人可以向第三方或更多的人许诺许可使用。而著作权的许可使用，使用者只能是自己按合同约定的方式使用该作品，无权将获得的使用权再转让他人。

（4）著作权转让时，受让方向转让方支付的费用是用于购买著作权的价金；而著作权的许可使用，使用者向许可人支付的费用是使用著作权的使用费，并且作品可以通过不同的方式使用，不同种类的许可使用支付不同的使用费。

参考答案

（68）B

试题（69）

数学模型常带有多个参数，而参数会随环境因素而变化。根据数学模型求出最优解或满意解后，还需要进行　 (69) 　，对计算结果进行检验，分析计算结果对参数变化的反应程度。

(69) A. 一致性分析　　　　　　　　B. 准确性分析

　　　 C. 灵敏性分析　　　　　　　　D. 似然性分析

试题（69）分析

本题考查应用数学的基础知识。

实际问题的数学模型往往都是近似的，常带有多个参数，而参数会随环境因素而变化。根据数学模型求出最优解或满意解后，还需要进行灵敏性分析，对计算结果进行检验，分析计算结果对参数变化的反应程度。如果对于参数的微小变化引发计算结果的很大变化，那么这种计算结果不可靠，也不可信。

参考答案

（69）C

试题（70）

某工程项目包括六个作业 A~F，各个作业的衔接关系以及所需时间见下表。作业 D 最多能拖延＿＿（70）＿＿天，而不会影响该项目的总工期。

作业	A	B	C	D	E	F
紧前作业	—	A	A	A	B，C	D
时间/天	5	7	3	4	2	3

（70）A．0　　　　　B．1　　　　　C．2　　　　　D．3

试题（70）分析

本题考查应用数学的基础知识。

首先根据题意，绘制该工程项目的网络图如下。

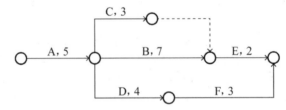

箭线上标注了作业名以及完成该作业所需的天数。

关键路径（所需天数最多的路径）：ABE。总工期=5+7+2=14 天。

作业 D、F 与作业 B、E 可并行实施，为不影响总工期，作业 D、F 可以在 7+2=9 天内完成，所以作业 D 最多可以延迟 2 天。

参考答案

（70）C

试题（71）~（75）

During the systems analysis phase, you must decide how data will be organized, stored, and managed. A ＿＿（71）＿＿ is a framework for organizing, storing, and managing data. Each file or table contains data about people, places, things, or events. One of the potential problems existing in a file processing environment is ＿＿（72）＿＿, which means that data common to two or more information systems is stored in several places.

In a DBMS, the linked tables form a unified data structure that greatly improves data quality and access. A(n) ＿＿（73）＿＿ is a model that shows the logical relationships and interaction among system entities. It provides an overall view of the system and a blueprint for creating the physical data structures. ＿＿（74）＿＿ is the process of creating table designs by assigning specific fields or attributes to each table in the database. A table design specifies the fields and identifies the primary key in a particular table or file. The three normal forms constitute a progression in which __(75)__ represents the best design. Most business-related databases must be designed in that form.

(71) A. data entity
      C. file collection
      B. data structure
      D. data definition

(72) A. data integrity
      C. data redundancy
      B. the rigid data structure
      D. the many-to-many relationship

(73) A. entity-relationship diagram
      C. database schema
      B. data dictionary
      D. physical database model

(74) A. Normalization
      C. Partitioning
      B. Replication
      D. Optimization

(75) A. standard notation form
      C. second normal form
      B. first normal form
      D. third normal form

参考译文

在系统分析阶段，需要确定数据如何组织、存储和管理。数据结构是用于组织、存储和管理数据的一个框架。每个文件或表中包含了关于人物、地点、事物和事件的数据。文件处理场景中存在的潜在问题之一是数据冗余，意味着两个或多个信息系统中相同的数据存储在多个不同位置。

在关系数据库管理系统（DBMS）中，相互链接的表格形成了一个统一的数据结构，可以大大提升数据质量和访问。实体联系图是一个模型，显示了系统实体之间的逻辑关系和交互。它提供了一个系统的全局视图和用于创建物理数据结构的蓝图。规范化是通过为数据库中的每个表分配特定的字段或属性来创建表设计的过程。表设计是在特定表或文件中确定字段并标识主关键字。三种范式构成了一个序列，其中第三范式代表了最好的设计，大部分与业务相关的数据库必须设计成这种形式。

参考答案

(71) B　　(72) C　　(73) A　　(74) A　　(75) D

第11章 2019下半年系统架构设计师
下午试题 I 分析与解答

试题一（共25分）

阅读以下关于软件架构设计与评估的叙述，在答题纸上回答问题1和问题2。

【说明】

某电子商务公司为了更好地管理用户，提升企业销售业绩，拟开发一套用户管理系统。该系统的基本功能是根据用户的消费级别、消费历史、信用情况等指标将用户划分为不同的等级，并针对不同等级的用户提供相应的折扣方案。在需求分析与架构设计阶段，电子商务公司提出的需求、质量属性描述和架构特性如下：

（a）用户目前分为普通用户、银卡用户、金卡用户和白金用户四个等级，后续需要能够根据消费情况进行动态调整；

（b）系统应该具备完善的安全防护措施，能够对黑客的攻击行为进行检测与防御；

（c）在正常负载情况下，系统应在0.5秒内对用户的商品查询请求进行响应；

（d）在各种节假日或公司活动中，针对所有级别用户，系统均能够根据用户实时的消费情况动态调整折扣力度；

（e）系统主站点断电后，应在5秒内将请求重定向到备用站点；

（f）系统支持中文昵称，但用户名要求必须以字母开头，长度不少于8个字符；

（g）当系统发生网络失效后，需要在15秒内发现错误并启用备用网络；

（h）系统在展示商品的实时视频时，需要保证视频画面具有1024×768像素的分辨率，40帧/秒的速率；

（i）系统要扩容时，应保证在10人·月内完成所有的部署与测试工作；

（j）系统应对用户信息数据库的所有操作都进行完整记录；

（k）更改系统的Web界面接口必须在4人·周内完成；

（l）系统必须提供远程调试接口，并支持远程调试。

在对系统需求、质量属性描述和架构特性进行分析的基础上，该系统架构师给出了两种候选的架构设计方案，公司目前正在组织相关专家对系统架构进行评估。

【问题1】（13分）

针对用户级别与折扣规则管理功能的架构设计问题，李工建议采用面向对象的架构风格，而王工则建议采用基于规则的架构风格。请指出该系统更适合采用哪种架构风格，并从用户级别、折扣规则定义的灵活性、可扩展性和性能三个方面对这两种架构风格进行比较与分析，填写表1-1中的（1）～（3）空白处。

表 1-1　两种架构风格的比较与分析

架构风格名称	灵活性	可扩展性	性能
面向对象	将用户级别、折扣规则等封装为对象，在系统启动时加载	(2)	(3)
基于规则	(1)	加入新的用户级别和折扣规则时只需要定义新的规则，解释规则即可进行扩展	需要对用户级别与折扣规则进行实时解释、性能较差

【问题 2】（12 分）

在架构评估过程中，质量属性效用树（Utility Tree）是对系统质量属性进行识别和优先级排序的重要工具。请将合适的质量属性名称填入图 1-1 中（1）、（2）空白处，并选择题干描述的（a）～（1）填入（3）～（6）空白处，完成该系统的效用树。

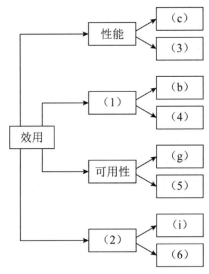

图 1-1　会员管理系统效用树

试题一分析

本题主要考查考生对于软件架构风格的理解与掌握，以及对软件质量属性的理解、掌握和应用。在解答该问题时，应认真阅读题干中给出的场景与需求描述，分析需求与架构风格的对应关系，并需要理解每个需求描述了何种质量属性，根据质量属性描述对其归类。

【问题 1】

在解答本题时，需要仔细考虑用户实际需求和现有的架构风格之间的关系，并从架构的灵活性、可扩展性和性能等方面进行综合考虑。总体来说，该系统最关注各种折扣定义的灵活性，因此需要采用基于规则的系统，将规则以数据的方式进行定义，从而避免修改代码。具体来说，采用基于规则的架构风格，需要将用户级别、折扣规则等描述为可动态改变的规则数据，加入新的用户级别和折扣规则时只需要定义新的规则，解释规则即可进行扩展。但其缺点在于需要对用户级别与折扣规则进行实时解释，性能较差。采用面向对象的架构风格，需要将用户级别、折扣规则等封装为对象，在系统启动时加载，用户级别和折扣规则已经在系统内编码，可直接运行，性能较好，但其最大的问题是加入新的用户级别和折扣规则时需要重新定义新的对象，并需要重启系统。

【问题 2】

质量属性效用树是对质量属性进行分类、权衡、分析的架构分析工具，主要关注系统的性能、可用性、可修改性和安全性四个方面。根据相关质量属性的定义，其中"系统应该具备完善的安全防护措施，能够对黑客的攻击行为进行检测与防御"和"系统应对用户信息数据库的所有操作都进行完整记录"对应安全性；"在正常负载情况下，系统应在 0.5 秒内对用户的商品查询请求进行响应"和"系统在展示商品的实时视频时，需要保证视频画面具有 1024×768 像素的分辨率，40 帧/秒的速率"对应系统的性能；"系统主站点断电后，应在 5 秒内将请求重定向到备用站点"和"当系统发生网络失效后，需要在 15 秒内发现错误并启用备用网络"对应可用性；"系统要扩容时，应保证在 10 人·月内完成所有的部署与测试工作"和"更改系统的 Web 界面接口必须在 4 人·周内完成"对应可修改性。

参考答案

【问题 1】

用户级别与折扣规则管理功能更适合采用基于规则的架构风格。

（1）将用户级别、折扣规则等描述为可动态改变的规则数据；

（2）加入新的用户级别和折扣规则时需要重新定义新的对象，并需要重启系统；

（3）用户级别和折扣规则已经在系统内编码，可直接运行，性能较好。

【问题 2】

（1）安全性

（2）可修改性

（3）（h）

（4）（j）

（5）（e）

（6）（k）

注意：从试题二至试题五中，选择两题解答。

试题二（共 25 分）

阅读下列说明，回答问题 1 至问题 3，将解答填入答题纸的对应栏内。

【说明】

某软件企业为快餐店开发一套在线订餐管理系统，主要功能包括：

（1）在线订餐：已注册客户通过网络在线选择快餐店所提供的餐品种类和数量后提交订单，系统显示订单费用供客户确认，客户确认后支付订单所列各项费用。

（2）厨房备餐：厨房接收到客户已付款订单后按照订单餐品列表选择各类食材进行餐品

加工。

（3）食材采购：当快餐店某类食材低于特定数量时自动向供应商发起采购信息，包括食材类型和数量，供应商接收到采购信息后按照要求将食材送至快餐店并提交已采购的食材信息，系统自动更新食材库存。

（4）生成报表：每个周末和月末，快餐店经理会自动收到系统生成的统计报表，报表中详细列出了本周或本月订单的统计信息以及库存食材的统计信息。

现采用数据流图对上述订餐管理系统进行分析与设计，系统未完成的 0 层数据流图如图 2-1 所示。

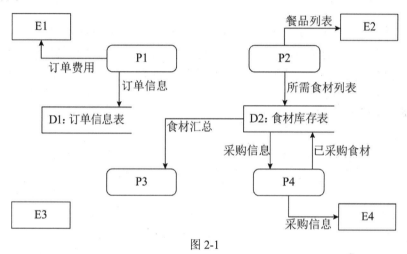

图 2-1

【问题 1】（8 分）

根据订餐管理系统功能说明，请在图 2-1 所示数据流图中给出外部实体 E1～E4 和加工 P1～P4 的具体名称。

【问题 2】（8 分）

根据数据流图规范和订餐管理系统功能说明，请说明在图 2-1 中需要补充哪些数据流可以构造出完整的 0 层数据流图。

【问题 3】（9 分）

根据数据流图的含义，请说明数据流图和系统流程图之间有哪些方面的区别。

试题二分析

本题考查过程建模中数据流图的相关知识。

数据流图（Data Flow Diagram）从数据传递和加工角度，以图形方式来表达系统的逻辑功能、数据在系统内部的逻辑流向和逻辑变换过程，是结构化系统分析方法的主要表达工具及用于表示软件模型的一种图示方法。数据流图中主要包括外部实体、数据存储、加工和数据流四种元素。外部实体主要描述与系统有交互关系的外部元素；数据存储用来描述在系统中需要持久化存储的数据；加工描述系统中的行为和动作序列；数据流描述系统中流动的数据及方向。

此类题目要求考生认真阅读题目对问题的描述，准确理解数据流图中各个元素的含义，结合图中所给出的不完整的数据流图，分析其中各个元素及其关系。

【问题 1】

图中给出了四个实体，根据题目说明中"系统显示订单费用供客户确认"可确定 E1 为客户，P1 为在线订餐；根据"厨房接收到客户已付款订单后按照订单餐品列表选择各类食材进行餐品加工"可确定 E2 为厨房，P2 为厨房备餐；根据"当快餐店某类食材低于特定数量时自动向供应商发起采购信息"可确定 E4 为供应商，P4 为食材采购；最后可确定 P3 为生成报表，则 E3 为经理。

【问题 2】

数据流图中的常见错误包括黑洞、灰洞和无输入三种类型的逻辑错误和部分语法错误。P1 只有输出没有输入，为无输入错误，需要增加 E1 到 P1 数据流"餐品订单"；P2 同样为无输入错误，需要增加 P1 到 P2 数据流"餐品订单"；根据 P3 生成报表要求输入中有订单信息和食材信息，所以需要增加 D1 到 P3 数据流"订单汇总"；P3 只有输入没有输出，存在黑洞错误，需要增加 P3 到 E3 数据流"统计报表"。

【问题 3】

数据流图和流程图是结构化建模中使用的重要工具，能够帮助开发人员更好地分析和设计系统，增强系统开发人员之间交流的准确性和有效性。数据流图作为一种图形化工具，用来说明业务处理过程、系统边界内所包含的功能和系统中的数据流，适用于系统分析中的逻辑建模阶段。流程图以图形化的方式展示应用程序从数据输入开始到获得输出为止的逻辑过程，描述处理过程的控制流，往往涉及具体的技术和环境，适用于系统设计中的物理建模阶段。数据流图和流程图是为了达到不同的目的而产生的，其所采用的标准和符号集合也不相同。在实际应用中，区别主要包括是否可以描述处理过程的并发性，描述内容是数据流还是控制流，所描述过程的计时标准不同三个方面。

参考答案

【问题 1】

    E1：客户

    E2：厨房

    E3：经理

    E4：供应商

    P1：在线订餐

    P2：厨房备餐

    P3：生成报表

    P4：食材采购

【问题 2】

    （1）增加 E1 到 P1 数据流"餐品订单"；

    （2）增加 P1 到 P2 数据流"餐品订单"；

（3）增加 D1 到 P3 数据流"订单汇总"；

（4）增加 P3 到 E3 数据流"统计报表"。

【问题 3】

（1）数据流图中的处理过程可并行；系统流程图在某个时间点只能处于一个处理过程。

（2）数据流图展现系统的数据流；系统流程图展现系统的控制流。

（3）数据流图展现全局的处理过程，过程之间遵循不同的计时标准；系统流程图中处理过程遵循一致的计时标准。

试题三（共 25 分）

阅读以下关于嵌入式系统开放式架构相关技术的描述，在答题纸上回答问题 1 至问题 3。

【说明】

信息物理系统（Cyber Physical Systems，CPS）技术已成为未来宇航装备发展的重点关键技术之一。某公司长期从事嵌入式系统的研制工作，随着公司业务范围不断扩展，公司决定进入宇航装备的研制领域。为了做好前期准备，公司决定让王工程师负责编制公司进军宇航装备领域的战略规划。王工经调研和分析，认为未来宇航装备将向着网络化、智能化和综合化的目标发展，CPS 将会是宇航装备的核心技术，公司应构建基于 CPS 技术的新产品架构，实现超前的技术战略储备。

【问题 1】（9 分）

通常 CPS 结构分为感知层、网络层和控制层，请用 300 字以内文字说明 CPS 的定义，并简要说明各层的含义。

【问题 2】（10 分）

王工在提交的战略规划中指出：飞行器中的电子设备是一个大型分布式系统，其传感器、控制器和采集器分布在飞机各个部位，相互间采用高速总线互连，实现子系统间的数据交换，而飞行员或地面指挥系统根据飞行数据的汇总决策飞行任务的执行。图 3-1 给出了飞行器系统功能组成图。

请参考图 3-1 给出的功能图，依据你所掌握的 CPS 知识，说明以下所列的功能分别属于 CPS 结构中的哪层，哪项功能不属于 CPS 任何一层。

1. 飞行传感器管理

2. 步进电机控制

3. 显控

4. 发电机控制

5. 环控

6. 配电管理

7. 转速传感器

8. 传感器总线

9. 飞行员

10. 火警信号探测

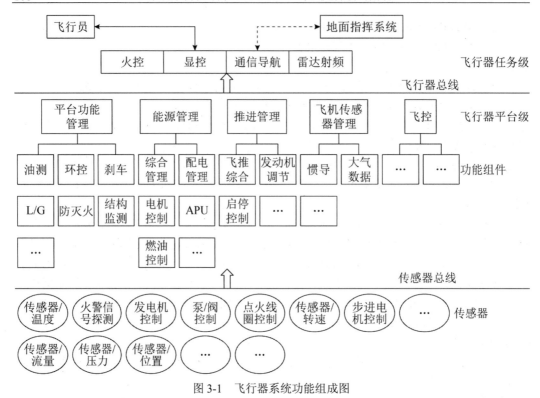

图 3-1 飞行器系统功能组成图

【问题 3】(6 分)

王工在提交的战略规划中指出:未来宇航领域装备将呈现网络化、智能化和综合化等特征,形成集群式的协同能力,安全性尤为重要。在宇航领域的 CPS 系统中,不同层面上都会存在一定的安全威胁。请用 100 字以内文字说明 CPS 系统会存在哪三类安全威胁,并对每类安全威胁至少举出两个例子说明。

试题三分析

信息物理系统(Cyber Physical Systems,CPS)技术属于下一代的智能系统,它是将计算、通信与控制等技术集于一体,实现智能化管理、控制和区域性监视等功能。目前 CPS 技术已被广泛应用于工业、医疗、环境、运输、交通和军事等领域。本题主要考查考生对 CPS 基本知识和技术的掌握程度。首先要求考生应在理解信息物理系统相关基本概念和主要架构的基础上,针对大型飞行器中实现信息与物理综合控制系统结构的说明,用 CPS 基本知识解释感知层、网络层和控制层的具体涵盖内容,从中分解出各个组件的具体含义。其次,CPS 是一种区域性系统,未来宇航领域装备将呈现网络化、智能化和综合化等特征,形成集群式的协同能力,信息安全尤为重要,考生应根据自己掌握的 CPS 及信息安全的相关知识,在 CPS 架构下分析出可能存在的安全隐患,并举例说明,在仔细阅读题干给出的相关信息的基础上,正确回答问题。

【问题 1】

信息物理系统(Cyber Physical Systems,CPS)是一个综合计算、网络和物理环境的多维复杂系统，通过 3C 技术的有机融合与深度协作，实现大型工程系统的实时感知、动态控制和信息服务，可使系统更加可靠、高效、实时协同，具有重要而广泛的应用前景。

严格讲，信息物理系统（CPS）作为计算进程和物理进程的统一体，是集计算、通信与控制于一体的下一代智能系统。信息物理系统通过人机交互接口实现和物理进程的交互，使用网络化空间，以远程的、可靠的、实时的、安全的、协作的方式操控一个物理实体。

CPS 是在环境感知的基础上，深度融合计算、通信和控制能力的可控、可信和可扩展的网络化物理设备系统，它注重计算资源与物理资源的紧密结合与协调，主要用于一些智能系统上，如设备互连、物联传感、智能家居、机器人和智能导航等。

通常，CPS 架构分为感知层、网络层和控制层。感知层：主要由传感器、控制器和采集器等设备组成。感知层中的传感器作为信息物理系统中的末端设备，主要采集的是环境中的具体信息数据，并定时地发送给服务器，服务器接收数据后进行相应的处理，再返回给物理末端设备，物理末端设备接收到数据后要进行相应的变换。网络层：主要是连接信息世界和物理世界的桥梁，主要实现的是数据传输，为系统提供实时的网络服务，保证网络分组传输的实时可靠。控制层：主要是根据感知层的认知结果，根据物理设备传回来的数据进行相应的分析，将相应的结果返回给客户端，以可视化的界面呈现给客户。

【问题 2】

图 3-1 给出的飞行器系统功能组成图是一个大型分布式 CPS 系统，其传感器、控制器和采集器分布在飞机各个部位，相互间采用高速总线互连，实现子系统间的数据交换，而飞行员或地面指挥系统根据飞行数据的汇总决策飞行任务的执行。考生可详细分析图 3-1 给出的层次关系和每个方框中的内容，根据你理解的情况，完成问题 2 的解答。

从图 3-1 可以看出，底层是飞行器系统的传感器部分，主要采集和控制飞机飞行中的各类数据，比如飞机姿态数据、流量数据、发动机数据、大气数据等，本层内容应该为 CPS 的感知层，因此问题 2 中给出的传感器名称中，步进电机控制、发电机控制、转速传感器和火警信号探测属于感知层；而从图 3-1 可以看出，系统总共有两条总线，即传感器总线和飞行器总线，根据 CPS 层次结构的定义，传感器总线应属于网络层；图 3-1 中间层是对传感器层采集的感知数据进行分类处理，它包含了多种功能性管理工作，比如飞行传感器管理、显控、环控、配电管理等都属于控制层内容。

这里要特别强调的是选项 9 飞行员，飞行员是控制飞机飞行并完成指定任务的操作者，不属于 CPS 任何一层，是 CPS 的人机交互接口。

【问题 3】

信息物理系统中的信息安全是保证该系统可靠运行、不受非法入侵的关键预防技术之一，尤其是宇航系统安全性更值得关注。要研制一个安全可靠的信息物理系统，就必须分析出该系统可能存在的被入侵源，本问题主要考查考生对信息安全技术的基础知识掌握的程度。考生可结合 CPS 架构的特点，分析完成本问题。

从结构看：CPS 感知层主要存在感知数据破坏、信息窃听、节点捕获、被旁路等安全威胁；网络层主要存在拒绝服务攻击、选择性转发、方向误导等被攻击的安全威胁；控制层主要存在用户隐私泄露、恶意代码、非授权访问等安全威胁。

参考答案

【问题 1】

信息物理系统（Cyber Physical Systems，CPS）作为计算进程和物理进程的统一体，是集计算、通信与控制于一体的下一代智能系统。信息物理系统通过人机交互接口实现和物理进程的交互，使用网络化空间，以远程的、可靠的、实时的、安全的、协作的方式操控一个物理实体。

感知层：主要由传感器、控制器和采集器等设备组成，它属于信息物理系统中的末端设备。

网络层：主要是连接信息世界和物理世界的桥梁，实现的是数据传输，为系统提供实时的网络服务，保证网络分组传输的实时可靠。

控制层：主要是根据认知结果及物理设备传回来的数据进行相应的分析，将相应的结果返回给客户端。

【问题 2】

感知层：2、4、7、10

网络层：8

控制层：1、3、5、6

不属于 CPS 结构中的功能：9

【问题 3】

（1）感知层安全威胁：感知数据破坏、信息窃听、节点捕获。

（2）网络层安全威胁：拒绝服务攻击、选择性转发、方向误导攻击。

（3）控制层安全威胁：用户隐私泄露、恶意代码、非授权访问。

试题四（共 25 分）

阅读以下关于分布式数据库缓存设计的叙述，在答题纸上回答问题 1 至问题 3。

【说明】

某初创企业的主营业务是为用户提供高度个性化的商品订购业务，其业务系统支持 PC 端、手机 App 等多种访问方式。系统上线后受到用户普遍欢迎，在线用户数和订单数量迅速增长，原有的关系数据库服务器不能满足高速并发的业务要求。

为了减轻数据库服务器的压力，该企业采用了分布式缓存系统，将应用系统经常使用的数据放置在内存，降低对数据库服务器的查询请求，提高了系统性能。在使用缓存系统的过程中，企业碰到了一系列技术问题。

【问题 1】（11 分）

该系统使用过程中，由于同样的数据分别存于数据库和缓存系统中，必然会造成数据同步或数据不一致性的问题。该企业团队为解决这个问题，提出了如下解决思路：

应用程序读数据时，首先读缓存，当该数据不在缓存时，再读取数据库；应用程序写数据时，先写缓存，成功后再写数据库；或者先写数据库，再写缓存。

王工认为该解决思路并未解决数据同步或数据不一致性的问题，请用 100 字以内的文字解释其原因。

王工给出了一种可以解决该问题的数据读写步骤如下：

读数据操作的基本步骤：

1. 根据 key 读缓存；

2. 读取成功则直接返回；

3. 若 key 不在缓存中时，根据 key　(a)　；

4. 读取成功后，　(b)　；

5. 成功返回。

写数据操作的基本步骤：

1. 根据 key 值写　(c)　；

2. 成功后　(d)　；

3. 成功返回。

请填写完善上述步骤中（a）～（d）处的空白内容。

【问题 2】（8 分）

缓存系统一般以 key/value 形式存储数据，在系统运维中发现，部分针对缓存的查询，未在缓存系统中找到对应的 key，从而引发了大量对数据库服务器的查询请求，最严重时甚至导致了数据库服务器的宕机。

经过运维人员的深入分析，发现存在两种情况：

（1）用户请求的 key 值在系统中不存在时，会查询数据库系统，加大了数据库服务器的压力；

（2）系统运行期间，发生了黑客攻击，以大量系统不存在的随机 key 发起了查询请求，从而导致了数据库服务器的宕机。

经过研究，研发团队决定，当在数据库中也未查找到该 key 时，在缓存系统中为 key 设置空值，防止对数据库服务器发起重复查询。

请用 100 字以内文字说明该设置空值方案存在的问题，并给出解决思路。

【问题 3】（6 分）

缓存系统中的 key 一般会存在有效期，超过有效期则 key 失效；有时也会根据 LRU 算法将某些 key 移出内存。当应用软件查询 key 时，如 key 失效或不在内存，会重新读取数据库，并更新缓存中的 key。

运维团队发现在某些情况下，若大量的 key 设置了相同的失效时间，导致缓存在同一时刻众多 key 同时失效，或者瞬间产生对缓存系统不存在 key 的大量访问，或者缓存系统重启等原因，都会造成数据库服务器请求瞬时爆量，引起大量缓存更新操作，导致整个系统性能急剧下降，进而造成整个系统崩溃。

请用 100 字以内文字，给出解决该问题的两种不同思路。

试题四分析

本题考查分布式数据缓存系统的概念与应用。

【问题 1】

在原有方案中，应用程序写数据时，先写缓存，成功后再写数据库；或者先写数据库，再写缓存。这里存在双写不一致问题。不管先写缓存还是数据库，都会存在一方写成功，另一方写失败的问题，从而造成数据不一致。当多个请求发生时，也可能产生读写冲突的并发问题。

王工的解决思路是：读操作的顺序是先读缓存，如果数据在缓存中则直接返回，无须数据库操作；如果数据不在缓存则读数据库，如成功则更新缓存，如失败则返回无此数据。

读操作主要解决查询效率问题。写操作的顺序是先写数据库，如失败则返回失败；如成功则更新缓存。更新缓存可能的方式有：如缓存中无此 key 值，则在缓存中不作处理；如缓存中存在此 key 值，则删除 key 值或使该 key 值失效。写操作的顺序主要防止数据库写操作失败，缓存更新为内存操作，失败的概率很小。同时删除 key 或使 key 失效，则在下一次查询该 key 值时，会发起数据库读操作，并同步更新缓存中的 key 值，从而最大程度上避免双写不一致问题。

【问题 2】

该方法主要的思路是为系统中不存在的 key，在缓存中增加该 key，并设置 key 对应的值为空值，从而防止下次发起对数据库的查询操作。

该方法存在的问题是，不在系统中的 key 值是无限的，如果均设置 key 值为空，会造成内存资源的极大浪费，引起性能急剧下降。

解决思路是对于系统中存在的 key 值，在查询前进行过滤，只允许系统中存在的 key 进行后续操作。因为一般情况下，系统中的 key 是有限的，或者是符合某种规则的。例如可以采用 key 的 bitmap 进行过滤，降低过滤的消耗。

【问题 3】

运维团队发现的大量缓存 key 值同时失效，从而导致整个系统性能急剧下降，进而造成整个系统崩溃。其主要的原因是 key 值失效，导致数据库服务器请求瞬时爆量，引起大量缓存更新操作，从而导致了系统性能急剧下降，系统崩溃。

解决该问题的思路就是采取某种做法，使得缓存中同一时间不会出现大量的 key 值失效。具体的思路有：

1. 缓存失效后，大量的缓存更新操作进行排队，通过加排它锁、队列等方式控制同时进行缓存更新操作的数量，使得缓存更新串行化，降低更新频率。此方式效果不佳，并没有从根源上解决大量缓存 key 值同时失效的问题。

2. 在增加或更新缓存时，给不同 key 设置随机或不同的失效时间，使失效时间的分布尽量均匀，从根源上避免大量缓存 key 值同时失效。

3. 设置两级或多级缓存，避免访问数据库服务器。此方式也没有从根源上解决大量缓存 key 值同时失效的问题。

参考答案
【问题 1】

存在双写不一致问题，在写数据时，可能存在缓存写成功，数据库写失败，或者反之，从而造成数据不一致。当多个请求发生时，也可能产生读写冲突的并发问题。

（a）从数据库中读取数据或读数据库

（b）更新缓存中 key 值或更新缓存

（c）数据库

（d）删除缓存 key 或使缓存 key 失效或更新缓存（key 值）

【问题 2】

存在问题：不在系统中的 key 值是无限的，如果均设置 key 值为空，会造成内存资源的极大浪费，引起性能急剧下降。

解决思路：查询缓存之前，对 key 值进行过滤，只允许系统中存在的 key 进行后续操作（例如采用 key 的 bitmap 进行过滤）。

【问题 3】

思路 1：缓存失效后，通过加排它锁或者队列方式控制数据库写缓存的线程数量，使得缓存更新串行化；

思路 2：给不同 key 设置随机或不同的失效时间，使失效时间的分布尽量均匀；

思路 3：设置两级或多级缓存，避免访问数据库服务器。

试题五（共 25 分）

阅读以下关于 Web 系统架构设计的叙述，在答题纸上回答问题 1 至问题 3。

【说明】

某公司拟开发一个物流车辆管理系统，该系统可支持各车辆实时位置监控、车辆历史轨迹管理、违规违章记录管理、车辆固定资产管理、随车备品及配件更换记录管理、车辆寿命管理等功能需求。其非功能性需求如下：

（1）系统应支持大于 50 个终端设备的并发请求；

（2）系统应能够实时识别车牌，识别时间应小于 1s；

（3）系统应 7×24 小时工作；

（4）具有友好的用户界面；

（5）可抵御常见 SQL 注入攻击；

（6）独立事务操作响应时间应小于 3s；

（7）系统在故障情况下，应在 1 小时内恢复；

（8）新用户学习使用系统的时间少于 1 小时。

面对系统需求，公司召开项目组讨论会议，制订系统设计方案，最终决定基于分布式架构设计实现该物流车辆管理系统，应用 Kafka、Redis 数据缓存等技术实现对物流车辆自身数据、业务数据进行快速、高效的处理。

【问题 1】（4 分）

请将上述非功能性需求（1）～（8）归类到性能、安全性、可用性、易用性这四类非功能性需求。

【问题 2】（14 分）

经项目组讨论，完成了该系统的分布式架构设计，如图 5-1 所示。请从下面给出的（a）～（j）中进行选择，补充完善图 5-1 中（1）～（7）处空白的内容。

（a）数据存储层

（b）Struct2

（c）负载均衡层

（d）表现层

（e）HTTP 协议

（f）Redis 数据缓存

（g）Kafka 分发消息

（h）分布式通信处理层

（i）逻辑处理层

（j）CDN 内容分发

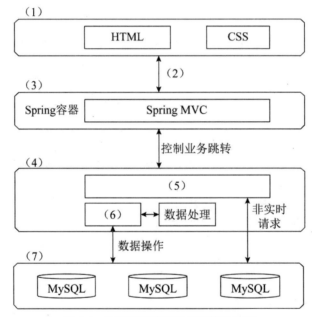

图 5-1　物流车辆管理系统架构设计图

【问题 3】（7 分）

该物流车辆管理系统需抵御常见的 SQL 注入攻击，请用 200 字以内的文字说明什么是 SQL 注入攻击，并列举出两种抵御 SQL 注入攻击的方式。

试题五分析

本题考查 Web 系统架构设计方面的相关知识和解决实际问题的能力。

此类题目要求考生认真阅读题目对现实问题的描述，需要根据需求描述，给出系统的架构设计方案。

【问题 1】

软件质量属性有可用性、可修改性、性能、安全性、可测试性、易用性六种。可用性关注的是系统产生故障的可能性和从故障中恢复的能力；性能关注的是系统对事件的响应时间；安全性关注的是系统保护合法用户正常使用系统、阻止非法用户攻击系统的能力；可测试性关注的是系统发现错误的能力；易用性关注的是对用户来说完成某个期望任务的容易程度和系统所提供的用户支持的种类。

【问题 2】

基于题干中 Web 系统的需求描述，对该系统的架构设计方案进行分析可知，该物流车辆管理系统应基于层次型架构风格进行设计。图 5-1 从下到上依次为数据存储层、分布式通信处理层、逻辑处理层和表现层。随后，选择相关的技术以支持各层所需完成的任务。

【问题 3】

SQL 注入攻击是黑客对数据库进行攻击的常用手段之一。随着 B/S 模式应用开发的发展，使用这种模式编写应用程序的程序员也越来越多。但是由于程序员的水平及经验参差不齐，很多程序员在编写代码的时候，没有对用户输入数据的合法性进行判断，使应用程序存在安全隐患。用户可以提交一段数据库查询代码，根据程序返回的结果，获得某些想得知的数据，这就是所谓的 SQL Injection，即 SQL 注入。

SQL 注入攻击属于数据库安全攻击手段之一，可以通过数据库安全防护技术实现有效防护，数据库安全防护技术包括数据库漏扫、数据库加密、数据库防火墙、数据脱敏、数据库安全审计系统。

为了抵御 SQL 注入攻击，可以采用如下方式：使用正则表达式、使用参数化的过滤性语句、检查用户输入的合法性、用户相关数据加密处理、用存储过程来执行所有的查询、使用专业的漏洞扫描工具等。

参考答案

【问题 1】

性能：（1）、（2）、（6）

安全性：（5）

可用性：（3）、（7）

易用性：（4）、（8）

【问题 2】

（1）（d）

（2）（e）

（3）（i）

（4）（h）

（5）（g）

（6）（f）

（7）（a）

【问题 3】

SQL 注入攻击，就是通过把 SQL 命令插入 Web 表单提交或输入域名或页面请求的查询字符串，最终达到欺骗服务器执行恶意的 SQL 命令。

可以通过以下方式抵御 SQL 注入攻击：

- 使用正则表达式；
- 使用参数化的过滤性语句；
- 检查用户输入的合法性；
- 用户相关数据加密处理；
- 用存储过程来执行所有的查询；
- 使用专业的漏洞扫描工具。

第 12 章 2019 下半年系统架构设计师 下午试题 II 写作要点

从下列的 4 道试题（试题一至试题四）中任选一道解答。请在答题纸上的指定位置将所选择试题的题号框涂黑。若多涂或者未涂题号框，则对题号最小的一道试题进行评分。

试题一 论软件设计方法及其应用

软件设计（Software Design，SD）是根据软件需求规格说明书设计软件系统的整体结构、划分功能模块、确定每个模块的实现算法以及程序流程等，形成软件的具体设计方案。软件设计把许多事物和问题按不同的层次和角度进行抽象，将问题或事物进行模块化分解，以便更容易解决问题。分解得越细，模块数量也就越多，设计者需要考虑模块之间的耦合度。

请围绕"论软件设计方法及其应用"论题，依次从以下三个方面进行论述。

1. 概要叙述你所参与管理或开发的软件项目，以及你在其中所承担的主要工作。
2. 详细阐述有哪些不同的软件设计方法，并说明每种方法的适用场景。
3. 详细说明你所参与的软件开发项目中，使用了哪种软件设计方法，具体实施效果如何。

试题一写作要点

一、简要描述所参与管理和开发的软件系统开发项目，并明确指出在其中承担的主要任务和开展的主要工作。

二、详细阐述有哪些不同的软件设计方法，并说明每种方法的适用场景。

软件设计方法包括：

（1）模型驱动设计。

模型驱动设计是一种系统设计方法，强调通过绘制图形化系统模型描述系统的技术和实现。通常从模型驱动分析中开发的逻辑模型导出系统设计模型，最终，系统设计模型将作为构造和实现新系统的蓝图。

（2）结构化设计。

结构化设计是一种面向过程的系统设计技术，它将系统过程分解成一个容易实现和维护的计算机程序模块。把一个程序设计成一个自顶向下的模块层次，一个模块就是一组指令：一个程序片段、程序块、子程序或者子过程。这些模块自顶向下按照各种设计规则和设计指南进行开发，模块需要满足高度内聚和松散耦合的特征。

（3）信息工程。

信息工程是一种用来计划、分析和设计信息系统的模型驱动的、以数据为中心的但对过程敏感的技术。信息工程模型是一些说明和同步系统的数据和过程的图形。信息工程的主要工具是数据模型图（物理实体关系图）。

（4）原型设计。

原型化方法是一种反复迭代过程，它需要设计人员和用户之间保持紧密的工作关系，通过构造一个预期系统的小规模的、不完整的但可工作的示例来与用户交互设计结果。原型设计方法鼓励并要求最终用户主动参与，这增加了最终用户对项目的信心和支持。原型更好地适应最终用户总是想改变想法的自然情况。原型是主动的模型，最终用户可以看到并与之交互。

（5）面向对象设计。

面向对象设计是一种新的设计策略，用于精炼早期面向对象分析阶段确定的对象需求定义，并定义新的与设计相关的对象。面向对象设计是面向对象分析的延伸，有利于消除"数据"和"过程"的分离。

（6）快速应用开发。

快速应用开发是一种系统设计方法，是各种结构化技术（特别是数据驱动的信息工程）与原型化技术和联合应用开发技术的结合，用以加速系统开发。快速应用开发要求反复地使用结构化技术和原型化技术来定义用户的需求并设计最终系统。

三、针对实际参与的软件系统开发项目，说明使用了哪种软件设计方法，并描述该方法实施后的实际应用效果。

试题二 论软件系统架构评估及其应用

对于软件系统，尤其是大规模复杂软件系统而言，软件系统架构对于确保最终系统的质量具有十分重要的意义。在系统架构设计结束后，为保证架构设计的合理性、完整性和针对性，保证系统质量，降低成本及投资风险，需要对设计好的系统架构进行评估。架构评估是软件开发过程中的重要环节。

请围绕"论软件系统架构评估及其应用"论题，依次从以下三个方面进行论述。

1. 概要叙述你所参与管理或开发的软件项目，以及你在其中所承担的主要工作。

2. 详细阐述有哪些不同的软件系统架构评估方法，并从评估目标、质量属性和评估活动等方面论述其区别。

3. 详细说明你所参与的软件开发项目中，使用了哪种评估方法，具体实施过程和效果如何。

试题二写作要点

一、概要叙述你所参与管理或开发的软件项目，以及你在其中所承担的主要工作。

二、详细阐述有哪些不同的软件系统架构评估方法，并从评估目标、质量属性和评估活动等方面论述其区别。

常见的软件系统架构评估方法有 SAAM 和 ATAM。

SAAM（Scenarios-based Architecture Analysis Method）是一种非功能质量属性的体系架构分析方法，最初用于比较不同的体系架构，分析架构的可修改性，后来也用于其他的质量属性，如可移植性、可扩充性等。

（1）特定目标：对描述应用程序属性的文档，验证基本体系结构假设和原则。SAAM 不仅能够评估体系结构对于特定系统需求的适用能力，也能被用来比较不同的体系结构。

（2）评估活动：SAAM 的过程包括五个步骤，即场景开发、体系结构描述、单个场景评估、场景交互和总体评估。

ATAM（Architecture Tradeoff Analysis Method）是在 SAAM 的基础上发展起来的，主要针对性能、实用性、安全性和可修改性，在系统开发之前，对这些质量属性进行评价和折中。

（1）特定目标：在考虑多个相互影响的质量属性的情况下，从原则上提供一种理解软件体系结构的能力的方法，使用该方法确定在多个质量属性之间折中的必要性。

（2）评估活动：分为四个主要的活动领域，分别是场景和需求收集、体系结构视图和场景实现、属性模型构造和分析、折中。

三、针对实际参与的软件系统架构评估工作，说明所采用的评估方法，并描述其具体实施过程和效果。

试题三　论数据湖技术及其应用

近年来，随着移动互联网、物联网、工业互联网等技术的不断发展，企业级应用面临的数据规模不断增大，数据类型异常复杂。针对这一问题，业界提出"数据湖（Data Lake）"这一新型的企业数据管理技术。数据湖是一个存储企业各种原始数据的大型仓库，支持对任意规模的结构化、半结构化和非结构化数据进行集中式存储，数据按照原有结构进行存储，无须进行结构化处理；数据湖中的数据可供存取、处理、分析及传输，支撑大数据处理、实时分析、机器学习、数据可视化等多种应用，最终支持企业的智能决策过程。

请围绕"数据湖技术及其应用"论题，依次从以下三个方面进行论述。

1. 概要叙述你所参与管理或开发的软件项目，以及你在其中所承担的主要工作。

2. 详细阐述数据湖技术，并从主要数据来源、数据模式（Schema）转换时机、数据存储成本、数据质量、面对用户和主要支撑应用类型等方面详细论述数据湖技术与数据仓库技术的差异。

3. 详细说明你所参与的软件开发项目中，如何采用数据湖技术进行企业数据管理，并说明具体实施过程以及应用效果。

试题三写作要点

一、概要叙述你所参与管理或开发的软件项目，以及你在其中所承担的主要工作。

二、数据仓库是一个优化的数据库，用于分析来自事务系统和业务线应用程序的关系数据。数据仓库技术需要事先定义数据结构和数据模式（Schema）以优化快速 SQL 查询，其中结果通常用于操作报告和分析。数据经过了清理、丰富和转换，因此可以充当用户可信任的"单一信息源"。

与数据仓库不同，数据湖能够同时存储来自业务线应用程序的关系数据，以及来自移动应用程序、物联网设备和社交媒体的非关系数据。在进行数据捕获时，无须定义数据结构或数据模式（Schema）。数据湖支持用户对数据使用不同类型的分析（如 SQL 查询、大数据分析、全文搜索、实时分析和机器学习等），为企业智能决策提供支撑。

下面从主要数据来源、数据模式转换时机、数据存储成本、数据质量、面对用户和主要支撑应用类型六个方面对数据湖技术和数据仓库技术进行比较。

特性	数据湖	数据仓库
主要数据来源	来自物联网设备、互联网、移动应用程序、社交媒体和企业应用程序的结构化、半结构化和非结构化数据	来自事务系统、运营数据库和业务线应用程序的结构化数据
数据模式转换时机	数据进入数据湖时不进行模式转换，在进行实际数据分析时才进行模式转换	在进入数据仓库之前（需要提前设计数据仓库的 Schema）
数据存储成本	通常基于非关系型数据库，数据存储成本相对较低	通常基于关系型数据库，数据存储成本高
数据质量	原始的、未经处理的数据	可作为重要事实依据的高质量数据
面对用户	业务分析师、应用开发人员和数据科学家	业务分析师
主要支撑应用类型	机器学习、预测分析、数据发现和分析	批处理报告、商务智能（BI）和数据可视化

三、考生需结合自身参与项目的实际状况，指出其参与管理和开发的项目是如何采用数据湖技术进行数据管理的，详细说明所采用的数据湖架构、主要的数据来源和质量、数据模式转换方式和时机、数据存储基础设施、系统主要用户和支撑的上层应用等，并对实际应用效果进行分析。

试题四　论负载均衡技术在 Web 系统中的应用

负载均衡技术是提升 Web 系统性能的重要方法。利用负载均衡技术，可将负载（工作任务）进行平衡、分摊到多个操作单元上执行，从而协同完成工作任务，达到提升 Web 系统性能的目的。

请围绕"论负载均衡技术在 Web 系统中的应用"论题，依次从以下三个方面进行论述。

1. 概要叙述你参与管理和开发的软件项目，以及你在其中所承担的主要工作。

2. 详细阐述常见的三种负载均衡算法，说明算法的基本原理。

3. 详细说明你所参与的软件开发项目中，如何基于负载均衡算法实现 Web 应用系统的负载均衡。

试题四写作要点

一、简要叙述所参与管理和开发的软件项目，需要明确指出在其中承担的主要任务和开展的主要工作。

二、现有的负载均衡算法主要分为静态和动态两类。静态负载均衡算法以固定的概率分配任务，不考虑服务器的状态信息，如轮转算法、随机法等；动态负载均衡算法以服务器的实时负载状态信息来决定任务的分配，如最小连接法等。

（1）轮询法。

轮询法就是将用户的请求轮流分配给服务器，就像挨个数数，轮流分配。这种算法比较简单，具有绝对均衡的优点，但是也正是因为绝对均衡，它必须付出很大的代价，例如它无法保证分配任务的合理性，无法根据服务器承受能力来分配任务。

（2）随机法。

随机法是随机选择一台服务器来分配任务。它保证了请求的分散性，达到了均衡的目的。

同时它是没有状态的，不需要维持上次的选择状态和均衡因子。但是随着任务量的增大，它的效果趋向轮询后也会具有轮询法的部分缺点。

（3）最小连接法。

最小连接法将任务分配给此时具有最小连接数的节点，因此它是动态负载均衡算法。一个结点收到一个任务后连接数就会加 1，如果结点发生故障，就将结点权值设置为 0，不再给结点分配任务。最小连接法适用于各个结点处理的性能相似的情形。任务分发单元会将任务平滑分配给服务器。但当服务器性能差距较大时，就无法达到预期的效果。因为此时连接数并不能准确表明处理能力，连接数小而自身性能很差的服务器可能不及连接数大而自身性能极好的服务器。所以在这个时候就会导致任务无法准确地分配到剩余处理能力强的机器上。

三、论文中需要结合项目实际工作，详细论述在项目中是如何基于负载均衡算法实现 Web 系统负载均衡的。

第13章　2020下半年系统架构设计师
上午试题分析与解答

试题（1）

前趋图（Precedence Graph）是一个有向无环图，记为：→={(P$_i$, P$_j$)|P$_i$ must complete before P$_j$ may start}。假设系统中进程P={P$_1$, P$_2$, P$_3$, P$_4$, P$_5$, P$_6$, P$_7$ }，且进程的前趋图如下：

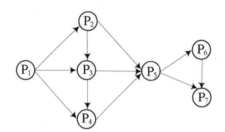

那么，该前驱图可记为 __(1)__ 。

（1）A. →={(P$_1$, P$_2$), (P$_3$, P$_1$), (P$_4$, P$_1$), (P$_5$, P$_2$), (P$_5$, P$_3$), (P$_6$, P$_4$), (P$_7$, P$_5$), (P$_7$, P$_6$), (P$_5$, P$_6$), (P$_4$, P$_5$), (P$_6$, P$_7$) }

　　　B. →={(P$_1$, P$_2$), (P$_1$, P$_3$), (P$_1$, P$_4$), (P$_2$, P$_5$), (P$_2$, P$_3$), (P$_3$, P$_4$), (P$_3$, P$_5$), (P$_4$, P$_5$), (P$_5$, P$_6$), (P$_5$, P$_7$) , (P$_6$, P$_7$)}

　　　C. →={(P$_1$, P$_2$), (P$_1$, P$_3$), (P$_1$, P$_4$), (P$_2$, P$_5$), (P$_2$, P$_3$), (P$_3$, P$_4$), (P$_5$, P$_3$), (P$_4$, P$_5$), (P$_5$, P$_6$), (P$_7$, P$_5$) , (P$_6$, P$_7$)}

　　　D. →={(P$_1$, P$_2$), (P$_1$, P$_3$), (P$_2$, P$_3$), (P$_2$, P$_5$), (P$_3$, P$_6$) , (P$_3$, P$_4$), (P$_4$, P$_7$), (P$_5$, P$_6$), (P$_6$, P$_7$), (P$_6$, P$_5$), (P$_7$, P$_5$) }

试题（1）分析

本题考查操作系统基本概念。

前趋图（Precedence Graph）是一个有向无环图，记为DAG（Directed Acyclic Graph），用于描述进程之间执行的前后关系。图中的每个结点可用于描述一个程序段或进程，乃至一条语句；结点间的有向边则用于表示两个结点之间存在的偏序（Partial Order，亦称偏序关系）或前趋关系（Precedence Relation）"→"。

对于试题所示的前趋图，存在前趋关系：(P$_1$, P$_2$), (P$_1$, P$_3$), (P$_1$, P$_4$), (P$_2$, P$_5$), (P$_2$, P$_3$), (P$_3$, P$_4$), (P$_3$, P$_5$), (P$_4$, P$_5$), (P$_5$, P$_6$), (P$_5$, P$_7$), (P$_6$, P$_7$)

可记为：　P={P$_1$, P$_2$, P$_3$, P$_4$, P$_5$, P$_6$, P$_7$ }

→={(P$_1$, P$_2$), (P$_1$, P$_3$), (P$_1$, P$_4$), (P$_2$, P$_5$), (P$_2$, P$_3$), (P$_3$, P$_4$), (P$_3$, P$_5$), (P$_4$, P$_5$), (P$_5$, P$_6$), (P$_5$, P$_7$), (P$_6$, P$_7$)}

注意：在前趋图中，没有前趋的结点称为初始结点（Initial Node），没有后继的结点称为终止结点（Final Node）。

参考答案

（1）B

试题（2）

在支持多线程的操作系统中，假设进程 P 创建了线程 T_1、T_2 和 T_3，那么下列说法正确的是__(2)__。

（2）A．该进程中已打开的文件是不能被 T_1、T_2 和 T_3 共享的

　　B．该进程中 T_1 的栈指针是不能被 T_2 共享的，但可被 T_3 共享

　　C．该进程中 T_1 的栈指针是不能被 T_2 和 T_3 共享的

　　D．该进程中某线程的栈指针是可以被 T_1、T_2 和 T_3 共享的

试题（2）分析

在同一进程中的各个线程都可以共享该进程所拥有的资源，如访问进程地址空间中的每一个虚地址；访问进程所拥有的已打开文件、定时器、信号量等，但是不能共享进程中某线程的栈指针。

参考答案

（2）C

试题（3）

假设某计算机的字长为 32 位，该计算机文件管理系统磁盘空间管理采用位示图（bitmap）记录磁盘的使用情况。若磁盘的容量为 300GB，物理块的大小为 4MB，那么位示图的大小为__(3)__个字。

（3）A．2400　　　　　B．3200　　　　　C．6400　　　　　D．9600

试题（3）分析

本题考查操作系统文件管理方面的基础知识。

根据题意，若磁盘的容量为 300GB，物理块的大小为 4MB，则该磁盘的物理块数为 $300 \times 1024/4 = 76\,800$ 个，位示图的大小为 $76\,800/32 = 2400$ 个字。

参考答案

（3）A

试题（4）

实时操作系统主要用于有实时要求的过程控制等领域。因此，在实时操作系统中，对于来自外部的事件必须在__(4)__。

（4）A．一个时间片内进行处理

　　B．一个周转时间内进行处理

　　C．一个机器周期内进行处理

　　D．被控对象允许的时间范围内进行处理

试题（4）分析

本题考查操作系统基础知识。

实时是指计算机对于外来信息能够以足够快的速度进行处理，并在被控对象允许的时间范围内做出快速响应。因此，实时操作系统与分时操作系统的第一点区别是交互性强弱不同，分时系统交互性强，实时系统交互性弱但可靠性要求高；第二点区别是对响应时间的敏感性强，对随机发生的外部事件必须在被控制对象规定的时间内做出及时响应并对其进行处理；第三点区别是系统的设计目标不同，分时系统是设计成一个多用户的通用系统，交互能力强；而实时系统大都是专用系统。

参考答案

（4）D

试题（5）

通常在设计关系模式时，派生属性不会作为关系中的属性来存储。按照这个原则，假设原设计的学生关系模式为 Students（学号，姓名，性别，出生日期，年龄，家庭地址），那么该关系模式正确的设计应为___（5）___。

（5）A．Students（学号，性别，出生日期，年龄，家庭地址）

B．Students（学号，姓名，性别，出生日期，年龄）

C．Students（学号，姓名，性别，出生日期，家庭地址）

D．Students（学号，姓名，出生日期，年龄，家庭地址）

试题（5）分析

本题考查关系数据库方面的基本概念。

在概念设计中，需要概括应用系统中的实体及其联系，确定实体和联系的属性。派生属性是指可以由其他属性通过计算来获得，若在系统中存储派生属性，会引起数据冗余，增加额外存储和维护负担，还可能导致数据的不一致性，故派生属性不会作为关系中的属性来存储。

本题中"年龄"是派生属性，该属性可以由"系统当前时间 - 出生日期"计算获得，故关系模式 Students 正确的设计是"年龄"不作为关系中的属性来存储。

参考答案

（5）C

试题（6）、（7）

给出关系 $R(U,F)$，$U = \{A, B, C, D, E\}$，$F = \{A \rightarrow B, D \rightarrow C, BC \rightarrow E, AC \rightarrow B\}$，求属性闭包的等式成立的是___（6）___。$R$ 的候选关键字为___（7）___。

（6）A．$(A)_F^+ = U$　　B．$(B)_F^+ = U$　　C．$(AC)_F^+ = U$　　D．$(AD)_F^+ = U$

（7）A．AD　　B．AB　　C．AC　　D．BC

试题（6）、（7）分析

本题考查关系数据库理论方面的基础知识。

设 F 为属性集 U 上的一组函数依赖，$X \subseteq U$，$X_F^+ = \{A | X \rightarrow A$ 能由 F 根据 Armstrong 公理导出$\}$，则称 X_F^+ 为属性集 X 关于函数依赖集 F 的闭包。

根据以上定义及求属性闭包算法，分别求解属性集闭包 $(A)_F^+$、$(B)_F^+$、$(AC)_F^+$、$(AD)_F^+$，并判断等式是否成立。

求解 $(A)_F^+$。根据 F 中的 $A \rightarrow B$ 函数依赖，可求得 $(A)_F^+ = AB \neq U$。

求解 $(B)_F^+$。由于 F 中不存在左部为 B 的函数依赖，故 $(B)_F^+ = B \neq U$。

求解 $(AC)_F^+$。根据 F 中的 $A \rightarrow B$ 函数依赖，可求得 $(AC)_F^+ = ABC \neq U$。

求解 $(AD)_F^+$。根据 F 中的 $A \rightarrow B, D \rightarrow C, BC \rightarrow E$ 函数依赖，通过求属性闭包算法可以求得 $(AD)_F^+ = ABCDE = U$。

由于在属性集 AD 中不存在一个真子集能决定全属性，故 AD 为 R 的候选码。

参考答案

（6）D　　（7）A

试题（8）

在分布式数据库中有分片透明、复制透明、位置透明和逻辑透明等基本概念。其中，__(8)__ 是指用户无需知道数据存放的物理位置。

（8）A．分片透明　　　B．逻辑透明　　　C．位置透明　　　D．复制透明

试题（8）分析

本题考查对分布式数据库基本概念的理解。

分片透明是指用户或应用程序不需要知道逻辑上访问的表具体是怎么分块存储的。复制透明是指采用复制技术的分布方法，用户不需要知道数据是复制到哪些节点，如何复制的。位置透明是指用户无需知道数据存放的物理位置。逻辑透明是指用户或应用程序无需知道局部场地使用的是哪种数据模型。

参考答案

（8）C

试题（9）

以下关于操作系统微内核架构特征的说法，不正确的是 __(9)__ 。

（9）A．微内核的系统结构清晰，利于协作开发

　　　B．微内核代码量少，系统具有良好的可移植性

　　　C．微内核有良好的伸缩性、扩展性

　　　D．微内核的功能代码可以互相调用，性能很高

试题（9）分析

本题考查操作系统基础知识。

微内核（Micro Kernel）是现代操作系统普遍采用的架构形式。它是一种能够提供必要服务的操作系统内核，被设计成在很小的内存空间内增加移植性，提供模块设计，这些必要的服务包括任务、线程、交互进程通信以及内存管理等。而操作系统其他所有服务（含设备驱动）在用户模式下运行，可以使用户安装不同的服务接口（API）。

微内核的主要优点在于结构清晰、内核代码量少，安全性和可靠性高、可移植性强、可伸缩性、可扩展性高；其缺点是难以进行良好的整体优化、进程间互相通信的开销大、内核功能代码不能被直接调用而带来服务的效率低。

参考答案

（9）D

试题（10）

分页内存管理的核心是将虚拟内存空间和物理内存空间皆划分成大小相同的页面，并以页面作为内存空间的最小分配单位。下图给出了内存管理单元的虚拟地址到物理地址的翻译过程，假设页面大小为 4KB，那么 CPU 发出虚拟地址 0010000000000100 后，其访问的物理地址是 __（10）__ 。

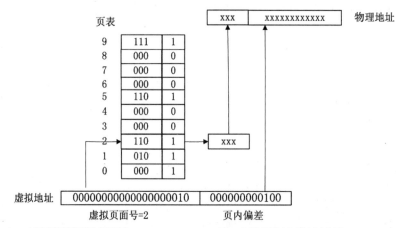

（10）A. 1100000000000100　　　　　　B. 0100000000000100
　　　 C. 1100000000000000　　　　　　D. 1100000000000010

试题（10）分析

本题考查计算机内存管理的基础知识。

虚拟内存管理是计算机体系结构设计中必须考虑的问题。计算机内存管理通过段页式管理算法，可以使计算机内存容量被无限延伸，以提升计算机处理能力。

分页式管理是将一个进程的逻辑地址空间分成若干个大小相等的片，称之为页面或页，并为各页加以编号，从 0 开始编码。相应地也把内存空间分成与页面相同大小的若干个存储块，称之为物理块或页框，也同样为它们加以编号。在为进程分配内存时，以块为单位将进程中若干个页分别装入多个可以不相邻的物理块中，从而实现无存储碎片的管理。分页式管理中，通常进程使用的地址是一种虚拟存储地址，必须通过页表转换才能访问到实际物理地址，虚拟地址一般由页面号和页内偏移组成，页面号是指需要访问页表的序号，而页内偏移是指在某页内相对 0 地址的偏移值。

因此，本题中给出虚拟地址 0010000000000100 中的页表序号是 02（10），图中页表 2 序列中内容是 110，因此物理地址应该是 110 加偏移地址，即 1100000000000100 是正确答案。

参考答案

（10）A

试题（11）

以下关于计算机内存管理的描述中，__（11）__ 属于段页式内存管理的描述。

（11）A. 一个程序就是一段，使用基址极限对来进行管理
　　　 B. 一个程序分为许多固定大小的页面，使用页表进行管理

    C．程序按逻辑分为多段，每一段内又进行分页，使用段页表来进行管理

    D．程序按逻辑分成多段，用一组基址极限对来进行管理。基址极限对存放在段表里

试题（11）分析

    本题考查计算机内存管理的基础知识。

    计算机内存管理有多种管理算法，从发展历史看，内存管理经历了固定分区、非固定分区、页式、段式和段页式等方法，当前较流行的是段页式内存管理。

    页式内存管理：其核心是将虚拟内存空间和物理内存空间皆划分成大小相同的页面，并以页面作为内存空间的最小分配单位。一个程序的一个页面可以放在任意一个物理页面里。

    段式内存管理：其核心是将一个程序按照逻辑单元分成多个程序段，每一个段使用自己单独的虚拟地址空间。采用段页表来进行管理。比如编译器可以将一个程序分成 5 个虚拟空间，即符号表、代码段、常数段、数据段和调用栈。

    因此，选项 A 的管理方法属于分区式管理；选项 B 的管理方法属于页式管理；选项 D 的管理方法属于段式管理；只有选项 C 的管理方法属于段页式管理。

参考答案

    （11）C

试题（12）

    软件脆弱性是软件中存在的弱点（或缺陷），利用它可以危害系统安全策略，导致信息丢失、系统价值和可用性降低。嵌入式系统软件架构通常采用分层架构，它可以将问题分解为一系列相对独立的子问题，局部化在每一层中，从而有效地降低单个问题的规模和复杂性，实现复杂系统的分解。但是，分层架构仍然存在脆弱性。常见的分层架构的脆弱性包括__(12)__等两个方面。

    （12）A．底层发生错误会导致整个系统无法正常运行、层与层之间功能引用可能导致功能失效

        B．底层发生错误会导致整个系统无法正常运行、层与层之间引入通信机制势必造成性能下降

        C．上层发生错误会导致整个系统无法正常运行、层与层之间引入通信机制势必造成性能下降

        D．上层发生错误会导致整个系统无法正常运行、层与层之间功能引用可能导致功能失效

试题（12）分析

    本题考查软件架构脆弱性方面的基础知识。

    脆弱性表示人、事物、组织机构等面对波动性、随机性变化或者压力时表现出来的变化趋势，软件脆弱性是指软件中存在的弱点（或缺陷），利用它可以危害系统安全策略，导致信息丢失、系统价值和可用性降低等。通常在软件设计时，分层架构由于其良好的可扩展性和可维护性被广泛采纳，但是，分层架构也存在众多脆弱性问题，主要表现在以下两个方面：

    ① 一旦某个底层发生错误，那么整个程序将会无法正常运行，如产生一些数据溢出、空指针、空对象的安全问题，也有可能会得出错误的结果；

② 将系统隔离为多个相对独立的层，这就要求在层与层之间引入通信机制，这种本来"直来直去"的操作现在要层层传递，势必造成性能的下降。

参考答案

（12）B

试题（13）

以下关于区块链应用系统中"挖矿"行为的描述中，错误的是 __(13)__ 。

（13）A．矿工"挖矿"取得区块链的记账权，同时获得代币奖励

　　　 B．"挖矿"本质上是在尝试计算一个 Hash 碰撞

　　　 C．"挖矿"是一种工作量证明机制

　　　 D．可以防止比特币的双花攻击

试题（13）分析

本题考查区块链的基础知识。

以区块链技术最成功的应用比特币为例，矿工的"挖坑"行为，其动机是为了获得代币奖励；其技术本质是尝试计算一个 Hash 碰撞，从而完成工作量证明；对社区而言，成功挖矿的矿工获得记账权和代币奖励是区块链应用系统的激励机制，是社区自我维持的关键。然而，挖矿行为自身并不能防止双花攻击（即一笔钱可以花出去两次）。

参考答案

（13）D

试题（14）

在 Linux 系统中，DNS 的配置文件是 __(14)__ ，它包含了主机的域名搜索顺序和 DNS 服务器的地址。

（14）A．/etc/hostname　　　　　 B．/dev/host.conf

　　　 C．/etc/resolv.conf　　　　　 D．/dev/name.conf

试题（14）分析

本题考查 Linux 中 DNS 的配置知识。

在 Linux 中，DNS 的配置文件保存在/etc/resolv.conf。/etc/resolv.conf 是 DNS 客户机的配置文件，用于设置 DNS 服务器的 IP 地址及 DNS 域名，还包含了主机的域名搜索顺序。该文件是由域名解析器（一个根据主机名解析 IP 地址的库）使用的配置文件。它的格式比较简单，每行以一个关键字开头，后接一个或多个由空格隔开的参数。

参考答案

（14）C

试题（15）

下面关于网络延迟的说法中，正确的是 __(15)__ 。

（15）A．在对等网络中，网络的延迟大小与网络中的终端数量无关

　　　 B．使用路由器进行数据转发所带来的延迟小于交换机

　　　 C．使用 Internet 服务能够最大限度地减小网络延迟

　　　 D．服务器延迟的主要影响因素是队列延迟和磁盘 IO 延迟

试题（15）分析

本题考查网络延迟的基础知识。

网络中的延迟产生与以下几个方面有关：运算、读取和写入、数据传输以及数据传输过程中的拥塞所带来的延迟。在网络中，数据读写的速率较之于数据计算和传输的速率要小得多，因此数据读写的延迟是影响网络延迟的最大的因素。

在对等网络中，由于采用总线式的连接，因此网络中的终端数量越多，终端所能够分配到的转发时隙就越小，所带来的延迟也就越大。

路由器一般采取存储转发方式，需要对待转发的数据包进行重新拆包，分析其源地址和目的地址，再根据路由表对其进行路由和转发，而交换机采取的是直接转发方式，不对数据包的三层地址进行分析，因此路由器转发所带来的延迟要小于交换机。

数据在 Internet 中传输时，由于互联网中的转发数据量大且所需经过的节点多，势必会带来更大的延迟。

参考答案

（15）D

试题（16）、（17）

进行系统监视通常有三种方式：一是通过　（16）　，如 UNIX/Linux 系统中的 ps、last 等；二是通过系统记录文件查阅系统在特定时间内的运行状态；三是集成命令、文件记录和可视化技术的监控工具，如　（17）　。

（16）A．系统命令　　　B．系统调用　　　C．系统接口　　　D．系统功能

（17）A．Windows 的 netstat　　　　　　B．Linux 的 iptables

　　　 C．Windows 的 Perfmon　　　　　　D．Linux 的 top

试题（16）、（17）分析

本题考查系统安全知识。

Windows 的 netstat 命令用来查看某个端口号是否被占用以及由哪个进程占用。

Perfmon（Performance Monitor）是 Windows 自带的性能监控工具，提供了图表化的系统性能实时监视器、性能日志和警报管理。通过添加性能计数器（Performance Counter）可以实现对 CPU、内存、网络、磁盘、进程等多类对象的上百个指标的监控。

iptables 是在 Linux 2.4 内核之后普遍使用的基于包过滤的防火墙工具，可以对流入和流出服务器的数据包进行很精细的控制。

top 命令是 Linux 下常用的性能分析工具，能够实时显示系统中各个进程的资源占用状况。

参考答案

（16）A　　（17）C

试题（18）～（21）

与电子政务相关的行为主体主要有三类，即政府、企（事）业单位及居民。因此，政府的业务活动也主要围绕着这三类行为主体展开。政府与政府、政府与企（事）业单位以及政府与居民之间的互动构成了 5 种不同的、却又相互关联的领域。其中人口信息采集、处理和利用业务属于　（18）　领域；营业执照的颁发业务属于　（19）　领域；户籍管理业务

属于 __(20)__ 领域；参加政府工程投标活动属于 __(21)__ 领域。

    （18）A．政府对企（事）业单位（G2B）   B．政府与政府（G2G）

           C．企业对政府（B2G）   D．政府对居民（G2C）

    （19）A．政府对企（事）业单位（G2B）   B．政府与政府（G2G）

           C．企业对政府（B2G）   D．政府对居民（G2C）

    （20）A．政府对企（事）业单位（G2B）   B．政府与政府（G2G）

           C．企业对政府（B2G）   D．政府对居民（G2C）

    （21）A．政府对企（事）业单位（G2B）   B．政府与政府（G2G）

           C．企业对政府（B2G）   D．政府对居民（G2C）

试题（18）～（21）分析

    与电子政务相关的行为主体主要有三个，即政府、企（事）业单位及居民。因此，政府的业务活动也主要围绕着这三个行为主体展开。政府与政府，政府与企（事）业单位，以及政府与居民之间的互动构成了下面 5 个不同的、却又相互关联的领域。

    1）政府与政府（G2G）

    政府与政府之间的互动包括首脑机关与中央和地方政府组成部门之间的互动，中央政府与各级地方政府之间，政府的各个部门之间、政府与公务员和其他政府工作人员之间的互动。这个领域涉及的主要是政府内部的政务活动，包括国家和地方基础信息的采集、处理和利用，如人口信息；政府之间各种业务流所需要采集和处理的信息，如计划管理；政府之间的通信系统，如网络系统；政府内部的各种管理信息系统，如财务管理；以及各级政府的决策支持系统和执行信息系统，等等。

    2）政府对企（事）业单位（G2B）

    政府面向企业的活动主要包括政府向企（事）业单位发布的各种方针、政策、法规、行政规定，即企（事）业单位从事合法业务活动的环境；政府向企（事）业单位颁发的各种营业执照、许可证、合格证和质量认证等。

    3）政府对居民（G2C）

    政府对居民的活动实际上是政府面向居民所提供的服务。政府对居民的服务首先是信息服务，让居民知道政府的规定是什么，办事程序是什么，主管部门在哪里，以及各种关于社区公安和水、火、天灾等与公共安全有关的信息。户口、各种证件和牌照的管理等政府面向居民提供的各种服务。政府对居民提供的服务还包括各公共部门，如学校、医院、图书馆和公园等。

    4）企业对政府（B2G）

    企业面向政府的活动包括企业应向政府缴纳的各种税款，按政府要求应该填报的各种统计信息和报表，参加政府各项工程的竞、投标，向政府供应各种商品和服务，以及就政府如何创造良好的投资和经营环境，如何帮助企业发展等提出企业的意见和希望，反映企业在经营活动中遇到的困难，提出可供政府采纳的建议，向政府申请可能提供的援助等等。

    5）居民对政府（C2G）

    居民对政府的活动除了包括个人应向政府缴纳的各种税款和费用，按政府要求应该填报的各种信息和表格，以及缴纳各种罚款等外，更重要的是开辟居民参政、议政的渠道，使政府的各项工作不断得以改进和完善。政府需要利用这个渠道来了解民意，征求群众意见，以便更好地为人民服务。此外，报警服务（盗贼、医疗、急救、火警等）即在紧急情况下居民需要向政府报告并要求政府提供的服务，也属于这个范围。

参考答案

（18）B　（19）A　（20）D　（21）C

试题（22）、（23）

软件文档是影响软件可维护性的决定因素。软件的文档可以分为用户文档和 ___（22）___ 两类。其中，用户文档主要描述 ___（23）___ 和使用方法，并不关心这些功能是怎样实现的。

（22）A．系统文档　　　　B．需求文档　　　　C．标准文档　　　　D．实现文档

（23）A．系统实现　　　　B．系统设计　　　　C．系统功能　　　　D．系统测试

试题（22）、（23）分析

本题考查软件文档的相关知识。

软件文档是影响软件可维护性的决定因素。根据文档内容，软件文档又可分为用户文档和系统文档两类。其中，用户文档主要描述系统功能和使用方法，并不关心这些功能是怎样实现的。

参考答案

（22）A　　（23）C

试题（24）、（25）

软件需求开发的最终文档经过评审批准后，就定义了开发工作的 ___（24）___ ，它在客户和开发者之间构筑了产品功能需求和非功能需求的一个 ___（25）___ ，是需求开发和需求管理之间的桥梁。

（24）A．需求基线　　　　B．需求标准　　　　C．需求用例　　　　D．需求分析

（25）A．需求用例　　　　B．需求管理标准　　C．需求约定　　　　D．需求变更

试题（24）、（25）分析

本题考查软件需求工程的相关知识。

需求基线指已经通过正式评审和批准的规格说明或产品，可作为进一步开发的基础，而且只有通过正式的变更控制过程才能修改它。建立需求基线的目的是防止需求的变化给程序架构造成重大影响。因此，它是团队成员已经承诺将在某一特定产品版本中实现的功能性和非功能性需求的一组集合，它在客户和开发者之间构筑了一个需求约定，是需求开发和需求管理之间的桥梁。

参考答案

（24）A　　（25）C

试题（26）～（28）

软件过程是制作软件产品的一组活动及其结果。这些活动主要由软件人员来完成，软件活动主要包括软件描述、 ___（26）___ 、软件有效性验证和 ___（27）___ 。其中， ___（28）___ 定义了软件功能以及使用的限制。

　　（26）A．软件模型　　　B．软件需求　　　C．软件分析　　　D．软件开发
　　（27）A．软件分析　　　B．软件测试　　　C．软件演化　　　D．软件开发
　　（28）A．软件分析　　　B．软件测试　　　C．软件描述　　　D．软件开发

试题（26）～（28）分析

本题考查软件过程的相关知识。

软件过程（Software Procedure）是指软件生存周期所涉及的一系列相关过程。过程是活动的集合；活动是任务的集合；任务起着把输入进行加工然后输出的作用。活动的执行可以是顺序的、重复的、并行的、嵌套的或者是有条件地引发的。软件过程是指软件整个生命周期，包括需求获取、需求分析、设计、实现、测试、发布和维护的一个过程模型。一个软件过程定义了软件开发中采用的方法，但软件过程还包含该过程中应用的技术方法和自动化工具。过程定义一个框架，为有效交付软件，这个框架必须创建。软件过程构成了软件项目管理控制的基础，并且创建了一个环境以便于技术方法的采用、工作产品（模型、文档、报告、表格等）的产生、里程碑的创建、质量的保证、正常变更的正确管理。

软件过程中的活动主要由软件人员来完成，软件活动主要包括软件描述、软件开发、软件有效性验证和软件演化。其中，软件描述定义了软件功能以及使用的限制。

参考答案

　　（26）D　　（27）C　　（28）C

试题（29）、（30）

对应软件开发过程的各种活动，软件开发工具有需求分析工具、__（29）__、编码与排错工具、测试工具等。按描述需求定义的方法可将需求分析工具分为基于自然语言或图形描述的工具和基于__（30）__的工具。

　　（29）A．设计工具　　　B．分析工具　　　C．耦合工具　　　D．监控工具
　　（30）A．用例　　　　　　　　　　B．形式化需求定义语言
　　　　　C．UML　　　　　　　　　　D．需求描述

试题（29）、（30）分析

本题考查软件系统工具相关知识。

软件系统工具的种类繁多，很难有统一的分类方法。通常可以按软件过程活动将软件工具分为软件开发工具、软件维护工具、软件管理和软件支持工具。其中，对应软件开发过程的各种活动，软件开发工具有需求分析工具、设计工具、编码与排错工具、测试工具等。

需求分析工具用以辅助软件需求分析活动，辅助系统分析员从需求定义出发，生成完整的、清晰的、一致的功能规范。功能规范是软件所要完成的功能精确而完整的陈述，描述该软件要做什么及只做什么，是软件开发者和用户间的契约，同时也是软件设计者和实现者的依据。功能规范应正确、完整地反映用户对软件的功能要求，其表达是清晰的、无歧义的。需求分析工具的目标就是帮助分析员形成这样的功能规范。按描述需求定义的方法可将需求分析工具分为基于自然语言或图形描述的工具和基于形式化需求定义语言的工具。

参考答案

　　（29）A　　（30）B

试题（31）、（32）

软件设计包括四个既独立又相互联系的活动：__(31)__、软件结构设计、人机界面设计和__(32)__。

（31）A. 用例设计　　　　　　　　　B. 数据设计

　　　　C. 程序设计　　　　　　　　　D. 模块设计

（32）A. 接口设计　　　　　　　　　B. 操作设计

　　　　C. 输入输出设计　　　　　　　D. 过程设计

试题（31）、（32）分析

本题考查软件设计的基础知识。

软件设计包括四个既独立又相互联系的活动，即数据设计、软件结构设计、人机界面设计和过程设计，这四个活动完成以后就得到了全面的软件设计模型。

参考答案

（31）B　　（32）D

试题（33）、（34）

信息隐蔽是开发整体程序结构时使用的法则，通过信息隐蔽可以提高软件的__(33)__、可测试性和__(34)__。

（33）A. 可修改性　　　　　　　　　B. 可扩充性

　　　　C. 可靠性　　　　　　　　　　D. 耦合性

（34）A. 封装性　　　　　　　　　　B. 安全性

　　　　C. 可移植性　　　　　　　　　D. 可交互性

试题（33）、（34）分析

本题考查软件结构化设计的基础知识。

信息隐蔽是开发整体程序结构时使用的法则，即将每个程序的成分隐蔽或封装在一个单一的设计模块中，并且尽可能少地暴露其内部的处理过程。通过信息隐蔽可以提高软件的可修改性、可测试性和可移植性，它也是现代软件设计的一个关键性原则。

参考答案

（33）A　　（34）C

试题（35）

按照外部形态，构成一个软件系统的构件可以分为五类，其中，__(35)__是指可以进行版本替换并增加构件新功能。

（35）A. 装配的构件　　　　　　　　　B. 可修改的构件

　　　　C. 有限制的构件　　　　　　　D. 适应性构件

试题（35）分析

本题考查软件构件的基础知识。

如果把软件系统看成是构件的集合，那么从构件的外部形态来看，构成一个系统的构件可分为五类：独立而成熟的构件得到了实际运行环境的多次检验；有限制的构件提供了接口，指出了使用的条件和前提；适应性构件进行了包装或使用了接口技术，把不兼容性、资源冲突等进行了处理，可以直接使用；装配的构件在安装时，已经装配在操作系统、数据库管理系统或信息系统不同层次上，可以连续使用；可修改的构件可以进行版本替换，如果对原构件修改错误、增加新功能，可以利用重新"包装"或写接口来实现构件的替换。

参考答案

（35）B

试题（36）～（38）

中间件是提供平台和应用之间的通用服务，这些服务具有标准的程序接口和协议。中间件的基本功能包括：为客户端和服务器之间提供 __（36）__ ；提供 __（37）__ 保证交易的一致性；提供应用的 __（38）__ 。

（36）A．连接和通信   B．应用程序接口

       C．通信协议支持   D．数据交换标准

（37）A．安全控制机制   B．交易管理机制

       C．标准消息格式   D．数据映射机制

（38）A．基础硬件平台   B．操作系统服务

       C．网络和数据库   D．负载均衡和高可用性

试题（36）～（38）分析

本题考查中间件的基础知识。

中间件提供平台和应用之间的通用服务，这些服务具有标准的程序接口和协议。中间件的基本功能包括：为客户端和服务器之间提供连接和通信；提供交易管理机制保证交易的一致性；提供应用的负载均衡和高可用性等。

参考答案

（36）A   （37）B   （38）D

试题（39）、（40）

应用系统开发中可以采用不同的开发模型，其中，__（39）__ 将整个开发流程分为目标设定、风险分析、开发和有效性验证、评审四个部分；__（40）__ 则通过重用来提高软件的可靠性和易维护性，程序在进行修改时产生较少的副作用。

（39）A．瀑布模型   B．螺旋模型

       C．构件模型   D．对象模型

（40）A．瀑布模型   B．螺旋模型

       C．构件模型   D．对象模型

试题（39）、（40）分析

本题考查软件开发模型的基础知识。

应用系统开发中可以采用不同的开发模型，包括瀑布模型、演化模型、原型模型、螺旋模型、喷泉模型和基于可重用构件的模型等。其中，螺旋模型将整个开发流程分为目标设定、风险分析、开发和有效性验证、评审四个部分；构件则通过重用来提高软件的可靠性和易维护性，程序在进行修改时产生较少的副作用。

参考答案

（39）B　　（40）C

试题（41）

关于敏捷开发方法的特点，不正确的是　（41）　。

（41）A．敏捷开发方法是适应性而非预设性

　　　B．敏捷开发方法是面向过程的而非面向人的

　　　C．采用迭代增量式的开发过程，发行版本小型化

　　　D．敏捷开发中强调开发过程中相关人员之间的信息交流

试题（41）分析

本题考查敏捷开发方法的基础知识。

敏捷开发方法主要有两个特点：敏捷开发方法是适应性而非预设性的；敏捷开发方法是面向人而非面向过程的。敏捷开发方法以原型化开发方法为基础，采用迭代增量式开发，发行版本小型化。敏捷开发方法特别强调开发中相关人员之间的信息交流。

参考答案

（41）B

试题（42）、（43）

自动化测试工具主要使用脚本技术来生成测试用例，其中，　（42）　是录制手工测试的测试用例时得到的脚本；　（43）　是将测试输入存储在独立的数据文件中，而不是在脚本中。

（42）A．线性脚本　　　　　　　B．结构化脚本

　　　C．数据驱动脚本　　　　　D．共享脚本

（43）A．线性脚本　　　　　　　B．结构化脚本

　　　C．数据驱动脚本　　　　　D．共享脚本

试题（42）、（43）分析

本题考查软件测试的基础知识。

自动化测试工具主要使用脚本技术来生成测试用例，脚本是一组测试工具执行的指令集合。脚本的基本结构主要有五种：线性脚本是录制手工测试的测试用例时得到的脚本；结构化脚本具有各种逻辑结构和函数调用功能；共享脚本是指一个脚本可以被多个测试用例使用；数据驱动脚本是指将测试输入存储在独立的数据文件中，而不是脚本中；关键字驱动脚本是数据驱动脚本的逻辑扩展，用测试文件描述测试用例。

参考答案

（42）A　　（43）C

试题（44）～（47）

考虑软件架构时，重要的是从不同的视角（perspective）来检查，这促使软件设计师考虑架构的不同属性。例如，展示功能组织的　（44）　能判断质量特性，展示并发行为的　（45）　能判断系统行为特性。选择的特定视角或视图也就是逻辑视图、进程视图、实现视图和　（46）　。使用　（47）　来记录设计元素的功能和概念接口，设计元素的功能定义了它本身在系统中的角色，这些角色包括功能、性能等。

（44）A．静态视角　　　B．动态视角　　　C．多维视角　　　D．功能视角
（45）A．开发视角　　　B．动态视角　　　C．部署视角　　　D．功能视角
（46）A．开发视图　　　B．配置视图　　　C．部署视图　　　D．物理视图
（47）A．逻辑视图　　　B．物理视图　　　C．部署视图　　　D．用例视图

试题（44）～（47）分析

本题考查软件架构的相关知识。

在软件架构中，从不同的视角描述特定系统的体系结构，从而得到多个视图，并将这些视图组织起来以描述整体的软件架构模型。因此，在考虑体系结构时，可以从不同的视角来检查，这促使软件设计师考虑体系结构的不同属性。例如，展示功能组织的静态视角能判断质量特性，展示并发行为的动态视角能判断系统行为特性。选择的特定视角或视图也就是逻辑视图、进程视图、实现视图和配置视图。使用逻辑视图来记录设计元素的功能和概念接口，设计元素的功能定义了它本身在系统中的角色，这些角色包括功能、性能等。

参考答案

（44）A　　（45）B　　（46）B　　（47）A

试题（48）～（50）

在软件架构评估中，__(48)__ 是影响多个质量属性的特性，是多个质量属性的 __(49)__。例如，提高加密级别可以提高安全性，但可能要耗费更多的处理时间，影响系统性能。如果某个机密消息的处理有严格的时间延迟要求，则加密级别可能就会成为一个 __(50)__。

（48）A．敏感点　　　B．权衡点　　　C．风险决策　　　D．无风险决策
（49）A．敏感点　　　B．权衡点　　　C．风险决策　　　D．无风险决策
（50）A．敏感点　　　B．权衡点　　　C．风险决策　　　D．无风险决策

试题（48）～（50）分析

本题考查体系结构评估的相关知识。

敏感点（sensitivity point）和权衡点（tradeoff point）是关键的体系结构决策。敏感点是一个或多个构件（和／或构件之间的关系）的特性。研究敏感点可使设计人员或分析员明确在搞清楚如何实现质量目标时应注意什么。权衡点是影响多个质量属性的特性，是多个质量属性的敏感点。因此，改变加密级别可能会对安全性和性能产生非常重要的影响。提高加密级别可以提高安全性，但可能要耗费更多的处理时间，影响系统性能。如果某个机密消息的处理有严格的时间延迟要求，则加密级别可能就会成为一个权衡点。

参考答案

（48）B　　（49）A　　（50）B

试题（51）～（53）

针对二层 C/S 软件架构的缺点，三层 C/S 架构应运而生。在三层 C/S 架构中，增加了一个 __(51)__。三层 C/S 架构是将应用功能分成表示层、功能层和 __(52)__ 三个部分。其中 __(53)__ 是应用的用户接口部分，担负与应用逻辑间的对话功能。

（51）A．应用服务器　　B．分布式数据库　　C．内容分发　　　D．镜像
（52）A．硬件层　　　　B．数据层　　　　C．设备层　　　　D．通信层

（53）A．表示层　　　　　B．数据层　　　　　　　C．应用层　　　　　D．功能层

试题（51）～（53）分析

本题考查软件架构中三层 C/S 架构的相关知识。

传统的二层 C/S 结构存在以下几个局限：是单一服务器且以局域网为中心的，所以难以扩展至大型企业广域网或 Internet；受限于供应商；软硬件的组合及集成能力有限；难以管理大量的客户机。因此，三层 C/S 结构应运而生。

三层 C/S 结构是将应用功能分成表示层、功能层和数据层三部分，其解决方案是对这三层进行明确分割，并在逻辑上使其独立。原来的数据层作为 DBMS 已经独立出来，将表示层和功能层分离成各自独立的程序，使这两层间的接口简洁明了。三层 C/S 结构中，表示层是应用的用户接口部分，它担负着用户与应用间的对话功能。它用于检查用户从键盘等输入的数据，显示应用输出的数据。功能层相当于应用的本体，它是将具体的业务处理逻辑编入程序中。数据层就是 DBMS，负责管理对数据库数据的读写。

参考答案

（51）A　（52）B　（53）A

试题（54）、（55）

经典的设计模式共有 23 个，这些模式可以按两个准则来分类：一是按设计模式的目的划分，可分为__（54）__型、结构型和行为型三种模式；二是按设计模式的范围划分，可以把设计模式分为类设计模式和__（55）__设计模式。

（54）A．创建　　　　　B．实例　　　　　　　C．代理　　　　　D．协同

（55）A．包　　　　　　B．模板　　　　　　　C．对象　　　　　D．架构

试题（54）、（55）分析

软件模式主要可分为设计模式、分析模式、组织和过程模式等，每一类又可细分为若干个子类。在此着重介绍设计模式，目前它的使用最为广泛。设计模式主要用于得到简洁灵活的系统设计，GoF 的书中共有 23 个设计模式，这些模式可以按两个准则来分类：一是按设计模式的目的划分，可分为创建型、结构型和行为型三种模式；二是按设计模式的范围划分，即根据设计模式是作用于类还是作用于对象来划分，可以把设计模式分为类设计模式和对象设计模式。

参考答案

（54）A　（55）C

试题（56）～（58）

创建型模式支持对象的创建，该模式允许在系统中创建对象，而不需要在代码中标识特定类的类型，这样用户就不需要编写大量、复杂的代码来初始化对象。在不指定具体类的情况下，__（56）__模式为创建一系列相关或相互依赖的对象提供了一个接口。__（57）__模式将复杂对象的构建与其表示相分离，这样相同的构造过程可以创建不同的对象。__（58）__模式允许对象在不了解要创建对象的确切类以及如何创建等细节的情况下创建自定义对象。

（56）A．Prototype　　　B．Abstract Factory　　　C．Builder　　　D．Singleton

（57）A．Prototype　　　B．Abstract Factory　　　C．Builder　　　D．Singleton

（58）A．Prototype　　　B．Abstract Factory　　　C．Builder　　　D．Singleton

试题（56）～（58）分析

在系统中，创建性模式支持对象的创建。该模式允许在系统中创建对象，而不需要在代码中标识特定类的类型，这样用户就不需要编写大量、复杂的代码来初始化对象。它是通过该类的子类来创建对象的。

在不指定具体类的情况下，Abstract Factory 模式为创建一系列相关或相互依赖的对象提供了一个接口。根据给定的相关抽象类，Abstract Factory 模式提供了从一个相匹配的具体子类集创建这些抽象类的实例的方法。Abstract Factory 模式提供了一个可以确定合适的具体类的抽象类，这个抽象类可以用来创建实现标准接口的具体产品的集合。客户端只与产品接口和 Abstract Factory 类进行交互。使用这种模式，客户端不用知道具体的构造类。Abstract Factory 模式类似于 Factory Method 模式，但是 Abstract Factory 模式可以创建一系列的相关对象。

Builder 模式将复杂对象的构建与其表示相分离，这样相同的构造过程可以创建不同的对象。通过只指定对象的类型和内容，Builder 模式允许客户端对象构建一个复杂对象。客户端可以不受该对象构造的细节的影响。这样通过定义一个能够构建其他类实例的类，就可以简化复杂对象的创建过程。Builder 模式生产一个主要产品，而该产品中可能有多个类，但是通常只有一个主类。

Prototype 模式允许对象在不了解要创建对象的确切类以及如何创建等细节的情况下创建自定义对象。使用 Prototype 实例，便指定了要创建的对象类型，而通过复制这个 Prototype，就可以创建新的对象。Prototype 模式是通过先给出一个对象的 Prototype 对象，然后再初始化对象的创建。创建初始化后的对象再通过 Prototype 对象对其自身进行复制来创建其他对象。Prototype 模式使得动态创建对象更加简单，只要将对象类定义成能够复制自身就可以实现。

参考答案

（56）B　　（57）C　　（58）A

试题（59）～（63）

某公司欲开发一个在线教育平台。在架构设计阶段，公司的架构师识别出 3 个核心质量属性场景。其中"网站在并发用户数量 10 万的负载情况下，用户请求的平均响应时间应小于 3 秒"这一场景主要与　（59）　质量属性相关，通常可采用　（60）　架构策略实现该属性；"主站宕机后，系统能够在 10 秒内自动切换至备用站点并恢复正常运行"主要与　（61）　质量属性相关，通常可采用　（62）　架构策略实现该属性；"系统完成上线后，少量的外围业务功能和界面的调整与修改不超过 10 人·月"主要与　（63）　质量属性相关。

（59）A．性能　　　　　B．可用性　　　　　C．易用性　　　　　D．可修改性

（60）A．抽象接口　　　B．信息隐藏　　　　C．主动冗余　　　　D．资源调度

（61）A．性能　　　　　B．可用性　　　　　C．易用性　　　　　D．可修改性

（62）A．记录/回放　　　B．操作串行化　　　C．心跳　　　　　　D．增加计算资源

（63）A．性能　　　　　B．可用性　　　　　C．易用性　　　　　D．可修改性

试题（59）～（63）分析

本题考查质量属性的基础知识与应用。

架构的基本需求主要是在满足功能属性的前提下，关注软件质量属性，架构设计则是为满足架构需求（质量属性）寻找适当的"战术"（即架构策略）。

软件属性包括功能属性和质量属性，但是，软件架构（及软件架构设计师）重点关注的是质量属性。因为在大量的可能结构中，可以使用不同的结构来实现同样的功能性，即功能性在很大程度上是独立于结构的，架构设计师面临着决策（对结构的选择），而功能性所关心的是它如何与其他质量属性进行交互，以及它如何限制其他质量属性。

常见的 6 个质量属性为可用性、可修改性、性能、安全性、可测试性、易用性。质量属性场景是一种面向特定的质量属性的需求，由以下 6 部分组成：刺激源、刺激、环境、制品、响应、响应度量。

题目中描述的人员管理系统在架构设计阶段，公司的架构师识别出 3 个核心质量属性场景，其中"网站在并发用户数量 10 万的负载情况下，用户请求的平均响应时间应小于 3 秒"这一场景主要与性能质量属性相关，通常可采用提高计算效率、减少计算开销、控制资源使用、资源调度、负载均衡等架构策略实现该属性；"主站宕机后，系统能够在 10 秒内自动切换至备用站点并恢复正常运行"主要与可用性质量属性相关，通常可采用 Ping/Echo、心跳、异常检测、主动冗余、被动冗余、检查点等架构策略实现该属性；"系统完成上线后，少量的外围业务功能和界面的调整与修改不超过 10 人·月"主要与可修改性质量属性相关。

参考答案

（59）A　　（60）D　　（61）B　　（62）C　　（63）D

试题（64）

SYN Flooding 攻击的原理是　（64）　。

（64）A. 利用 TCP 三次握手，恶意造成大量 TCP 半连接，耗尽服务器资源，导致系统拒绝服务

　　　B. 操作系统在实现 TCP/IP 协议栈时，不能很好地处理 TCP 报文的序列号紊乱问题，导致系统崩溃

　　　C. 操作系统在实现 TCP/IP 协议栈时，不能很好地处理 IP 分片包的重叠情况，导致系统崩溃

　　　D. 操作系统协议栈在处理 IP 分片时，对于重组后超大的 IP 数据包不能很好地处理，导致缓存溢出而系统崩溃

试题（64）分析

本题考查网络安全知识。

SYN Flooding 是一种常见的 DOS（denial of service，拒绝服务）和 DDoS（distributed denial of service，分布式拒绝服务）攻击方式。它使用 TCP 协议缺陷，发送大量的伪造的 TCP 连接请求，使得被攻击方 CPU 或内存资源耗尽，最终导致被攻击方无法提供正常的服务。

参考答案

（64）A

试题（65）

下面关于 Kerberos 认证的说法中，错误的是　(65)　。

(65) A. Kerberos 是在开放的网络中为用户提供身份认证的一种方式

　　　B. 系统中的用户要相互访问必须首先向 CA 申请票据

　　　C. KDC 中保存着所有用户的账号和密码

　　　D. Kerberos 使用时间戳来防止重放攻击

试题（65）分析

本题目考查 Kerberos 认证系统的认证流程知识。

Kerberos 提供了一种单点登录（SSO）的方法。考虑这样一个场景，在一个网络中有不同的服务器，比如，打印服务器、邮件服务器和文件服务器。这些服务器都有认证的需求。很自然的，让每个服务器自己实现一套认证系统是不合理的，而是提供一个中心认证服务器（AS-Authentication Server）供这些服务器使用。这样任何客户端就只需维护一个密码就能登录所有服务器。

因此，在 Kerberos 系统中至少有三个角色：认证服务器（AS），客户端（Client）和普通服务器（Server）。客户端和服务器将在 AS 的帮助下完成相互认证。

在 Kerberos 系统中，客户端和服务器都有一个唯一的名字。同时，客户端和服务器都有自己的密码，并且它们的密码只有自己和认证服务器 AS 知道。

客户端在进行认证时，需首先向密钥分发中心来申请初始票据。

参考答案

(65) B

试题（66）、（67）

某软件公司根据客户需求，组织研发出一套应用软件，并与本公司的职工签订了保密协议，但是本公司某研发人员将该软件中的算法和部分程序代码公开发表。该软件研发人员　(66)　，该软件公司丧失了这套应用软件的　(67)　。

(66) A. 与公司共同享有该软件的著作权，是正常行使发表权

　　　B. 与公司共同享有该软件的著作权，是正常行使信息网络传播权

　　　C. 不享有该软件的著作权，其行为涉嫌侵犯公司的专利权

　　　D. 不享有该软件的著作权，其行为涉嫌侵犯公司的软件著作权

(67) A. 计算机软件著作权　　　　　　B. 发表权

　　　C. 专利权　　　　　　　　　　　D. 商业秘密

试题（66）、（67）分析

本题考查知识产权基础知识。

根据题目描述，该软件公司的研发人员参与开发的该软件是职务作品，因此该软件著作权属于公司。

软件著作权的客体是指计算机软件，即计算机程序及其有关文档。

软件著作权包括人身权、财产权等，人身权包括署名权、修改权、保护作品完整权等权力，财产权包括复制权、发行权、展览权、改编权、信息网络传播权等权利。发表权指决定

软件是否公之于众的权利；发行权是指以出售或者赠与方式向公众提供软件的原件或者复制件的权利；信息网络传播权是指以有线或者无线方式向公众提供软件，使公众可以在其个人选定的时间和地点获得软件的权利。

研发人员将该软件中的算法和部分程序代码公开发表，使该公司丧失了商业秘密。

参考答案

（66）D　　（67）D

试题（68）

按照《中华人民共和国著作权法》的权利保护期，____（68）____受到永久保护。

（68）A．发表权　　　B．修改权　　　　C．复制权　　　　D．发行权

试题（68）分析

本题考查知识产权基础知识。

发表权指决定软件是否公之于众的权利；修改权是指对软件进行增补、删节，或者改变指令、语句顺序的权利；复制权是将软件制作一份或者多份的权利；发行权是指以出售或者赠与方式向公众提供软件的原件或者复制件的权利。

修改权属于软件著作权中的人身权，得到永久保护。

参考答案

（68）B

试题（69）

为近似计算 XYZ 三维空间内由三个圆柱 $x^2+y^2\leq1$, $y^2+z^2\leq1$, $x^2+z^2\leq1$ 相交部分 V 的体积，以下四种方案中，____（69）____最容易理解，最容易编程实现。

（69）A．在 z=0 平面中的圆 $x^2+y^2\leq1$ 上，近似计算二重积分

　　　 B．画出 V 的形状，将其分解成多个简单形状，分别计算体积后，再求和

　　　 C．将 V 看作多个区域的交集，利用有关并集、差集的体积计算交集体积

　　　 D．V 位于某正立方体 M 内，利用 M 内均匀分布的随机点落在 V 中的比例进行计算

试题（69）分析

本题考查应用数学-随机模拟的基础知识。

由于三个圆柱相交部分很难画图，很难想象其形状，也很难确定其边界参数，因此，方案 A、B、C 的计算都有相当难度。方案 D 的计算非常容易，在计算机上利用伪随机数，很容易取得正立方体{$-1\leq x,y,z\leq1$}内均匀分布的随机点，也很容易判断该点是否位于 V 内。对大量的随机点，很容易统计在该正立方体中的随机点位于 V 中的比例。该比例值的 8 倍就近似地等于 V 的体积。

参考答案

（69）D

试题（70）

某厂生产的某种电视机，销售价为每台 2500 元，去年的总销售量为 25 000 台，固定成本总额为 250 万元，可变成本总额为 4000 万元，税率为 16%，则该产品年销售量的盈亏平衡点为____（70）____台（只有在年销售量超过它时才能盈利）。

（70）A．5000　　　　　　B．10 000　　　　　C．15 000　　　　　D．20 000

试题（70）分析

本题考查应用数学-管理经济学的基础知识。

可变成本总额与销售的电视机台数有关。去年销售了 25 000 台，可变成本总额为 4000 万元，因此，每台电视机的可变成本为 4000/2.5=1600 元。

如果年销售量为 N 台，则总成本=固定成本+N×每台的可变成本=250+0.16N（万元）。总收益=0.25N（1–16%）=0.21N（万元）。

对于盈亏平衡点的年销售量 N，250+0.16N=0.21N，所以 N=5000（台）。

参考答案

（70）A

试题（71）～（75）

The purpose of systems design is to specify a(n) ___（71）___, which defines the technologies to be used to build the proposed information systems. This task is accomplished by analyzing the data models and process models that were initially created during ___（72）___. The ___（73）___ is used to establish physical processes and data stores across a network. To complete this activity, the analyst may involve a number of system designers and ___（74）___, which may be involved in this activity to help address business data, process, and location issues. The key inputs to this task are the facts, recommendations, and opinions that are solicited from various sources and the approved ___（75）___ from the decision analysis phase.

（71）A．physical model　　　　　　　　B．prototype system
　　　 C．database schema　　　　　　　　D．application architecture

（72）A．requirements analysis　　　　　　B．problem analysis
　　　 C．cause-effect analysis　　　　　　D．decision analysis

（73）A．entity-relationship diagram　　　　B．physical data flow diagram
　　　 C．data flow diagram　　　　　　　　D．physical database model

（74）A．system users　　　　　　　　　　B．system analyst
　　　 C．system owner　　　　　　　　　　D．project manager

（75）A．system architecture　　　　　　　B．system proposal
　　　 C．technical model　　　　　　　　　D．business procedure

参考译文

系统设计的目的是确定一种应用体系架构，该架构定义了用于构建所建议信息系统的技术。通过分析最初在需求分析期间创建的数据模型和过程模型来完成该项任务。 物理数据流程图用于在整个网络上建立物理过程和数据存储。为了完成此活动，分析人员可能需要许多系统设计人员和系统用户参与到该活动中，帮助处理业务数据、流程和位置问题。该任务的关键输入是从各种来源获取的事实、建议和意见，以及在决策分析阶段获批的系统建议。

参考答案

（71）D　　（72）A　　（73）B　　（74）A　　（75）B

第 14 章　2020 下半年系统架构设计师
下午试题 I 分析与解答

试题一（共 25 分）

阅读以下关于软件架构设计与评估的叙述，在答题纸上回答问题 1 和问题 2。

【说明】

某公司拟开发一套在线软件开发系统，支持用户通过浏览器在线进行软件开发活动。该系统的主要功能包括代码编辑、语法高亮显示、代码编译、系统调试、代码仓库管理等。在需求分析与架构设计阶段，公司提出的需求和质量属性描述如下：

（a）根据用户的付费情况对用户进行分类，并根据类别提供相应的开发功能；

（b）在正常负载情况下，系统应在 0.2 秒内对用户的界面操作请求进行响应；

（c）系统应该具备完善的安全防护措施，能够对黑客的攻击行为进行检测与防御；

（d）系统主站点断电后，应在 3 秒内将请求重定向到备用站点；

（e）系统支持中文昵称，但用户名必须以字母开头，长度不少于 8 个字符；

（f）系统宕机后，需要在 15 秒内发现错误并启用备用系统；

（g）在正常负载情况下，用户的代码提交请求应该在 0.5 秒内完成；

（h）系统支持硬件设备灵活扩容，应保证在 2 人·天内完成所有的部署与测试工作；

（i）系统需要为针对代码仓库的所有操作情况进行详细记录，便于后期查阅与审计；

（j）更改系统的 Web 界面风格需要在 4 人·天内完成；

（k）系统本身需要提供远程调试接口，支持开发团队进行远程排错。

在对系统需求、质量属性和架构特性进行分析的基础上，该公司的系统架构师给出了两种候选的架构设计方案，公司目前正在组织相关专家对候选系统架构进行评估。

【问题 1】（13 分）

针对该系统的功能，李工建议采用管道–过滤器（pipe and filter）的架构风格，而王工则建议采用仓库（repository）架构风格。请指出该系统更适合采用哪种架构风格，并针对系统的主要功能，从数据处理方式、系统的可扩展性和处理性能三个方面对这两种架构风格进行比较与分析，填写表 1-1 中的（1）～（4）空白处。

表 1-1　两种架构风格的比较与分析

架构风格名称	数据处理方式	系统可扩展性	处理性能
管道–过滤器	数据驱动机制，处理流程事先确定，交互性差	（2）	劣势：需要数据格式转换，性能降低 优势：支持过滤器并发调用，性能提高

续表

架构风格名称	数据处理方式	系统可扩展性	处理性能
仓库	(1)	数据与处理解耦合，可动态添加和删除处理组件	劣势： (3) 优势： (4)

【问题 2】（12 分）

在架构评估过程中，质量属性效用树（utility tree）是对系统质量属性进行识别和优先级排序的重要工具。请将合适的质量属性名称填入图 1-1 中（1）、（2）空白处，并选择题干描述的（a）～（k）填入（3）～（6）空白处，完成该系统的效用树。

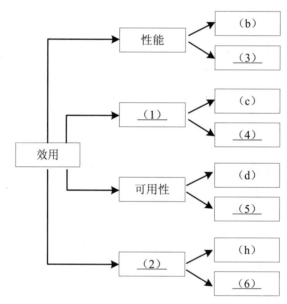

图 1-1　在线软件开发系统效用树

试题一分析

本题考查软件架构评估方面的知识与应用，主要包括质量属性效用树和架构分析两个部分。

此类题目要求考生认真阅读题目对系统需求的描述，经过分类、概括等方法，从中确定软件功能需求、软件质量属性、架构风险、架构敏感点、架构权衡点等内容，并采用效用树这一工具对架构进行评估。

【问题 1】

本问题考查考生对影响系统架构风格选型的理解与掌握。根据系统要求，李工建议采用管道–过滤器（pipe and filter）的架构风格，而王工则建议采用仓库（repository）架构风格。考生需要从系统的主要功能和要求，从数据处理方式、系统的可扩展性和处理性能三个方面对这两种架构风格的优势和劣势进行比较与分析。具体如下表所示。

架构风格名称	数据处理方式	系统可扩展性	处理性能
管道–过滤器	数据驱动机制，处理流程事先确定，交互性差	数据与处理紧密关联，调整处理流程需要系统重新启动	劣势：需要数据格式转换，性能降低 优势：支持过滤器并发调用，性能提高
仓库	数据存储在中心仓库，处理流程独立，支持交互式处理	数据与处理解耦合，可动态添加和删除处理组件	劣势：数据与处理分离，需要加载数据，性能降低 优势：数据处理组件之间一般无依赖关系，可并发调用，提高性能

经过综合比较与分析，可以看出该系统更适合使用仓库风格。

【问题 2】

在架构评估过程中，质量属性效用树（utility tree）是对系统质量属性进行识别和优先级排序的重要工具。质量属性效用树主要关注性能、可用性、安全性和可修改性等四个用户最为关注的质量属性，考生需要对题干的需求进行分析，逐一找出这四个质量属性对应的描述，然后填入空白处即可。

经过对题干进行分析，可以看出：

（a）根据用户的付费情况对用户进行分类，并根据类别提供相应的开发功能（功能需求）；

（b）在正常负载情况下，系统应在 0.2 秒内对用户的界面操作请求进行响应（性能）；

（c）系统应该具备完善的安全防护措施，能够对黑客的攻击行为进行检测与防御（安全性）；

（d）系统主站点断电后，应在 3 秒内将请求重定向到备用站点（可用性）；

（e）系统支持中文昵称，但用户名必须以字母开头，长度不少于 8 个字符（功能需求）；

（f）系统宕机后，需要在 15 秒内发现错误并启用备用系统（可用性）；

（g）在正常负载情况下，用户的代码提交请求应该在 0.5 秒内完成（性能）；

（h）系统支持硬件设备灵活扩容，应保证在 2 人·天内完成所有的部署与测试工作（可修改性）；

（i）系统需要为针对代码仓库的所有操作情况进行详细记录，便于后期查阅与审计（安全性）；

（j）更改系统的 Web 界面风格需要在 4 人·天内完成（可修改性）；

（k）系统本身需要提供远程调试接口，支持开发团队进行远程排错（可测试性）。

参考答案

【问题 1】

该系统更适合采用仓库架构风格。

（1）数据存储在中心仓库，处理流程独立，支持交互式处理。

（2）数据与处理紧密关联，调整处理流程需要系统重新启动。

（3）数据与处理分离，需要加载数据，性能降低。

（4）数据处理组件之间一般无依赖关系，可并发调用，提高性能。

【问题 2】

（1）安全性　　　　　（2）可修改性

（3）（g）　　　　（4）（i）
（5）（f）　　　　（6）（j）

从下列的 4 道试题（试题二至试题五）中任选 2 道解答。

试题二（共 25 分）

阅读下列说明，回答问题 1 至问题 3，将解答填入答题纸的对应栏内。

【说明】

某企业委托软件公司开发一套包裹信息管理系统，以便于对该企业通过快递收发的包裹信息进行统一管理。在系统设计阶段，需要对不同快递公司的包裹单信息进行建模，其中，邮政包裹单如图 2-1 所示。

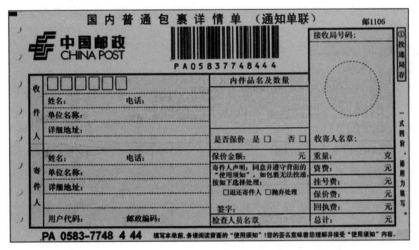

图 2-1　包裹单示意图

【问题 1】（14 分）

请说明关系型数据库开发中，逻辑数据模型设计过程包含哪些任务？该包裹单的逻辑数据模型中应该包含哪些实体？并给出每个实体的主键属性。

【问题 2】（6 分）

请说明什么是超类实体？结合图中包裹单信息，试设计一种超类实体，给出完整的属性列表。

【问题 3】（5 分）

请说明什么是派生属性，并结合图 2-1 的包裹单信息说明哪个属性是派生属性。

试题二分析

本题考查数据库设计与建模相关知识及应用。

数据库设计过程包括了逻辑数据建模和物理数据建模，逻辑数据建模阶段主要构造实体联系图表达实体及其属性和实体间的联系，物理数据建模阶段主要根据所选数据库系统设计数据库模式。实体联系图（Entity Relationship Diagram）指以实体、联系、属性三个基本概念概括数据的基本结构，从而描述静态数据结构的概念模式。实体是具有公共性质的可相互区别的现实世界对象的集合，可以是具体的，也可以是抽象的概念或联系。属性是实体所具有的模拟特性，一个实体可由若干个属性来刻画。联系是数据对象彼此之间存在的相互关系。

此类题目要求考生认真阅读题目对问题的描述，准确理解数据库设计的主要任务和实体联系图中各个元素的含义，结合图中所给出的包裹单示意图中所描述的数据项，分析其关系确定实体、属性和联系。

【问题 1】

在关系型数据库开发中，逻辑数据模型建设的主要任务是构建实体联系图。构建过程中，首先通过上下文数据模型确定实体及其联系，为每个实体确定其标识性属性并添加完整属性，在此基础上利用规范化技术对所建立逻辑数据模型进行优化，一般需要满足第三范式 3NF 要求。对图 2-1 所示包裹单中所有数据项进行分析，主要涉及的实体包括收件人、寄件人及其之间的关联实体包裹单，其余数据项设计为上述三个实体的属性即可。

【问题 2】

数据库建模中可以对属性相似的实体进行进一步的抽象，通过将多个实体中相同的属性组合起来构造出新的抽象实体，即超类实体，原有多个实体称之为子类实体，通过两者之间的继承关系来表达抽象实体和具体实体的关系。图 2-1 中收件人和寄件人的属性都包括了姓名、电话、单位名称、详细地址和邮政编码等信息，可以设计出一个超类实体"用户"来实现通用属性的抽象表示。

【问题 3】

在数据库优化过程中，第三范式要求消除派生属性，即某个实体的非主键属性由该实体其他非主键属性决定，那么该属性可以称之为派生属性。图 2-1 所示属性中，包裹单的属性"费用总计"是由资费、挂号费、保价费、回执费等计算得出，所以是派生属性。

参考答案

【问题 1】

逻辑数据模型设计过程包含的任务：
（1）构建系统上下文数据模型，包含实体及实体之间的联系；
（2）绘制基于主键的数据模型，为每个实体添加主键属性；
（3）构建全属性数据模型，为每个实体添加非主键属性；
（4）利用规范化技术建立系统规范化数据模型。

包裹单的逻辑数据模型中包含的实体：
（1）收件人（主键：电话）；
（2）寄件人（主键：电话）；
（3）包裹单（主键：编号）。

【问题 2】

超类实体是将多个实体中相同的属性组合起来构造出的新实体。
用户（姓名、电话、单位名称、详细地址）

【问题 3】

派生属性是指某个实体的非主键属性由该实体其他非主键属性决定。

包裹单中的总计是由资费、挂号费、保价费、回执费计算得出，所以是派生属性。

试题三（共 25 分）

阅读以下关于开放式嵌入式软件架构设计的相关描述，回答问题 1 至问题 3。

【说明】

某公司一直从事宇航系统研制任务，随着宇航产品综合化、网络化技术发展的需要，公司的业务量急剧增加，研制新的软件架构已迫在眉睫。公司架构师王工广泛调研了多种现代架构的基础，建议采用基于 FACE（Future Airborne Capability Environment）的宇航系统开放式软件架构，以实现宇航系统的跨平台复用，实现宇航软件高质量、低成本的开发。公司领导肯定了王工的提案，并指出公司要全面实施基于 FACE 的开放式软件架构，应注意每个具体项目在实施中如何有效实现从需求到架构设计的关系，掌握基于软件需求的软件架构设计方法，并做好开放式软件架构中各段间的接口标准化设计工作。

【问题 1】（9 分）

王工指出，软件开发中需求分析是根本，架构设计是核心，不考虑软件需求便进行软件架构设计很可能导致架构设计的失败，因此，如何把软件需求映射到软件架构至关重要。请从描述语言、非功能性需求描述、需求和架构的一致性等三个方面，用 300 字以内的文字说明软件需求到架构的映射存在哪些难点。

【问题 2】（10 分）

图 3-1 是王工给出的 FACE 架构布局，包括操作系统、I/O 服务、平台服务、传输服务和可移植组件等 5 个段；操作系统、I/O 和传输等 3 个标准接口。请分析图 3-1 给出的 FACE 架构的相关信息，用 300 字以内的文字简要说明 FACE 5 个段的含义。

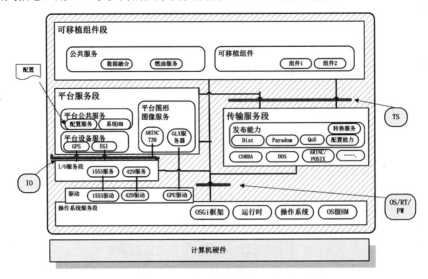

图 3-1　FACE 架构

【问题 3】（6 分）

FACE 架构的核心能力是可支持应用程序的跨平台执行和可移植性,要达到可移植能力,必须解决应用程序的紧耦合和封装的障碍。请用 200 字以内的文字简要说明在可移植性上,应用程序的紧耦合和封装问题的主要表现分别是什么,并给出解决方案。

试题三分析

FACE（Future Airborne Capability Environment）是近年来宇航领域提出的一种面向服务的、安全可靠、可移植、可扩展的开放式嵌入式系统架构,可实现宇航软件的跨平台复用以及高质量、低成本的开发工作。从图 3-1 可以看出,FACE 将宇航软件分为 5 个功能服务段,各段之间通过标准的服务接口或传输服务实现功能间的相互调用。架构设计是软件系统开发中的重要环节,其架构的优劣直接影响着软件系统的功能实现,因此,架构能否全面反映需求是架构设计的重中之重。

【问题 1】

通常在软件开发过程中,需求会随着开发深入而有所变化,而架构又不能完全地将需求全部反映出来,因此,如何把软件需求映射到软件架构是至关重要一个问题。在架构设计时,架构设计师应密切关注需求到架构的映射存在以下 5 方面的难点:

（1）需求和架构描述语言存在差异:软件需求是频繁获取的非正规的自然语言,而软件架构常用某种正式语言。

（2）非功能属性难以在架构中描述:系统属性中描述的非功能性需求通常很难在架构模型中形成规约。

（3）需求和架构的一致性难以保障:从软件需求映射到软件架构的过程中,保持一致性和可追溯性很难,且复杂程度很高,因为单一的软件需求可能定位到多个软件架构的关注点。反之,架构元素也可能有多个软件需求。

（4）用迭代和同步演化方法开发软件时,由于需求的不完整而带来的架构设计困难:架构设计必须基于一个准确的需求展开,而有些软件需求只能在建模后甚至是在架构实现时才能被准确理解。

（5）难以确定和细化包含这些需求的架构相关信息:大规模系统必须满足数以千计的需求,会导致很难确定和细化包含这些需求的架构相关信息。

【问题 2】

从图 3-1 可知,FACE 架构由 5 个基本段组成,每段内又分为多个功能服务,从这些服务可以看出每段的基本能力。例如,操作系统段是 FACE 架构的基本功能,除基本操作系统外,还涵盖了运行库,操作系统的健康监控（HM）,图中所给出的 OSGi 框架,实现功能组件“即插即用”能力。如果考生掌握了面向服务的架构风格,就不难给出各个段的具体含义。

（1）操作系统服务段:为 FACE 架构其他段提供操作系统、运行时和操作系统级健康监控等服务。通过开放式 OSGi 框架为上层功能提供 OS 标准接口,并可实现上层组件的即插即用能力。本段是 FACE 架构的基本服务段。

（2）I/O 服务段:主要针对专用 I/O 设备进行抽象,屏蔽平台服务段软件与硬件设备的关系,形成一种虚拟设备,这里隐含着对系统中的所有硬件 I/O 的虚拟化。由于图形服务软件和 GPU 处理器紧密相关，因此 I/O 服务段不对 GPU 驱动进行抽象。

（3）平台服务段：主要是指平台/用户需要的共性服务软件，主要涵盖跨平台的系统管理、共享设备服务，以及健康管理等。如：系统级健康监控（HM）、配置、日志和流媒体等服务。本段主要包括平台公共服务、平台设备服务和平台图像服务等三类。

（4）传输服务段：通过使用传统跨平台中间件软件（如 CORBA、DDA 等），为平台上层可移植组件段提供平台性的数据交换服务，可移植组件将通过传输服务段提供的服务实现交换，禁止组件间直接调用。本段应具备 QoS 质量特征服务、配置能力服务以及分布式传输服务等。

（5）可移植组件段：为用户软件段，提供了多组件使用能力和功能服务。主要包括公共服务和可移植组件两类。

【问题 3】

紧耦合和封装是软件模块化设计中最难以解决的两个问题，要使软件具备良好的可移植性、可复用性，就必须清楚其问题的表现形式。

紧耦合是应用程序移植的一个障碍，进一步说，就是计算平台的硬件设备和软件模块及其沟通之间的耦合代了一个应用程序的可移植性方面的障碍。原因是便携性使得每个平台设备都有一个接口控制文件（ICD），描述了由硬件所支持的消息和协议，应用程序对消息和协议的支持将紧密耦合于硬件。若要移植，需要太多的工作来修改应用程序以支持不同的结构元素。

为了尽量减少支持新的硬件设备所需要的工作，可采用分离原则，通过隔离实现硬件特定信息和少数模块的代码，来减少耦合性。

通常紧耦合问题主要表现在 I/O 问题、业务逻辑问题和表现问题。

传统的应用程序不可移植的另一个原因是这些应用程序被紧密耦合到一组固定的接口，而这些数据的每个数据源或槽（sinks）都暴露出了设备的特殊接口，这些特殊接口在每个平台中都是不同的。这样，支持平台设备的接口控制文件（ICD）是被硬编码到应用程序中，就导致应用程序不能成功在不同计算平台上执行。

为了解决这种接口控制文件（ICD）被硬编码而难以封装的问题，可以通过提供数据源或槽的软件服务的方法，从紧耦合组件分解出应用程序，并将平台相关部分加入计算环境中，在计算平台内提供数据源或槽的软件服务，并实现接口标准化。

通常封装问题主要表现在：ICD 硬编码问题、组件的紧耦合问题、直接调用问题。

参考答案

【问题 1】

（1）需求和架构描述语言存在差异：软件需求是频繁获取的非正规的自然语言，而软件架构常用的是一种正式语言。

（2）非功能属性难于在架构中描述：系统属性中描述的非功能性需求通常很难在架构模型中形成规约。

（3）需求和架构的一致性难于保障：从软件需求映射到软件架构的过程中，保持一致性和可追溯性很难，且复杂程度很高，因为单一的软件需求可能定位到多个软件架构的关注点。

反之，架构元素也可能有多个软件需求。

【问题 2】

　　操作系统服务段：为 FACE 架构其他段提供操作系统、运行时和操作系统级健康监控等服务。通过开放式 OSGi 框架为上层功能提供 OS 标准接口，并可实现上层组件的即插即用能力。

　　I/O 服务段：主要针对专用 I/O 设备进行抽象，屏蔽平台服务段软件与硬件设备的关系。由于图形服务软件和 GPU 处理器紧密相关，因此 I/O 服务段不对 GPU 驱动进行抽象。

　　平台服务段：主要是指用户需要的共性软件，如：系统级健康监控（HM）、配置、日志和流媒体等服务。本段可包括平台公共服务、平台设备服务和平台图像服务等三类。

　　传输服务段：主要为上层可移植组件段提供平台性的数据交换服务。可移植组件将通过传输服务段提供的服务实现交换，禁止组件间直接调用。

　　可移植组件段：提供了多组件使用能力和功能服务。主要包括公共服务和可移植组件两类。

【问题 3】

　　紧耦合问题主要表现在：I/O 问题、业务逻辑问题和表现问题。

　　解决方案：可采用分离原则，通过隔离实现硬件特定信息和少数模块的代码，减少耦合性。

　　封装问题主要表现在：ICD 硬编码问题、组件的紧耦合问题、直接调用问题。

　　解决方案：可以通过提供数据源或槽的软件服务的方法，将紧耦合组件分解出应用程序，并将平台相关部分加入计算环境中，在计算平台内提供数据源或槽的软件服务，并实现接口标准化。

试题四（共 25 分）

　　阅读以下关于数据库缓存的叙述，在答题纸上回答问题 1 至问题 3。

【说明】

　　某互联网文化发展公司因业务发展，需要建立网上社区平台，为用户提供一个对网络文化产品（如互联网小说、电影、漫画等）进行评论、交流的平台。该平台的部分功能如下：

　　（a）用户帖子的评论计数器；

　　（b）支持粉丝列表功能；

　　（c）支持标签管理；

　　（d）支持共同好友功能等；

　　（e）提供排名功能，如当天最热前 10 名帖子排名、热搜榜前 5 排名等；

　　（f）用户信息的结构化存储；

　　（g）提供好友信息的发布/订阅功能。

　　该系统在性能上需要考虑高性能、高并发，以支持大量用户的同时访问。开发团队经过综合考虑，在数据管理上决定采用 Redis+数据库（缓存+数据库）的解决方案。

【问题 1】（10 分）

　　Redis 支持丰富的数据类型，并能够提供一些常见功能需求的解决方案。请选择题干描述的（a）～（g）功能选项，填入表 4-1 中（1）～（5）的空白处。

表 4-1 Redis 数据类型与业务功能对照表

数据类型	存储的值	可实现的业务功能
STRING	字符串、整数或浮点数	（1）
LIST	列表	（2）
SET	无序集合	（3）
HASH	包括键值对的无序散列表	（4）
ZSET	有序集合	（5）

【问题 2】（7 分）

该网上社区平台需要为用户提供 7×24 小时的不间断服务。同时在系统出现宕机等故障时，能在最短时间内通过重启等方式重新建立服务。为此，开发团队选择了 Redis 持久化支持。Redis 有两种持久化方式，分别是 RDB（Redis DataBase）持久化方式和 AOF（Append Only File）持久化方式。开发团队最终选择了 RDB 方式。

请用 200 字以内的文字，从磁盘更新频率、数据安全、数据一致性、重启性能和数据文件大小五个方面比较两种方式，并简要说明开发团队选择 RDB 的原因。

【问题 3】（8 分）

缓存中存储当前的热点数据，Redis 为每个 KEY 值都设置了过期时间，以提高缓存命中率。为了清除非热点数据，Redis 选择"定期删除+惰性删除"策略。如果该策略失效，Redis 内存使用率会越来越高，一般应采用内存淘汰机制来解决。

请用 100 字以内的文字简要描述该策略的失效场景，并给出三种内存淘汰机制。

试题四分析

本题考查数据库缓存的基本概念和具体应用。

【问题 1】

本问题考查 Redis 数据库缓存产品基本数据类型的常见应用。

（1）STRING 类型：常规的 key/value 缓存应用，常规计数如粉丝数等；

（2）LIST 类型：各类列表应用，如关注列表、好友列表、订阅列表等；

（3）SET 类型：与 LIST 类似，但提供去重操作，也提供集合操作，可实现共同关注、共同喜好、共同好友等功能；

（4）HASH 类型：存储部分变更数据，如用户数据等；

（5）ZSET 类型：类似 SET 但提供自动排序，也可实现带权重的队列，如各类排行榜等。

【问题 2】

本问题考查 Redis 持久化存储的基本概念及应用。

Redis 提供了两种持久化存储的机制，分别是 RDB（Redis DataBase）持久化方式和 AOF（Append Only File）持久化方式。RDB 持久化方式是指在指定的时间间隔内将内存中的数据集快照写入磁盘，是 Redis 默认的持久化方式。AOF 方式是指 redis 会将每一个收到的写命令都通过 write 函数追加到日志文件中。

两种方式各有优缺点，大致的比较如下：

（1）磁盘更新频率：AOF 比 RDB 文件更新频率高。

（2）数据安全：AOF 比 RDB 更安全。

（3）数据一致性：RDB 间隔一段时间存储，可能发生数据丢失和不一致；AOF 通过 append 模式写文件，即使发生服务器宕机，也可通过 redis-check-aof 工具解决数据一致性问题。

（4）重启性能：RDB 性能比 AOF 好。

（5）数据文件大小：AOF 文件比 RDB 文件大。

该项目的实际需求是：在系统出现宕机等故障时，需要在最短时间内通过重启等方式重新建立服务，因此重启性能是最需要考虑的因素，故该开发团队选择 RDB 方式。

【问题 3】

本问题考查 Redis 使用过程中数据清除相关的概念。

缓存中一般用来存储当前的热点数据，Redis 为每个 KEY 值都设置了过期时间，以提高缓存命中率。为了清除非热点数据，Redis 选择"定期删除+惰性删除"策略。

"定期删除+惰性删除"策略也会存在失效的可能。比如，如果"定期删除"没删除 KEY，也没即时去请求 KEY，也就是说"惰性删除"也没生效。这样，Redis 默认的"定期删除+惰性删除"策略就失效了。

如果该策略失效，Redis 内存使用率会越来越高，一般应采用内存淘汰机制来解决。常见的内存淘汰机制有：

（1）从已设置过期时间的数据集最近最少使用的数据淘汰。

（2）从已设置过期时间的数据集将要过期的数据淘。

（3）从已设置过期时间的数据集任意选择数据淘汰。

（4）从数据集最近最少使用的数据淘汰。

（5）从数据集任意选择数据淘汰。

参考答案

【问题 1】

（1）（a）

（2）（b）、（g）

（3）（c）、（d）

（4）（f）

（5）（e）

【问题 2】

磁盘更新频率：AOF 比 RDB 文件更新频率高。

数据安全：AOF 比 RDB 更安全。

数据一致性：RDB 间隔一段时间存储，可能发生数据丢失和不一致；AOF 通过 append 模式写文件，即使发生服务器宕机，也可通过 redis-check-aof 工具解决数据一致性问题。

重启性能：RDB 性能比 AOF 好。

数据文件大小：AOF 文件比 RDB 文件大。

综合上述五个方面的比较，考虑在系统出现宕机等故障时，需要在最短时间内通过重启等方式重新建立服务，因此开发团队最终选择了 RDB 方式。

【问题 3】

失效场景：如果"定期删除"没删除 KEY，也没即时去请求 KEY，也就是说"惰性删除"也没生效。这样，Redis 默认的"定期删除+惰性删除"策略就失效了。

对此，可采用内存淘汰机制解决：

（1）从已设置过期时间的数据集最近最少使用的数据淘汰。

（2）从已设置过期时间的数据集将要过期的数据淘汰。

（3）从已设置过期时间的数据集任意选择数据淘汰。

（4）从数据集最近最少使用的数据淘汰。

（5）从数据集任意选择数据淘汰。

试题五（共 25 分）

阅读以下关于 Web 系统架构设计的叙述，在答题纸上回答问题 1 至问题 3。

【说明】

某公司拟开发一款基于 Web 的工业设备监测系统，以实现对多种工业设备数据的分类采集、运行状态监测以及相关信息的管理。该系统应具备以下功能：

现场设备状态采集功能：根据数据类型对设备监测指标状态信号进行分类采集；

设备采集数据传输功能：利用可靠的传输技术，实现将设备数据从制造现场传输到系统后台；

设备监测显示功能：对设备的运行状态、工作状态以及报警状态进行监测并提供相应的图形化显示界面；

设备信息管理功能：支持设备运行历史状态、报警记录、参数信息的查询。

同时，该系统还需满足以下非功能性需求：

（a）系统应支持大于 100 个工业设备的并行监测；

（b）设备数据从制造现场传输到系统后台的传输时间小于 1s；

（c）系统应 7×24 小时工作；

（d）可抵御常见 XSS 攻击；

（e）系统在故障情况下，应在 0.5 小时内恢复；

（f）支持数据审计。

面对系统需求，公司召开项目组讨论会议，制定系统设计方案，最终决定采用三层拓扑结构，即现场设备数据采集层、Web 监测服务层和前端 Web 显示层。

【问题 1】（6 分）

请按照性能、安全性和可用性等三类非功能性需求分类，选择题干描述的（a）～（f）填入（1）～（3）。

表 5-1　非功能性需求归类表

非功能性需求类别	非功能性需求
性能	（1）
安全性	（2）
可用性	（3）

【问题 2】（14 分）

该系统的 Web 监测服务层拟采用 SSM（spring+spring MVC+Mybatis）框架进行系统研发。SSM 框架的工作流程图如图 5-1 所示，请从下面给出的（a）～（k）中进行选择，补充完善图 5-1 中（1）～（7）处空白的内容。

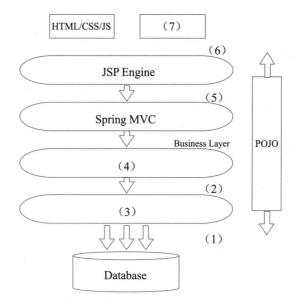

图 5-1 SSM 框架工作流程图

（a）Connection Pool

（b）Struts2

（c）Persistent Layer

（d）Mybatis

（e）HTTP

（f）MVC

（g）Kafka

（h）View Layer

（i）JSP

（j）Controller Layer

（k）Spring

【问题 3】（5 分）

该工业设备检测系统拟采用工业控制领域中统一的数据访问机制，实现与多种不同设备的数据交互，请用 200 字以内的文字说明采用标准的数据访问机制的原因。

试题五分析

本题考查 Web 系统架构设计相关知识及如何在实际问题中综合应用。

此类题目要求考生认真阅读题目对现实系统需求的描述，结合 Web 系统设计相关知识、实现技术等完成 Web 系统分析设计。

【问题 1】

　　软件质量属性有可用性、可修改性、性能、安全性、可测试性、易用性等。可用性关注的是系统产生故障的可能性和从故障中恢复的能力；性能关注的是系统对事件的响应时间；安全性关注的是系统保护合法用户正常使用系统、阻止非法用户攻击系统的能力；可测试性关注的是系统发现错误的能力；易用性关注的是对用户来说完成某个期望任务的容易程度和系统所提供的用户支持的种类。

【问题 2】

　　SSM 框架是 spring MVC，spring 和 Mybatis 框架的整合，是标准的 MVC 模式。其使用 spring MVC 负责请求的转发和视图管理；spring 实现业务对象管理；Mybatis 作为数据对象的持久化引擎。

　　因此，基于 SSM 的工业设备监测系统设计架构如下图所示。

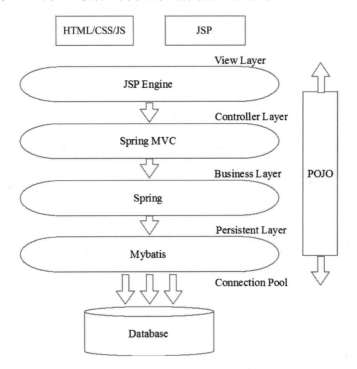

【问题 3】

　　标准的数据访问机制可以在硬件供应商和软件开发商之间建立一套完整的规则。只要遵循这套规则，数据交互对两者来说都是透明的，硬件供应商只需考虑应用程序的多种需求和传输协议，软件开发商也不必了解硬件的实质和操作过程，实现对设备数据采集的统一管理。

　　例如，OPC（OLE for Process Control）即用于过程控制的 OLE，是一个工业标准。OPC 是为了不同供应厂商的设备和应用程序之间的软件接口标准化，使其间的数据交换更加简单化的目的而提出的。作为结果，可以向用户提供不依赖于特定开发语言和开发环境且可以自由组合使用的过程控制软件组件产品。利用 OPC 的系统，是由按照应用程序（客户程序）的要求提供数据采集服务的 OPC 服务器，使用 OPC 服务器所必需的 OPC 接口，以及接受服务的 OPC 应用程序所构成。OPC 服务器是按照各个供应厂商的硬件所开发的，使之可以吸收各个供应厂商硬件和系统的差异，从而实现不依存于硬件的系统构成。同时利用一种叫作 Variant 的数据类型，可以不依存于硬件中固有数据类型。

参考答案

【问题 1】

　　（1）（a）（b）

　　（2）（d）（f）

　　（3）（c）（e）

【问题 2】

　　（1）（a）

　　（2）（c）

　　（3）（d）

　　（4）（k）

　　（5）（j）

　　（6）（h）

　　（7）（i）

【问题 3】

　　该工业设备检测系统需与不同设备进行数据交互，采用标准的数据访问机制可以在硬件供应商和软件开发商之间建立一套完整的规则。只要遵循这套规则，数据交互对两者来说都是透明的，硬件供应商只需考虑应用程序的多种需求和传输协议，软件开发商也不必了解硬件的实质和操作过程，实现对设备数据采集的统一管理。

第 15 章　2020 下半年系统架构设计师
下午试题 II 写作要点

> 从下列的 4 道试题（试题一至试题四）中任选一道解答。请在答题纸上的指定位置将所选择试题的题号框涂黑。若多涂或者未涂题号框，则对题号最小的一道试题进行评分。

试题一　论企业集成架构设计及应用

企业集成架构（Enterprise Integration Architecture，EIA）是企业集成平台的核心，也是解决企业信息孤岛问题的关键。企业集成架构设计包括了企业信息、业务过程、应用系统集成架构的设计。实现企业集成的技术多种多样，早期的集成方式是通过在不同的应用之间开发一对一的专用接口来实现应用之间的数据集成，即采用点到点的集成方式；后来提出了利用集成平台的方式来实现企业集成，可以将分散的信息系统通过一个统一的接口，以可管理、可重复的方式实现单点集成。企业集成架构设计技术方案按照要解决的问题类型可以分为数据集成、应用集成和企业集成。

请围绕"论企业集成架构设计及应用"论题，依次从以下三个方面进行论述。

1. 概要叙述你参与的软件开发项目以及承担的主要工作。

2. 详细说明三类企业集成架构设计技术分别要解决的问题及其含义，并阐述每种技术具体包含了哪些集成模式。

3. 根据你所参与的项目，说明采用了哪些企业集成架构设计技术，其实施效果如何。

试题一写作要点

一、简要描述所参与的软件系统开发项目，并明确指出在其中承担的主要任务和开展的主要工作。

二、详细说明三类企业集成架构设计技术分别要解决的问题及其含义，并阐述每种技术具体包含了哪些集成模式。

1. 数据集成

数据集成是为了解决不同应用和系统间的数据共享和交换需求，具体包括共享信息管理、共享模型管理和数据操作管理三个部分。共享信息管理通过定义统一的集成服务模型和共享信息访问机制，完成对集成平台运行过程中产生数据信息的共享、分发和存储管理；共享模型管理则提供数据资源配置管理、集成资源关系管理、资源运行生命周期管理及相应的业务数据协同监控管理等功能；数据操作管理则为集成平台用户提供数据操作服务，包括多通道的异构模型之间的数据转换、数据映射、数据传递和数据操作等功能服务。

数据集成的模式包括：数据联邦、数据复制模式、基于结构的数据集成模式。

2. 应用集成

应用集成是指两个或多个应用系统根据业务逻辑的需要而进行的功能之间的互相调用和互操作。应用集成需要在数据集成的基础上完成。应用集成在底层的网络集成和数据集成的基础上实现异构应用系统之间应用层次上的互操作。它们共同构成了实现企业集成化运行最顶层集成所需要的技术层次上的支持。

应用集成的模式包括：集成适配器模式、集成信使模式、集成面板模式和集成代理模式。

3. 企业集成

企业应用软件系统从功能逻辑上可以分为表示、业务逻辑和数据三个层次。其中表示层负责完成系统与用户交互的接口定义；业务逻辑层主要根据具体业务规则完成相应业务数据的处理；数据层负责存储由业务逻辑层处理所产生的业务数据，它是系统中相对稳定的部分。支持企业间应用集成和交互的集成平台通常采用多层结构，其目的是在最大程度上提高系统的柔性。在集成平台的具体设计开发中，还需要按照功能的通用程度对系统实现模块进行分层。

企业集成的模式包括：前端集成模式、后端集成模式和混合集成模式。

三、针对考生本人所参与的项目中使用的企业集成架构设计技术，说明实施过程和具体实施效果。

试题二　论软件测试中缺陷管理及其应用

软件缺陷指的是计算机软件或程序中存在的某种破坏正常运行能力的问题、错误，或者隐藏的功能缺陷。缺陷的存在会导致软件产品在某种程度上不能满足用户的需要。在目前的软件开发过程中，缺陷是不可避免的。软件测试是发现缺陷的主要手段，其核心目标就是尽可能多地找出软件代码中存在的缺陷，进而保证软件质量。软件缺陷管理是软件质量管理的一个重要组成部分。

请围绕"论软件测试中缺陷管理及其应用"论题，依次从以下三个方面进行论述。

1. 概要叙述你参与管理和开发的软件项目以及承担的主要工作。

2. 详细论述常见的缺陷种类和级别，论述缺陷管理的基本流程。

3. 结合你具体参与管理和开发的实际项目，说明是如何进行缺陷管理的，请说明具体实施过程以及应用效果。

试题二写作要点

一、简要叙述所参与管理和开发的软件项目，并明确指出在其中承担的主要任务和开展的主要工作。

二、根据 IEEE 标准，软件测试中所发现的缺陷主要包括：输入/输出错误；逻辑错误；计算错误；接口错误；数据错误等；从软件测试角度还可以将缺陷分为五类：功能缺陷；系统缺陷；加工缺陷；数据缺陷；代码缺陷。不同企业的缺陷分类往往不同。

根据缺陷后果的严重程度，可以将缺陷分为多个不同的级别，例如 Beizer 将缺陷分为十级：轻微、中等、使人不悦、影响使用、严重、非常严重、极为严重、无法容忍、灾难性、传染性等。

缺陷管理是对软件测试环节中缺陷状态的完整跟踪和管理，确保每个被发现的缺陷都得到妥善处理。缺陷管理的目的是对各个阶段测试发现的缺陷进行跟踪管理，以保证各级缺陷的修复率达到标准，主要实现以下目标：保证信息的一致性；保证缺陷得到有效的跟踪；缩短沟通时间，解决问题更高效；收集缺陷数据并进行数据分析，作为缺陷度量的依据。

缺陷管理基本的流程如下：

（1）缺陷提交：测试人员发现缺陷后提交缺陷报告。

（2）缺陷审查：确定缺陷问题、种类和级别。

（3）修复流程：缺陷审查通过后进入修复流程，缺陷报告会转发给相应的软件开发人员进行修复。

（4）验证流程：开发人员提交修复后的代码，进入验证流程。通过回归测试等方法验证缺陷问题已经修复。

（5）缺陷关闭：在确认缺陷已完全解决后，关闭该缺陷。

部分缺陷管理流程中，还包括对缺陷状态的跟踪。

三、考生需结合自身参与项目的实际状况，指出其参与管理和开发的项目中所进行的缺陷管理活动，说明缺陷管理的具体实施过程，并对实际应用效果进行分析。

试题三　论云原生架构及其应用

近年来，随着数字化转型不断深入，科技创新与业务发展不断融合，各行各业正在从大工业时代的固化范式进化成面向创新型组织与灵活型业务的崭新模式。在这一背景下，以容器和微服务架构为代表的云原生技术作为云计算服务的新模式，已经逐渐成为企业持续发展的主流选择。云原生架构是基于云原生技术的一组架构原则和设计模式的集合，旨在将云应用中的非业务代码部分进行最大化剥离，从而让云设施接管应用中原有的大量非功能特性（如弹性、韧性、安全、可观测性、灰度等），使业务不再有非功能性业务中断困扰的同时，具备轻量、敏捷、高度自动化的特点。云原生架构有利于各组织在公有云、私有云和混合云等新型动态环境中，构建和运行可弹性扩展的应用，其代表技术包括容器、服务网格、微服务、不可变基础设施和声明式 API 等。

请围绕"论云原生架构及其应用"论题，依次从以下三个方面进行论述。

1. 概要叙述你参与管理和开发的软件项目以及承担的主要工作。

2. 服务化、弹性、可观测、韧性和自动化是云原生架构重要的设计原则。请简要对这些设计原则的内涵进行阐述。

3. 具体阐述你参与管理和开发的项目是如何采用云原生架构的，并围绕上述四类设计原则，详细论述在项目设计与实现过程中遇到了哪些实际问题，是如何解决的。

试题三写作要点

一、简要叙述所参与管理和开发的软件项目，需要明确指出在其中承担的主要任务和开展的主要工作。

二、云原生架构的设计原则具体描述如下：

（1）服务化原则。当代码规模超出小团队的合作范围时，就有必要进行服务化拆分，包括拆分为微服务架构、小服务 （mini service）架构，通过服务化架构把不同生命周期的模块分离出来，分别进行业务迭代，避免迭代频繁模块被慢速模块拖慢，从而加快整体的进度和稳定性。同时服务化架构以面向接口编程，服务内部的功能高度内聚，模块间通过公共功能模块的提取增加软件的复用程度。

（2）弹性原则。大部分系统部署上线需要根据业务量的估算，准备一定规模的机器，传统上线过程中需要经历采购申请、供应商洽谈、机器部署上电、软件部署、性能压测等阶段，周期很长，重新调整也非常困难。针对这种情况，弹性原则是指系统的部署规模可以随着业务量的变化自动伸缩，无须根据事先的容量规划准备固定的硬件和软件资源，从而提高资源利用率，降低成本。

（3）可观测原则。可观测性原则是指主动通过日志、链路跟踪和度量等手段，每次业务请求背后的多次服务调用的耗时、返回值和参数都清晰可见，甚至可以下钻到三方软件调用、SQL 请求、节点拓扑、网络响应等。具备可观测能力可以使运维、开发和业务人员实时掌握软件运行情况，并结合多个维度的数据指标，获得前所未有的关联分析能力，不断对业务健康度和用户体验进行数字化衡量和持续优化。

（4）韧性原则。韧性原则是指当软件所依赖的软硬件组件出现各种异常时，软件需要表现出抵御能力，这些异常通常包括硬件故障、硬件资源瓶颈、业务流量超出软件设计能力、故障和灾难、软件 bug、黑客攻击等对业务可用性带来致命影响的因素。韧性从多个维度诠释了软件持续提供业务服务的能力，核心目标是提升软件的 MTBF（Mean Time Between Failure，平均无故障时间）。

（5）自动化原则。自动化原则是指通过多种技术手段和自动化交付工具，一方面标准化企业内部的软件交付过程，另一方面在标准化的基础上进行自动化，通过配置数据自描述和面向终态的交付过程，让自动化工具理解交付目标和环境差异，实现整个软件交付和运维的自动化。

三、论文中需要结合项目实际工作，详细论述在项目中是如何采用云原生架构进行系统的设计与实现的，并围绕云原生架构的设计原则，论述遇到了哪些实际问题，是采用何种方法解决的。

试题四　论数据分片技术及其应用

数据分片就是按照一定的规则，将数据集划分成相互独立、正交的数据子集，然后将数据子集分布到不同的节点上。通过设计合理的数据分片规则，可将系统中的数据分布在不同的物理数据库中，达到提升应用系统数据处理速度的目的。

请围绕"论数据分片技术及其应用"论题，依次从以下三个方面进行论述。

1. 概要叙述你参与管理和开发的软件项目以及承担的主要工作。

2. Hash 分片、一致性 Hash（Consistent Hash）分片和按照数据范围（Range Based）分片是三种常用的数据分片方式。请简要阐述三种分片方式的原理。

3. 具体阐述你参与管理和开发的项目采用了哪些分片方式，并具体说明其实现过程和应用效果。

试题四写作要点

一、简要叙述所参与管理和开发的软件项目，需要明确指出在其中承担的主要任务和开展的主要工作。

二、三种分片方式的具体描述如下：

1. Hash 方式

数据分片的 Hash 方式是基于哈希表的思想，即按照数据的某一特征（key）来计算哈希值，并将哈希值与系统中的节点建立映射关系，从而将哈希值不同的数据分布到不同的节点上。

按照 Hash 方式做数据分片，优点是映射关系非常简单，需要管理的元数据也非常之少，只需要记录节点的数目以及 Hash 方式即可。但是，Hash 方式的缺点也非常明显。首先，当加入或者删除一个节点的时候，大量的数据需要移动。其次，Hash 方式很难解决数据不均衡的问题，如原始数据的特征值分布不均匀，导致大量的数据集中到一个物理节点上；或者对于可修改的记录数据，单条记录的数据变大。

2. 一致性 Hash 方式

一致性 hash 是将数据按照特征值映射到一个首尾相接的 Hash 环上，同时也将节点（按照 IP 地址或者机器名 Hash）映射到这个环上。对于数据，从数据在环上的位置开始，顺时针找到的第一个节点即为数据的存储节点。可以看到相比于 Hash 方式，一致性 Hash 方式需要维护的元数据额外包含了节点在环上的位置，但这个数据量是较小的。同时，一致性 Hash 在增加或者删除节点的时候，受到影响的数据是比较有限的，只会影响到 Hash 环上相应的节点，不会发生大规模的数据迁移。

3. 按照数据范围方式

按照数据范围（Range Based）方式是按照关键值划分成不同的区间，每个物理节点负责一个或者多个区间。按照数据范围方式跟一致性 Hash 有相似之处，可以理解为物理节点在 Hash 环上的位置是动态变化的。在按照数据范围方式中，区间的大小不是固定的，每个数据区间的数据量与区间的大小也是没有关系的。比如说，一部分数据非常集中，那么区间大小应该是比较小的，即以数据量的大小为片段标准。在实际工程中，一个节点往往负责多个区间，每个区间成为一个块，每个块有一个阈值，当达到这个阈值之后就会分裂成两个块。这样做的目的在于当有节点加入的时候快速达到均衡。

三、论文中需要结合项目实际工作，详细论述项目采用了哪些分片方式，并具体说明其实现过程和应用效果。